MANUEL

MÉTALLOTECHNIQUE.

MANUEL

MÉTALLOTECHNIQUE,

Ou recueil de secrets & de curiosités
sur les métaux & les minéraux,
appliqués aux arts & aux métiers.

*Ouvrage traduit de l'Allemand de
M. SILBERMAN, de l'Académie
des Curieux de la Nature & de l'Art.*

A LEIPSICK, chez ARKSTÉE & MERKUS;
Et se vend

A PARIS,

Chez Charles - Antoine JOMBERT, pere,
rue Dauphine, à l'Image Notre-Dame.

M. DCC. LXXIII.

MANUEL

MÉTALLOTECHNIQUE

[illegible]
[illegible]
[illegible]

[illegible]
M. [illegible]
[illegible]

[illegible]

A LIÈGE,
[illegible]
[illegible]

M. DCC. LXXIII.

PRÉFACE

de l'Edition Allemande.

IL n'eſt pas beſoin d'un long diſcours pour rendre compte de l'objet de cet ouvrage ; le titre qu'il porte de *Manuel métallotechnique* indique aſſez qu'il s'agit d'un recueil de recherches ſur les métaux & les minéraux, appliquées à l'emploi qu'on en peut faire dans les différens arts & métiers. C'eſt donc ici une bibliotheque portative, où l'on trouve réuni ſous un même point de vue une grande quantité de découvertes curieuſes & intéreſſantes, répandues dans une infinité de volumes, & ſouvent confondues avec d'autres matieres qui n'y avoient aucun rapport. Semblable à une ruche abondante, où mille abeilles ont dépoſé tout ce qu'elles ont trouvé de précieux ſur les fleurs des jardins & des prairies circonvoiſines, ce Livre contient le fruit des veilles des Auteurs les plus éclairés & des Artiſtes les

Tome I.   *a*

plus habiles, qui ont facrifié une bonne
partie de leur vie à la recherche des différens fecrets dont cet Ouvrage eft en-
richi.

Si les diverfes conditions de la vie
civile ne s'eftimoient qu'à proportion
de l'utilité qu'elles apportent à la focié-
té, quelle obligation ne devroit-on pas
avoir à ces hommes laborieux qui s'é-
tant enfevelis tous vivans dans leur cabinet, ont préféré la vie pénible & obf-
cure qu'ils y ont menée, à la gloire de
hafarder leur vie dans les combats, ou
de fe fignaler dans les emplois les plus
honorables de l'Etat !

En effet, pourquoi ceux qui fe diftin-
guent dans les arts & les métiers utiles ne
mériteroient-ils pas autant la reconnoif-
fance publique que ceux qui brillent dans
les autres profeffions qu'un préjugé
aveugle, ou que la feule prévention leur
ont rendu préférables ? N'y a-t-il pas une
efpece d'injuftice à ceux qui ne s'oc-
cupent, pour ainfi dire, que de la def-

truction de la nature, de se croire en droit de prétendre seuls aux plus grandes récompenses, tandis qu'ils traitent avec mépris ceux qui cultivent les arts & les métiers, quoique ceux-ci ne travaillent que pour réparer les désordres causés par les premiers, en procurant aux citoyens l'abondance & les commodités de la vie, en les enrichissant par leurs travaux ?

Il est étonnant que, parmi le grand nombre de recueils de secrets sur l'art métallique & sur les métiers qui en dépendent, on ne trouve aucune introduction à la connoissance des principaux ingrédiens qui en font la base, capable de mettre chacun en état d'en faire un choix judicieux, & même de substituer dans un besoin une drogue à l'autre, sans nuire à la réussite de l'opération. « Si » l'on entroit (dit un auteur célebre *) » sans guide & sans carte dans un pays » inconnu, ou dans une forêt spacieuse

---

*Préface de l'histoire des Voyages, par M. l'abbé Prevost.

» dont les routes se multiplient sans
» cesse avec beaucoup de variété, ne
» courroit-on pas un risque presque cer-
» tain de s'égarer à chaque pas ? C'est
ce qui arrive souvent dans l'épreuve que
l'on fait de ces sortes de secrets. Faute
d'être au fait du sujet, on est arrêté à
chaque instant par un nom de drogue
mal écrit; on est trompé par leur ressem-
blance, & l'on prend l'une pour l'autre.
Qu'en arrive-t-il ? On manque l'opération, & l'on en rejette la faute sur l'auteur du recueil, qu'on traite aussi-tôt
d'imposteur & de charlatan, sans faire
attention que le défaut de réussite vient
moins de l'imperfection de la recette,
que de l'ignorance où l'on est sur la nature des ingrédiens qui y entrent, & sur
la maniere de les employer.

Pour éviter un pareil inconvénient,
on a commencé cette premiere Partie,
qui traite des métaux, par un chapitre
préliminaire où l'on donne une connoissance des métaux & des minéraux suffi-

fante pour inftruire fur leurs propriétés & guider dans leur préparation.

Au refte, l'Auteur fe croit obligé de déclarer ici qu'il n'y a rien de lui dans cet ouvrage que l'ordre & la liaifon des matieres. Les Mémoires de l'Académie des Sciences de Paris, ceux de la Société royale de Londres, les journaux de nos Académies d'Allemagne & de Pruffe, voilà les fources où il a puifé. Il s'eft cru d'autant plus autorifé à le faire, que ces matériaux fe trouvent mêlés dans ces livres avec beaucoup d'autres d'une nature différente, ce qui empêche d'y avoir recours dans l'occafion. De-là vient que quantité de belles découvertes reftent comme enfévelies dans un éternel oubli; parce que le grand nombre de volumes qu'il faudroit acquérir pour compléter ces recueils immenfes, & le tems confidérable qu'on perdroit à les parcourir pour y chercher les fujets dont on a befoin, mettent bien des perfonnes dans l'impoffibilité de fatisfaire leur curiofité sur ce point. On a pensé qu'il seroit inutile de mettre les citations à la fin de chaque article : il suffit de reconnoître ici publiquement que l'on renonce à la gloire de l'invention & qu'on l'abandonne volontiers à leurs véritables Auteurs : l'unique objet de cet Ouvrage étant, comme on en a déjà prévenu le lecteur, de lui présenter, sous un même coup d'œil, tous les morceaux qu'on a pu rassembler sur le même sujet.

Si ce premier volume est accueilli favorablement du public, il sera suivi dans peu d'un second sur les minéraux proprement dits, dans lequel, après avoir donné une idée succinte des opérations de chymie nécessaires pour la préparation de ces fossiles, on entrera dans des détails curieux sur l'origine & la nature des différentes substances qui les composent, & qui font la partie la plus importante de l'histoire naturelle & de la physique moderne.

Fin de la Préface.

MANUEL
MÉTALLOTECHNIQUE,

Ou recueil de secrets & de curiosités appliqués aux arts & métiers.

LIVRE PREMIER.
DES MÉTAUX.

CHAPITRE PREMIER.

Introduction à la connoissance des Métaux & des Minéraux en général.

AVANT que d'entrer en matiere, il est à propos de donner dans ce chapitre une description abrégée des métaux & des minéraux, dont il sera souvent question par la suite, afin de mettre le lecteur en état de connoître les principaux ingrédiens qui entrent dans la compofition des recettes indiquées dans ce recueil de fecrets, en attendant que nous en traitions plus amplement dans la feconde Partie qui formera le fecond volume de cet Ouvrage. Un pareil détail eft d'autant plus néceffaire qu'en apprenant à connoître ces drogues & à les diftinguer les unes des autres avec facilité, chacun fera plus à portée de juger de leur degré de bonté, & de les fubftituer les unes aux autres, en cas de befoin ; ou du moins il fera en état de découvrir les tromperies des marchands qui pourroient les falfifier, ou les donner l'une pour l'autre ; ce qui eft capable de faire manquer une opération & d'en empêcher la réuffite.

On donne généralement le nom de *minéral* à toute forte de pétrification, de quelque nature qu'elle puiffe être, foit qu'elle fe tire des entrailles de la terre, foit qu'elle fe rencontre fur fa furface. Cette *pétrification* fe fait par la *coagulation* des eaux acides ou falées qui fe trouvent dans les pores de la terre ; elle eft différente, fuivant la nature du terrein ou elle fe forme, & fuivant la qualité des liqueurs qui en lient les parties, ou felon le tems que la nature a employé pour fa production.

On entend par *métal* la partie la plus
dure

digérée, la mieux cuite, & la plus parfaite des minéraux. Ce métal se forme par
la *fermentation* occasionnée par l'ardeur du
soleil, ou par la chaleur des feux souterreins.
Les minieres se trouvent ordinairement
sous les montagnes, parce que la chaleur
s'y concentre mieux que dans les lieux bas
& humides ; & les métaux qui y prennent
naissance ont souvent la figure d'un grand
arbre, étendant leurs filons de toutes parts,
comme autant de branches, jusqu'à ce
qu'ils rencontrent la surface de la terre.

Les métaux different des autres minéraux en ce qu'ils sont *fusibles* au feu & *mal-
leables*, au lieu que les minéraux n'ont ni
l'une ni l'autre de ces propriétés. On compte ordinairement sept différens métaux,
auxquels les Alchymistes ont donné le nom
mysterieux des sept Planetes, leur attri-
buant les mêmes propriétés & les mêmes
vertus : voici les caracteres qui servent à
les répréfenter.

Or	☉	*Soleil.*
Argent	☽	*Lune.*
Cuivre	♀	*Venus.*
Etain	♃	*Jupiter.*
Plomb	♄	*Saturne.*
Fer	♂	*Mars.*
Vif-argent	☿	*Mercure.*

L'or tient le premier rang entre les métaux ; c'est le plus parfait, le plus pesant & le plus *malleable*, c'est-à-dire le plus capable de s'étendre sous le marteau. On en tire de quelques endroits de l'Europe, mais la plus grande partie nous vient du Pérou. Il croît presque toujours entouré d'eau & de pierres ou *marcassites* fort dures, qu'on a beaucoup de peine à casser pour l'en tirer. On en trouve aussi dans la pierre appellée *mine d'or*, & dans le *lapis lazuli*, ou pierre d'azur, qui sert à faire l'outremer. Enfin on le ramasse en paillettes, ou en petits grains mêlés avec le sable de plusieurs rivieres.

L'or le plus pur est appellé de l'or à vingt-quatre carats : le carat est du poids d'un scrupule ou de vingt-quatre grains ; ainsi vingt quatre carats font une once. Quand une once d'or, après avoir été fondue, n'a point diminué dans les épreuves & les purifications, c'est de l'or à vingt-quatre carats, c'est-à-dire que cette once contient vingt quatre carats d'or pur, & qu'elle n'a rien perdu de son poids en la fondant. Si cette once a diminué d'un carat, c'est de l'or à vingt-trois carats ; si elle a diminué de deux, c'est de l'or à vingt-deux carats, & ainsi du reste. Le carat des perles, du diamant & des autres pierres précieuses n'est que du poids de quatre grains.

L'or & l'argent se purifient & se séparent des autres métaux par la *coupelle* ; mais quand on veut séparer l'or d'avec l'argent , on a recours à une opération appellée *départ* , ou bien à la *cémentation* , ou enfin on les sépare par l'antimoine , ce qui est le plus sûr.

La *coupelle* est un vaisseau de terre qui résiste au feu & qui a la forme d'une écuelle : elle est composée d'une pâte faite de cendres privées de sel, comme sont les cendres des os , qui ont perdu leur sel en brûlant , parce qu'il étoit volatil. On fait un trou au milieu pour y mettre la matiere qu'on veut coupeler , puis on laisse le tout secher à l'ombre. Nous entrerons ci-après dans un plus grand détail sur les purifications de l'or , au chapitre I V^e , où nous donnerons la maniere de faire les coupelles & de s'en servir.

Quand on veut faire usage de la coupelle , on la met sur les charbons ardens , on la couvre de son couvercle de terre , & on la fait chauffer peu à peu jusqu'à ce qu'elle devienne toute rouge : alors on y met quatre ou cinq fois autant de plomb qu'on a d'or ou d'argent à purifier ; on laisse fondre le plomb afin qu'il remplisse les pores de la coupelle, ce qui se fait en peu de tems, puis on jette l'or ou l'argent au milieu, & il fond aussi-tôt. On pousse le feu en soufflant, ensorte que la flamme reverbere sur la matiere, alors les impuretés de l'un de ces métaux se mêlent avec le plomb, & l'or ou l'argent demeure pur & net au milieu de la coupelle.

Le plomb imbibé des *scories* de l'argent s'attache aux côtés en forme d'écume; on le ramasse avec une cuiller de fer & on le laisse refroidir : c'est ce qu'on appelle de la *litharge*. Elle prend diverses couleurs selon le dégré de calcination que la matiere reçoit, & elle se nomme tantôt *litharge d'or* & tantôt *litharge d'argent*. Si on la laisse dans la coupelle, elle s'exhale au dehors en passant par les pores : car il est à remarquer que la coupelle étant faite exprès avec des cendres privées de sel, elle est fort poreuse. Il faut continuer le feu jusqu'à ce qu'il ne reste plus de fumée.

Cette préparation nétoye l'argent de tous les métaux, excepté de l'or qui résiste à la coupelle, & qu'on ne sépare de l'argent que par le moyen du départ, comme on le verra ci-après au chapitre de l'or.

L'*argent* est le métal le plus estimé après l'or : c'est une matiere fort compacte, blanche, moins raboteuse, moins mallea-

ble , & moins pefante que l'or. On en
trouve en plufieurs endroits de l'Europe ,
mais les mines les plus abondantes font
celles du Pérou. On le rencontre rarement feul dans les mines , mais il eft fouvent mêlé de cuivre , de plomb & quelquefois d'or. Celui qui eft mêlé de plomb
eft en pierre noire , & celui dans lequel
il y a du cuivre eft ordinairement entouré
d'une pierre blanche fort dure , qui reffemble à du cryftal. Quelquefois il fe rencontre des morceaux d'argent pur , & même ils font fi durs qu'on ne peut parvenir
à les fondre qu'en les mêlant avec d'autre
argent.

L'argent le plus pur eft dit à douze deniers ; celui qui à la fonte diminue d'un
douziéme , eft dit de l'argent à onze deniers ; s'il diminue d'un vingt-quatriéme ,
c'eft de l'argent à onze deniers & demi ; &
ainfi du refte. L'argent de vaiffelle contient
une partie de cuivre fur vingt-quatre d'argent ; l'argent de coupelle ne contient
qu'un quart de partie de cuivre fur vingt-
quatre d'argent : car comme il ne fe trouve
pas d'or à vingt-quatre carats , il n'y a
pas non plus d'argent à douze deniers ,
étant comme impoffible de purifier parfaitement ces deux métaux.

L'*étain* , qu'on appelle auffi *plomb blanc* ,

eſt un métal approchant de l'argent pour la couleur, mais qui en differe beaucoup pour la ſolidité & dans la figure de ſes pores. C'eſt une matiere malleable, ſulphureuſe & très-fuſible. On en trouve en pluſieurs endroits de l'Europe, & ſur tout en Angleterre, d'où vient le plus pur & le plus beau, connu ſous le nom d'*étain de Cornouailles*. On le nomme auſſi *étain plané* ; il ſe vend en *ſaumons* ou en gros lingots. L'étain commun eſt allié avec un peu de plomb & de cuivre jaune. Ce qu'on appelle *étain ſonnant* eſt un étain mêlé avec du biſmuth, ou avec de l'antimoine ou quelqu'autre marcaſſite.

Le *biſmuth* eſt un étain imparfait, ou une matiere métallique blanche, polie, ſulphureuſe, reſſemblante à de l'étain, excepté qu'elle eſt plus dure, aigre, caſſante, & diſpoſée en facettes comme autant de petits miroirs, ce qui fait qu'on le nomme auſſi *étain de glace*. On prétend que c'eſt une marcaſſite naturelle que l'on trouve dans les mines d'étain ordinaire. D'autres veulent que ce ſoit un régule d'étain préparé artificiellement par les Anglois. Ce qui eſt certain, c'eſt qu'on fait de fort beau biſmuth avec l'étain, le tartre & le ſalpêtre ; quelques-uns y mêlent auſſi de l'arſenic. Les Potiers d'étain mêlent, comme on vient

de le dire , du bifmuth dans l'étain pour
le rendre beau & fonnant. Quoique le
nom de *marcaffite* convienne en général à
toute forte de matiere métallique , cependant le bifmuth s'appelle marcaffite , par
excellence , à caufe qu'il furpaffe tous les
autres en beauté.

Il y a une autre marcaffite appellée *zinck*
ou *zint* qui reffemble affez au bifmuth , excepté qu'elle n'eft pas fi caffante : c'eft une
efpéce de demi-métal qui eft fort dur &
compofé d'écailles brillantes , mais dont les
dehors font trompeurs. Il fert à purifier
l'étain de fa craffe & à le blanchir : on n'en
met qu'une petite quantité fur beaucoup
d'étain : on employe auffi le zinck dans la
foudure. On fait un alliage du zinck avec
le cuivre & la terre-merite , pour donner
au cuivre une couleur d'or. Enfin les marchands allient le zinck avec du plomb & y
joignent un peu de régule d'antimoine ,
cela rehauffe tellement la couleur du plomb
qu'on le prendroit pour de l'étain le plus
fin.

Le *plomb* eft un métal rempli de foufre ou d'une terre bitumineufe qui le
rend mol & pliant ; il contient auffi un
peu de mercure : fes pores font fort femblables à ceux de l'étain. Il fe trouve en
beaucoup d'endroits , & dans plufieurs for-

A v

tes de pierres & de terres dont quelques-unes contiennent aussi de l'or & de
l'argent. Il y en a des mines en Angleterre & même en France, d'où on le tire
en forme de pierre, appellée *plomb minéral*, ou mine de plomb, qui est très-difficile à fondre.

La *mine de plomb*, que quelques-uns nomment aussi *arquifou*, est une matiere noire,
semblable à de l'antimoine, dont on tire
ordinairement le plomb. Elle est parsemée
de petites pointes ou facettes brillantes : celle qui participe de l'argent est la plus fine ;
elle est d'une couleur plus claire, plus polie
& plus luisante que la commune, & l'on
s'en sert pour dessiner. On fait fondre la
mine de plomb dans des fourneaux faits exprès ; le plomb coule par un canal fait au
bas du fourneau, & la terre demeure au
fond avec le charbon : s'il y avoit de l'or ou
de l'argent, on pourroit aussi le trouver
dans le fourneau sans être fondu, étant
beaucoup plus dur à la fonte que le plomb.

Tout le plomb ne se tire pas de l'arquifou : il y a du côté de Genes des mines de
plomb qui fondent avec autant de facilité
que du plomb qui auroit déja été fondu.
Ces mines ne sont enveloppées que d'une
litharge naturelle qui leur sert d'écorce, &
qui est produite par l'ardeur des rayons du

ſoleil. L'arquifou, au contraire, tient le plomb lié ſi étroitement, qu'on a quelque-fois de la peine à trouver des fondans qui puiſſent les deſunir.

Le *minium*, ou vermillon, eſt une cou-leur rouge faite de la maniere ſuivante. Mettez fondre du plomb dans une terrine plate & non verniſſée, agitez-le ſur le feu avec une ſpatule juſqu'à ce qu'il ſoit réduit en poudre, que vous ferez calciner au feu de reverbere pendant trois ou quatre heu-res, elle prendra une fort belle couleur rouge.

La *ceruſe*, ou *blanc de plomb*, eſt une couleur blanche qui ſe fait avec du plomb à qui on a fait recevoir la vapeur du vinai-gre ; il ſe convertit en une eſpéce de rouille blanche qu'on ramaſſe, & dont on forme des pains en écailles, appellés *pains de ce-ruſe*, ou *blanc de plomb*. Nous en parlerons ci-après plus amplement au chapitre X.

Le *cuivre* eſt un métal rouge qui abonde en vitriol & en ſoufre : il ſe tire de pluſieurs endroits de l'Europe, principalement de Suede & de Danemarck, où il ſe trouve en poudre & en pierres ſemblables à de la mine de fer. On les lave bien pour les nétoyer d'une terre qui y eſt toujours mêlée : on les fait fondre enſuite par de grands feux, & on jette la matiere fondue dans des moules ; c'eſt le *cuivre ordinaire.* On peut le rendre plus beau & plus pur en le faiſant refondre une fois ou deux , & il s'en ſépare à chaque fuſion des parties groſſieres & terreſtres : ce cuivre ainſi purifié ſe nomme *cuivre de roſette.*

Le *laiton* ou *cuivre jaune* eſt un mêlange de cuivre & de pierre calaminaire , fondus & unis enſemble par un feu très-violent dans des fourneaux faits exprès. On en fait des vaiſſeaux & uſtenſiles pour la cuiſine , qui donnent moins d'odeur & de goût aux liqueurs qui y ſéjournent , & qui ſont par conſéquent moins dangereux que les vaſes faits avec le cuivre rouge. Le laiton ſe fait en Flandres & en Allemagne.

Le *clinquant* ou *oripeau* eſt du cuivre jaune battu & réduit en feuilles minces comme du papier : il ſert aux Paſſementiers. *L'or d'Allemagne* eſt de l'oripeau rebattu juſqu'à ce qu'il ſoit devenu extrêmement mince : on le conſerve , de même que l'or en feuilles , dans des livrets de papier : il ſert aux Peintres pour dorer d'or faux , auſſi bien que *la bronze* , qui n'eſt autre choſe que de cet or d'Allemagne broyé & réduit en poudre impalpable.

Le *verdet* ou *verd de gris* eſt une couleur verdâtre faite avec la rouille du cuivre, en cette maniere. On ſtratifie des plaques

de cuivre avec du marc de raisins sortant
du preffoir. On les laiffe macerer enfemble quelque tems, après quoi on les retire, & l'on trouve une partie de ces plaques
réduite en verdet : on le ramaffe avec des
couteaux, puis on remet les mêmes plaques dans le marc de raisins ; elles font
pénétrées comme auparavant, & il s'y forme encore du verdet. On continue toujours de les remettre & de les retirer du
marc de tems en tems, jusqu'à ce qu'elles
foient entierement converties en verdet.
Le meilleur vient de Provence & de Lan-
guedoc, parce que dans ces pays là les rai-
fins rendent beaucoup de tartre, & abon-
dent davantage en efprits fermentatifs ca-
pables de pénétrer le cuivre.

Le *fer* eft un métal fort poreux, compofé de fel vitriolique, de foufre & de
terre, mal liés & mal digérés enfemble ;
auffi la diffolution de fes parties eft-elle
fort facile. On le tire de divers endroits de
l'Europe, en une marcaffite ou pierre affez
femblable à la pierre d'aimant, fi ce n'eft
que cette derniere eft plus pefante & plus
caffante que le fer. L'aimant fe trouve auffi
quelquefois dans les mêmes mines que le
fer, & pourroit même fe convertir en ce
métal par le moyen d'un grand feu.

La mine de fer fe trouve ordinairement

dans des montagnes âpres & raboteuses : la meilleure est compacte, pure & pesante. Souvent elle est mêlée avec une pierre blanche ressemblante à du marbre : quand on les fond ensemble, le fer en est plus doux & mieux lié en ses parties. Ce métal est de très-difficile fusion, à cause de la quantité de terrestréités dont il est embarrassé.

On fait fondre la pierre de fer dans de grands fourneaux construits exprès pour cette opération, afin de purger ce métal d'une partie de sa terre, & pour lui donner la forme que l'on desire. La matiere ayant demeuré quelque tems en fusion, se vitrifie presque, & devient assez semblable à un émail de différentes couleurs : aussi le fer entre-t'il dans la composition de l'émail ordinaire. Nous ne nous étendrons pas davantage ici sur le fer, nous reservant d'en parler plus au long dans un chapitre particulier, où nous traiterons aussi de l'*acier naturel & artificiel.*

Le *vif argent*, que l'on nomme aussi *mercure*, est une espéce de métal fluide, coulant, pénétrant, fort pesant, volatil & de couleur d'argent. On en trouve des mines en Hongrie, en Espagne, & autres endroits de l'Europe : on en a même découvert en France une mine à Saint-Lô, en Normandie. Il se rencontre le plus souvent sous les montagnes, couvert de pierres blanches & tendres comme la chaux. On le tire des mines fluide & coulant comme nous le voyons, toute sa préparation ne consistant qu'à le faire passer par une peau de chamois pour le purifier de la terre avec laquelle il pourroit être mêlé. Quelquefois il est plus difficile de le séparer d'une certaine terre avec laquelle il se trouve lié, & alors on est contraint de le distiller sur les lieux même, par des cornues de fer, dans des récipiens pleins d'eau.

Le *cinabre naturel* ou minéral se tire de la même mine que le vif-argent ; car il arrive souvent que ce métal se lie & s'incorpore dans la mine avec du soufre, & quand quelque chaleur naturelle pousse ce mêlange, il se sublime & devient alors ce qu'on appelle *cinabre naturel* ou *minéral* : c'est à peu près de la même maniere que se fait le *cinabre artificiel.* Le meilleur cinabre minéral vient de Carinthie ; c'est celui qui est le plus chargé de mercure, & par conséquent c'est le plus beau. On le choisit en pierres dures, compactes, pesantes, nettes, rouges, les plus brillantes, & les moins chargées de terre.

Le *cinabre artificiel* se fait ainsi : faites fondre sur le feu, dans une *cucurbite* ou tetrine non vernissée, une partie de soufre ; mêlez-y peu à peu trois parties de mercure coulant : remuez la matiere avec une spatule de fer, & la tenez en fusion jusqu'à ce qu'il ne paroisse plus du tout de vif-argent. Pulvérisez alors votre mêlange & mettez-le sublimer dans des pots à feu ouvert & gradué ; vous aurez une masse dure, pesante, crystalline, cassante, & d'une couleur rouge, ce sera votre cinabre.

Pour que le mercure se lie peu à peu & facilement avec le soufre, il faut l'enfermer dans un linge un peu fort & le presser doucement : il passera par les pores du linge comme une petite pluie, & tombera dans le soufre fondu, qu'une autre personne doit toujours remuer. Une livre de soufre fondu suffit pour lier trois livres de mercure & pour en faire une masse solide. Quand le cinabre est en pierre, il paroît d'un rouge brun ; mais si on le reduit en poudre bien subtile, en le broyant long-tems sur le marbre, il deviendra d'un rouge très-éclatant & très-haut en couleur ; on l'appelle alors *vermillon* : chacun sçait l'usage que les Dames en font. Le cinabre artificiel est même plus beau & d'une couleur plus éclatante que le naturel.

L'*antimoine* est un minéral composé de soufre & d'une substance métallique : il se tire de divers endroits de l'Europe , comme de Hongrie , de Transilvanie , d'Allemagne & de France. On en trouve quelquefois, chez les Droguistes , de minéral , c'est-à-dire tel qu'il est sorti de la mine , mais pour l'ordinaire on nous l'apporte tout fondu , purifié de sa *gangue* ou roche , & mis en pains de forme pyramidale. On doit choisir celui qui est en longues aiguilles brillantes, sans s'attacher, comme font quelques-uns , à une couleur rougeâtre , aussi indifférente pour sa qualité que difficile à trouver. L'antimoine ne se dissout bien que dans de l'eau de régale , ce qui a fait croire mal à propos à plusieurs Chymistes que ce minéral étoit un or imparfait.

L'*arsenic* est une matiere minérale composée de beaucoup de soufre & d'un sel caustique. On en rencontre dans presque toutes les mines ; mais celui qui se trouve dans les mines d'antimoine , & sur tout dans celles de cuivre , est le plus puissant & le plus dangereux de tous. Il y en a de trois sortes ; du blanc , appellé simplement *arsenic* ; du jaune , nommé *orpiment* ; & du rouge, connu sous le nom de *realgal* ou *sandarac*. Le blanc est le plus fort & le plus caustique : il est quelquefois luisant comme du crystal.

Le *lapis lazuli*, ou pierre d'azur, eſt un minéral, ou pierre opaque d'un bleu céleſte foncé ou turquin, marqueté de veines & de petits points d'or. Il vient des Indes & de la Perſe : ſa beauté l'a fait mettre au rang des pierres précieuſes : on en fait des bagues & des cachets, & l'on s'en ſert pour les ouvrages de marqueterie ; mais ſon principal uſage eſt pour en tirer la couleur d'*outremer*, qui eſt d'un très-grand prix : on trouvera ci-après la maniere de la faire.

La chaux eſt une pierre calcinée, dont le feu ayant deſſeché toute l'humidité, a introduit en ſa place une grande quantité de corps ignés. La meilleure eſt celle qui ſe fait avec le marbre, ou avec une certaine pierre griſâtre très-dure & très-peſante, qu'on appelle particulierement *pierre à chaux* ; celle qu'on fait de pierres tendres ou de marne n'eſt pas à beaucoup près ſi eſtimée ; aux Indes, la chaux ſe fait ordinairement avec des coquillages de mer. Quand la pierre dont on fait la chaux eſt une fois rougie dans les fourneaux, les ouvriers doivent avoir grand ſoin de tenir toujours le feu bien égal juſqu'à ce qu'elle ſoit entierement calcinée ; car pour peu que le feu ſe ralentiſſe, & que la flamme en diminuant ceſſe de paſſer entre les pierres, jamais ils ne parviendront à en faire de la chaux, quand ils brûleroient cent fois plus de bois qu'il n'en eſt beſoin pour l'ordinaire. Le propre de la chaux eſt d'être dépouillée des ſels dont la pierre étoit im‑pregnée avant ſa calcination, & de laiſſer des pores ou cellules propres à recevoir les ſels des matieres étrangeres que l'on veut mêler avec elle ; dans cette intention, & pour rendre cette liaiſon plus parfaite, il ſeroit à propos que le ſable qu'on mêle avec la chaux pour en faire du mortier, vînt de la pierre de même eſpéce pulvé‑riſée.

En Chymie on appelle *chaux* cette eſ‑péce de cendre ou de poudre très-fine qui reſte des métaux ou des minéraux, après qu'ils ont été long-tems expoſés à un feu très-violent. L'or & l'argent que l'on a ré‑duit en cette chaux ſe remettent enſuite par l'art dans leur premier état. La chaux d'étain, qui s'appelle auſſi de la *potée*, ſert à polir les miroirs d'acier & de métal : il y a encore la chaux d'airain, que les Droguiſ‑tes appellent *as uſtum;* & la chaux de plomb, plus connue ſous le nom de *ceruſe*.

Le *talc* eſt une vitrification de la nature, tranſparente, feuilletée & par tablettes. Il n'eſt pas tout à fait ſi dépouillé de ſoufre que le verre, mais il en a ſi peu qu'on ne sçauroit le mettre en fusion que par un feu des plus vifs. Le plus beau talc vient de Venise.

Le *tartre* est un sel qui s'éleve des vins fumeux & qui forme une croute grisâtre qui s'attache autour de l'intérieur des tonneaux. Le meilleur tartre vient de Montpellier : il en vient aussi de fort bon d'Allemagne. Le sel de tartre se fait de cette croute lavée, purifiée & calcinée au feu de reverbere : ou bien on concasse du tartre cru, on l'enveloppe dans du papier, & on le calcine sur des charbons ardens, jusqu'à ce qu'il soit réduit en une masse blanche dont on tire le sel par lexiviation. L'*huile de tartre* est faite avec le sel de tartre bien épuré & mis à la cave dans un plat de verre, où il se resout en une liqueur qu'on nomme improprement huile, & qui n'est en effet que du sel dissous. Pour faire plus promptement de l'huile de tartre, il n'y a qu'à faire fondre du sel de tartre dans autant d'eau de pluie bien filtrée qu'il en sera besoin pour le contenir en liqueur.

Le *corail* est appellé *lithodendron*, ou arbre de pierre, parce qu'en effet c'est une plante pétrifiée qui croît sous des roches creuses en plusieurs endroits de la méditerranée, où la mer est fort profonde. Il y en a de trois espéces, du rouge, du blanc &

du noir. Le corail rouge est le plus commun & le plus usité : on doit le choisir
compact, poli, luisant, haut en couleur.
Le blanc est moins commun que le rouge :
il doit être dur, lisse, poli, luisant, d'un
blanc d'yvoire. Le *corail noir* est le plus rare
de tous, & doit avoir les mêmes qualités
que le rouge pour le choix.

Les coraux sont le plus souvent couverts,
dans la mer, d'une espéce d'écorce ou croute tartareuse qui provient d'une écume en-
durcie & pétrifiée ; on la sépare aisément
du corps de la plante. Quelques-uns ont
prétendu mal à propos que la plante du
corail étoit molle dans la mer, & qu'elle
durcissoit ensuite à l'air ; mais c'est une
erreur que l'expérience a démentie depuis
long-tems en prouvant le contraire.

Voici la maniere d'extraire la teinture
du corail. Il faut mettre tremper un jour
ou deux des branches de corail rouge dans
de la cire blanche fondue sur les cendres
chaudes ; le corail perdra sa couleur & deviendra blanc, la cire prendra en même tems
une couleur jaunâtre : il faut qu'elle surpasse le corail d'un bon doigt. Si l'on remet de
nouveau corail rouge dans la même cire, il
perdra encore sa couleur, & la cire deviendra brune. Enfin si l'on y en remet d'autre une troisiéme fois, il changera encore

de couleur, & la cire deviendra d'un beau rouge. On extrait enfuite la teinture dont cette cire fe trouve chargée, en la mettant infufer dans de bonne eau-de-vie foulée de fel de tartre. *Cours de Chymie de Lémery.*

Il y a trois fortes de fel commun. Le *fel foffile*, le *fel des fontaines*, & le *fel marin.* Le premier eft auffi appellé *fel gemme*, parce qu'il eft luifant & poli comme une pierre précieufe; il s'en trouve des montagnes entieres en Pologne. Le fecond fe forme par l'*évaporation* qu'on fait des eaux de quelques fontaines propres à cet ufage. Le dernier fe tire de l'eau de la mer par *cryftallifation*, ou par *évaporation*. Ces trois fels font de même nature, & peuvent également fervir pour affaifonner les alimens.

On peut purifier ainfi le fel commun. Il faut le faire fondre dans de l'eau chaude, en filtrer la diffolution au travers d'un papier brouillard, puis en faire évaporer toute l'humidité dans une terrine fur un feu doux. Il feroit encore plus pur fi au lieu de faire évaporer entierement cette humidité, on en laiffoit une partie pour faire cryftallifer ce fel dans un lieu frais & humide.

On vient de dire que le fel fe purifioit en le faifant fondre dans de l'eau chaude; mais on obfervera qu'une quantité quel-

conque d'eau douce n'eſt ſuſceptible que
d'une certaine quantité de ſel , au-delà de
laquelle il ne peut plus ſe fondre. L'expérience nous a appris que pour que l'eau ſoit
ſoulée de ſel , le rapport de l'eau au ſel
doit être comme celui de 5 à 2 , c'eſt-à-
dire qu'il faut cinq livres d'eau pour abſorber deux livres de ſel ; quelque choſe
que l'on faſſe par l'action du feu , il ne
s'en fondra pas davantage. Ainſi quand on
veut purifier du ſel , il faut à peu près mettre en peſanteur trois quarts d'eau ſur un
quart de ſel , faire fondre le ſel dans l'eau
chaude , la faire évaporer enſuite , & le
ſel ſe formera au fond du vaiſſeau , beaucoup plus pur qu'il n'étoit auparavant. Si
l'on réitere cette opération , il ſe purifiera
de nouveau , mais le déchet ſera plus conſidérable , à proportion du dégré de pureté
qu'on voudra donner au ſel.

Le *nitre* ou *ſalpêtre* eſt un ſel empreint
de quantité de particules d'air qui le rendent volatil & très-diſpoſé à ſe rarefier
par le feu , ce qui a fait croire mal à propos qu'il étoit ſuſceptible de s'enflammer :
mais on a reconnu que ce ſel n'étoit point
inflammable par lui-même , ne contenant
aucun ſoufre. Il eſt vrai que ſes pores étant
remplis de beaucoup d'air condenſé , l'action de la chaleur venant à le rarefier , fait

que cet air s'échappe avec effort des cellules
où il étoit emprifonné, imitant l'effet d'un
eolipyle, & c'eft ce qui caufe fa détonation quand il eft mêlé avec le foufre & le
charbon.

Le falpêtre fe tire des platras, pierres
& démolitions des vieux bâtimens : on en
trouve auffi dans les caves & autres lieux
humides, dans les étables & écuries, où il
fe forme de l'urine des animaux qui s'imbibe dans la terre. Pour l'en tirer, on pul-
vérife groffierement les pierres ou les terres qui le contiennent, & on les fait bouillir dans beaucoup d'eau pour y diffoudre
le falpêtre. On coule cette diffolution, puis
on la verfe fur des cendres pour en faire
une leffive & dégraiffer ce fel : après avoir
paffé & repaffé plufieurs fois la liqueur fur
ces cendres, on la fait évaporer & cryftallifer, comme on le verra dans la fuite de
cet ouvrage.

Le *fel ammoniac moderne* eft formé en
pains ronds & plats, plus larges qu'une
affiette, épais de trois doigts, gris en dehors & blancs en dedans, difpofés dans
leur épaiffeur en cryftaux droits, fans
odeur, ne s'humectant pas beaucoup à
l'air, d'un goût fort falé & pénétrant ; fe
diffolvant dans l'eau, mais fe coagulant
aifément en cryftaux mols, neigeux &

froids

froids au toucher. Son origine nous eſt in-
connue ; on croit cependant que les Vé-
nitiens, de qui nous le tirons, le font avec
cinq parties d'urine, une de ſel marin, &
une demi-partie de ſuye, qu'ils cuiſent
enſemble & réduiſent en une maſſe. Ils la
mettent enſuite dans des pots ſublimatoi-
res, & l'ayant pouſſée par un grand feu,
ils en font ſublimer un ſel en la forme que
nous le recevons. D'autres prétendent que
ce ſel ne ſe fait point à Veniſe, mais que
c'eſt l'ouvrage des Egyptiens & des peuples
du Levant qui le font avec de l'urine des
chameaux & quelque ſel fixe. Nous en
traiterons ci-après.

Le *ſel ammoniac des Anciens* n'étoit autre
choſe que le ſel volatil de l'urine des chameaux & d'autres animaux qui paſſoient en
grand nombre par des pays extrêmement
chauds, comme les deſerts de la Lybie &
de l'Arabie. L'urine de ces animaux ſe con-
ſommoit en peu de tems par l'ardeur exceſ-
ſive du ſoleil, & l'on trouvoit ſon ſel volatil ſublimé ſur la ſuperficie des ſables.

Le *vitriol* eſt un ſel métallique qui ſe
trouve répandu dans preſque toutes les
mines, & qui infecte, pour ainſi dire, les
métaux. Il eſt compoſé d'un ſel acide &
d'une terre ſulfureuſe : on trouve auſſi des
mines de vitriol pur. Il y en a de quatre

efpéces, du bleu, du verd, du blanc &
du rouge. Le *vitriol bleu* fe trouve dans le
voifinage des mines de cuivre dans la Hongrie & dans l'ifle de Chypre, d'où il nous
vient en beaux cryftaux, appellés *vitriol de
Hongrie*, ou *vitriol de Chypre*.

Il y a trois fortes de *vitriol verd*, celui
d'Allemagne, celui d'Angleterre & celui
de Rome. Le premier tire fur le bleu, il
contient un peu de cuivre, & c'eft le meilleur pour la compofition de l'eau forte.
Celui d'*Angleterre* participe un peu du fer,
il eft propre à faire de l'efprit de vitriol.
Le *vitriol Romain* eft affez femblable à celui
d'Angleterre, fi ce n'eft qu'il eft plus difficile à fondre.

Le *vitriol blanc* eft un fel tiré par évaporation de l'eau des fontaines vitrioliques,
ou bien un vitriol verd calciné à blancheur, puis diffous dans de l'eau, filtré &
deffeché fur le feu; c'eft le plus épuré de
fubftance métallique. Le *vitriol rouge* nous
eft apporté d'Allemagne depuis plufieurs
années; on l'appelle auffi *chalcitis* ou *col-
cothar naturel*, & l'on croit que c'eft un
vitriol verd calciné par quelque feu fou-
terrein : c'eft le plus rare de tous.

La féparation du vitriol d'avec les terres
métalliques où il prend fa naiffance, fe fait
par lexiviation, évaporation & cryftallifa-

tion, dans des chaudieres de plomb, dans
lesquelles on met des bâtons en travers pour
que le vitriol s'y attache. La matiere qui
se cryſtalliſe autour de ces bâtons, retient le
nom de *vitriol* : c'eſt le plus pur de la leſſive. Ce qui tombe au fond de la chaudiere
s'appelle *couperoſe* : elle ſert pour la teinture. Comme elle retient avec elle beaucoup de terreſtréités, elle eſt à bien meilleur marché que le vitriol ; c'eſt ce qui
fait que les ouvriers lui donnent la préfé-
rence.

Le *borax* ou *chryſocolle* eſt un ſel minéral
qui ne ſe trouve que dans les mines d'or :
on le tire tout brut des Indes, & les Hollandois qui ſçavent le purifier, en fourniſſent toute l'Europe. Quand le borax eſt
purifié il eſt en maſſes conſidérables, ayant
la couleur & la tranſparence de l'alun ;
mais avant que d'être préparé il eſt d'un
brun ſale, & par menus grains, dont les
plus gros ſont comme des pois, à moins
qu'il ne s'en trouve quelques morceaux
déja cryſtalliſés par la nature. Il ſert à la
ſéparation de l'or d'avec ſa terre ; il le ramaſſe dans la fonte, & empêche l'action
des ſels qu'on y mêle qui pourroient en
écarter quelques parties. Le borax ſert
auſſi pour ſouder les métaux & pour les
adoucir.

B ij

L'*alun* eſt un ſel minéral ſtyptique qu'on tire , comme le ſalpêtre , par diſſolution , filtration & coagulation , d'une eſpéce de pierre qui croît dans des carrieres en France , en Italie , en Angleterre , & autres endroits de l'Europe Il y en a de trois ſortes ; l'*alun de Rome* , l'*alun de roche* ou *de glace* , & l'*alun de plume*.

L'*alun de Rome* eſt en morceaux de médiocre groſſeur , d'un blanc rougeâtre , luiſant & tranſparent au dedans , d'un goût acide & aſtringent. Ordinairement cet alun eſt aſſez net , mais on peut le purifier encore en le faiſant fondre dans de l'eau , filtrant enſuite cette diſſolution & la faiſant évaporer ſur le feu. On obſervera que cet alun fondu dans l'eau chaude eſt dans le même cas que le ſel marin , c'eſt-à-dire que cinq livres d'eau douce ne peuvent abſorber que deux livres d'alun ; il en eſt de même du vitriol blanc dont nous venons de parler , & de tous les ſels en général.

L'*alun de glace* ou *de roche* vient d'Angleterre en gros morceaux blancs , luiſans & tranſparens comme du cryſtal : ſon goût & ſes propriétés ſont les mêmes que celles de l'alun de Rome , mais il n'eſt pas ſi eſtimé en médecine , parce qu'il contient moins d'eſprit acide. On s'en ſert pour la teinture.

L'alun de plume, que la plûpart des naturalistes confondent souvent avec la pierre d'amiante, est une espéce de talc composé de plusieurs filamens droits, très-blancs, crystallins & resplendissans. Il est extrêmement corrosif, & excite sur la peau des demangeaisons si vives qu'il y vient des ampoules : cette propriété est même connue des écoliers & des jeunes gens, qui s'en amusent en jettant de cet alun, mis en poudre, dans la chemise ou dans le lit de leurs camarades, ce qui leur cause une demangeaison extraordinaire qu'on ne peut adoucir qu'en se frottant d'huile. On trouve de l'alun de plume dans l'Egypte & dans quelques isles de l'Archipel ; mais il est extrêmement rare, & l'on n'en voit gueres de véritable que dans les cabinets des curieux. Il est différent de l'amiante, 1°. en ce qu'il nage sur l'eau & qu'il s'y dissout aisément. 2°. Il est très-âcre & pique la langue jusqu'à l'excoriation. 3°. Enfin il ne résiste point à l'action du feu, & n'est nullement propre à faire des mêches & des toiles incombustibles. Celui qui se débite ordinairement chez les Droguistes, n'ayant aucunes de ces qualités, n'est autre chose que de l'amiante véritable, qui est plus commune & moins chere que l'alun de plume.

B iij

L'*amiante*, pierre *asbestos*, ou lin incombuſtible, eſt un talc ou pierre filamenteuſe, douce au toucher, inſipide au goût, & qui a tant de reſſemblance avec l'alun de plume, que preſque tous les Marchands le ſubſtituent à ce minéral. Rien cependant n'eſt plus facile de les diſtinguer, car l'amiante ſe précipite au fond & ne s'y diſſout point ; elle n'a aucune acrimonie, & réſiſte invinciblement au feu ; qualités totalement oppoſées à celles de l'alun que nous venons de décrire. On la trouve ordinairement dans les Pyrenées : elle eſt de couleur griſe & tirant ſur le fer, plus molle & plus ſpongieuſe que l'alun de plume. On en file un lin incombuſtible, dont on fabrique enſuite de la toile, qui loin de ſe conſumer au feu ne fait qu'y blanchir & s'y nétoyer. On trouvera ci-après la maniere d'en faire des méches pour les lampes, & des toiles incombuſtibles qui ſervoient aux anciens pour brûler les corps dont ils vouloient conſerver les cendres. Les perſonnes curieuſes de ſçavoir combien les Philoſophes anciens & modernes ont été de différent ſentiment au ſujet de ces deux foſſiles, pourront avoir recours aux ſçavantes diſſertations ſur les *lampes perpétuelles des anciens*, inſérées dans le tome quatriéme des *Recréations mathé-*

matiques de M. Ozanam. Ils y trouveront quantité de curiosités & de choses intéressantes sur cette matiere & sur la Physique en général.

L'*aiman* est une pierre minérale très-dure & pesante, de couleur de fer, qui se trouve dans les mines de fer & de cuivre. Le meilleur vient des Indes & d'Ethiopie : il en vient aussi d'Italie, de Suede & d'Allemagne. Il a la vertu d'attirer le fer & l'acier, & d'indiquer la position où l'on est à l'égard du ciel. On en peut voir les propriétés plus au long dans le tome troisiéme des Recréations mathématiques que nous venons de citer, & dans les *Observations curieuses sur la Physique*, en trois volumes *in-*12, qui se vendent chez le même Libraire que cet Ouvrage-ci. Pour augmenter la vertu attractive de l'aiman, on l'arme de petites lames d'acier trempé, extrêmement minces & polies, ou bien l'on met tremper cette pierre pendant quarante jours dans de l'huile de fer.

Le *soufre* est un bitume minéral inflammable qu'on tire de divers endroits de l'Europe, mais principalement du Mont Vesuve en Sicile. Il y en a du gris & du jaune : le *gris* s'appelle *soufre vif* ; il nous vient en morceaux informes comme on le tire de la terre : c'est une espéce de glaise.

Il doit être friable, doux au toucher, facile à prendre feu : il contient de l'huile, un sel acide & de la terre.

Le *soufre jaune* appellé aussi *soufre à canon*, à cause de sa figure & de son usage pour la poudre à canon, est un soufre fondu & purifié de sa terre la plus grossiere, & jetté ensuite dans des moules où il prend la forme de bâtons appellés *magdalons*. Il y en a aussi de verdâtre, en petits canons, qui contient plus de sel acide : l'un & l'autre doit être facile à rompre & luisant en dedans.

La *fleur de soufre* est une exaltation de ce minéral qui se fait de la maniere suivante. Mettez dans une cucurbite de terre, sur un petit feu, environ demi-livre de soufre concassé & pulverisé grossierement, couvrez-la d'une pareille cucurbite ou terrine renversée & qui ne soit point vernissée, ensorte qu'elles entrent exactement l'une dans l'autre. De demie en demi-heure vous leverez la terrine supérieure, & y en ayant substitué une autre & ajouté de nouveau soufre, ramassez sur un papier vos *fleurs* que vous trouverez attachées au fond de la cucurbite que vous venez de lever : continuez la même opération jusqu'à ce que vous ayez suffisamment de fleurs, ajoutant toujours de nouveau soufre à chaque fois que vous changerez de cucurbite. Alors retirez vos vaisseaux du feu & laissez les refroidir, il ne restera au fond de votre cucurbite inférieure qu'un peu de terre légere & inutile.

Les Droguistes falsifient souvent cette fleur de soufre, & vendent en sa place du soufre commun pilé & tamisé bien fin : il est même assez difficile de s'y connoître, c'est pourquoi le plus sûr est d'en faire soi-même la préparation. On en employe beaucoup dans les feux d'artifice.

Le *succin* ou *karabé* est un bitume coagulé qui se trouve dans des ruisseaux proche de la mer Baltique, dans la Pologne, & dans la Prusse : on le nomme aussi *ambre jaune.* Lorsqu'il est encore mol & visqueux, plusieurs petits insectes, comme mouches, fourmis, &c. s'y attachent & se trouvent ensévelis dans son intérieur. Il y a du succin de diverses couleurs, comme du blanc, du jaune ou citrin, & du noir. Le *succin blanc* est le plus estimé, quoique d'une couleur opaque : il est odorant quand il vient d'être frotté, & l'on en tire plus de sel volatil que des autres. Le *jaune* est transparent & agréable à la vûe ; on en fait des colliers & d'autres petits ouvrages ; il contient beaucoup d'huile. Le noir est le moindre de tous. Le succin entre dans la compofition des vernis.

On apporte des ifles Antilles une gomme de peuplier, nommée *gomme copal* : elle eft entraînée par des torrens dans des rivieres d'où on la retire. Elle eft fi femblable au karabé ou fuccin, qu'il eft facile de s'y méprendre, auffi l'appelle-t-on *faux-karabé*.

Quelques perfonnes croyent que *l'huile de pétreol* n'eft autre chofe qu'une liqueur tirée du fuccin, par le moyen des feux fouterreins qui en font une diftillation naturelle, & que le *jay* ou *jayet* & le charbon de pierre font les reftans de cette diftillation. Ce fentiment paroîtroit affez vraifemblable, fi les lieux d'où l'on tire ces drogues étoient moins éloignés l'un de l'autre, car le pétreol ne fe trouve gueres qu'en Italie, en Sicile, & dans la Provence. Cette huile fe diftille par les fentes des pierres & des rochers, & il y a apparence que c'eft l'huile de quelque bitume que les feux fouterreins contraignent de s'élever jufqu'à la fuperficie de la terre.

L'ambre gris eft une efpéce de pâte féche, dure, grife, odorante, que l'on trouve en gros morceaux flottans fur les eaux en plufieurs endroits de l'Océan, vers les côtes de la Mofcovie, & fur le rivage de la mer des Indes : on en rencontre quel-

quefois fur les côtes d'Angleterre, & dans
d'autres endroits de l'Europe. Cette matiere tire fon origine de quantité de rayons
de cire & de miel, que des abeilles fauva-
ges entaffent fur le haut de plufieurs rochers fort élevés qui bordent la mer des
Indes. Le tems confidérable qu'ils demeurent expofés aux rayons ardens du foleil,
les cuit & les endurcit de maniere à les
rendre méconnoiffables. Enfuite ils fe détachent peu-à-peu des rochers, & tom-
bent dans la mer, où ils reçoivent encore
une nouvelle préparation par le bitume
de cet élément qui les change en *ambre
gris*, tel que nous le recevons ici. On doit
le choifir net, fec, léger, de couleur
cendrée, s'amolliffant à la chaleur, & d'u-
ne odeur douce & agréable.

Nous aurions pouffé plus loin le détail
où nous venons d'entrer fur les métaux &
les minéraux, fi nous n'avions pas deffein
de reprendre cette matiere dans le Livre
fuivant, auquel nous renvoyons le Lecteur. Il femble auffi que nous devrions
nous étendre également au fujet des végé-
taux & des pierres précieufes ; mais les
bornes étroites que nous prefcrit ce chapitre nous empêchent de nous y arrêter
davantage : d'ailleurs, comme les végé-
taux & les plantes regardent plus parti-

B vj

culierement la Médecine & la Pharmacie, on peut avoir recours aux auteurs qui en ont écrit *ex professo*. A l'égard des pierres précieuses, outre ce que nous en dirons en son lieu, cette matiere a été traitée à fond dans un Livre intitulé l'*Art de la verrerie*, en deux volumes *in-*12, qui se vend aussi chez le même Libraire. Nous y renvoyons d'autant plus volontiers le Lecteur, que ce traité contient quantité de préparations de métaux & de minéraux dont il est souvent question dans celui-ci, & que le grand nombre de secrets & de curiosités qu'il renferme le rendent comme un supplément & une suite nécessaire à cet Ouvrage.

CHAPITRE II.

De la maniere de séparer les métaux de leurs marcassites, & de les affiner.

NOus avons dit dans le chapitre précédent que le nom de *marcassite* convenoit en général à toute sorte de matiere métallique ; en effet ce n'est autre chose qu'une pierre, ou substance métallique formée de la partie la plus séche & la plus terrestre de l'exhalaison qui produit le mé-

tal. On en rencontre dans presque toutes
les mines, cependant l'on fait beaucoup
plus de cas de celle qui vient dans les mines d'or & d'argent, laquelle est marque-
tée comme de paillettes de ces métaux. Il
y a des marcassites dont on tire des métaux, & d'autres qui se réduisent presque
toutes en vitriol quand on les laisse expo-
fées à l'air pendant quelque tems. Ces dernieres contiennent beaucoup de soufre :
on en trouve dans les terres de Passy, proche Paris, & aux environs de Rheims. En
dedans elles sont jaunâtres & rayées de lignes qui vont de la circonférence au centre. On en voit sortir des étincelles lorsqu'on les frappe sur de l'acier.

Pour extraire séparément divers métaux
contenus dans une même marcassite.

A l'égard des marcassites qui contiennent plusieurs métaux, voici la maniere
de les en séparer. Il faut concasser cette
marcassite, ou *pierre de mine métallique*, &
la réduire en poudre, que l'on mettra dans
de grands vaisseaux de terre ou de verre, versant par dessus assez d'eau chaude
pour qu'elle surpasse au moins d'un demi-
pied cette matiere métallique. Ayant bien
remué le tout avec un bâton, on le lais-

fera repofer & affaiffer le tems d'une minute , & l'on verfera par inclination l'eau trouble qui entraînera avec elles toutes les matieres terreftres , fableufes & pierreufes. On réiterera ces lotions jufqu'à ce que l'eau ne fe trouble plus. Alors on defféchera les poudres qui feront reftées au fond du vaiffeau fur un petit feu doux, ou bien au foleil , en remuant bien jufqu'à ce qu'ils ne fument plus.

Il faut mettre ces poudres dans un vaiffeau couvert , & verfer par deffus du plus fort vinaigre diftillé , enforte qu'il furpaffe d'environ deux pouces , fur un feu de fable très-doux ; on y laiffera le vafe bien couvert pendant huit ou dix heures , alors le *plomb* & l'*étain* fe diffoudront s'il y en a. Verfez la liqueur par inclination dans une bouteille de verre , & remettez dans le vaiffeau même quantité de nouveau vinaigre, que vous laifferez digerer au même feu. Réitérez cette opération jufqu'à ce que vous voyiez que la diffolution ne fe trouble plus ; ce qui eft une marque que ces deux métaux ont été entierement diffous & enlevés par le vinaigre.

Pour la féparation du *cuivre* & du *fer* , s'il y en a, il faut prendre une livre du vinaigre ci-deffus, que l'on aura mis en digeftion avec deux ou trois onces de ni-

tre pur , deux onces d'alun de roche pulvérifé, une once de vitriol Romain , &
une once de fel ammoniac , l'un & l'autre
en poudre. On mettra le tout dans un
grand vaiffeau de verre bien bouché , dont
les trois quarts doivent refter vuides , fur
un feu doux , en remuant le vafe de tems
en tems. On verfera ce diffolvant ainfi préparé , fur la poudre métallique reftée après
la diffolution du plomb & de l'étain , en
procédant de la même maniere , & l'on
gardera ces nouvelles eaux dans des bou-
teilles féparées.

On verfera enfuite fur le refte de la
poudre métallique , de bonne eau forte
commune , pour en féparer l'*argent* , fi elle
en contient. Après en avoir retiré & mis
à part la liqueur , on defféchera la poudre
à un feu lent , & l'on y verfera enfin de
bonne eau régale pour en diffoudre l'*or* :
procédant toujours de la même façon que
pour les autres métaux.

Après cela , il faut deffércher à la retorte
ou à l'alambic de verre toutes ces diffolutions féparément, en rappellant le menftrue
à feu de fable , & l'on en détachera la poudre reftante , que l'on confervera à part.
Il s'agit préfentement de réduire ces différentes poudres en corps.

Faites une pâte d'une once de chaque

poudre , une dragme de borax , demi dragme de nitre fixé par le charbon & purifié , demi dragme de sel de tartre , deux dragmes de verre bien pilé , deux dragmes de charbon de bois , & cinq ou six dragmes de savon rapé , avec quelques gouttes d'huile d'olive. Ayant bien pilé & mêlé le tout , on le réduira en pâte , dont on formera de petites boules , que l'on jettera dans un creuset couvert & rougi dans un fourneau de reverbere , & on lui donnera un feu de fonte pendant environ un quart d'heure , plus ou moins , suivant la fusibilité du métal que l'on veut ranimer , ce qui demande aussi un feu plus ou moins violent. Ayant retiré & laissé refroidir le creuset , on le casse , & l'on en sépare le noyau attaché au fond , que l'on pesera : ce sera votre métal.

Autre maniere de séparer les métaux.

Ayant bien lavé & seché , comme ci-dessus , votre poudre métallique , il faut la mettre toute chaude dans un mortier de marbre chauffé , & verser dessus autant pesant de mercure commun aussi chaud , & broyer le tout avec un pilon de verre ou de buis , toujours en rond & du même sens ; y jettant de tems en tems quelques goutes d'esprit de nitre. Le mercure l'éteindra &

s'amalgamera avec le métal : enfuite on paffera le mercure par le chamois en le preffant bien , & le métal d'or ou d'argent qu'il aura attiré , reftera dans le chamois. On pourra les ranimer enfuite avec le borax & le falpêtre raffiné.

Ou bien on ajoutera à cet amalgame de mercure mêlé avec les métaux , le tiers de fon poids de nitre fixé (ce qui fe fait en faifant boire au falpêtre la moitié de fon poids d'efprit de nitre , dans un vafe de verre couvert & fur un feu lent) , huit ou dix fois autant de bol , & un peu d'eau claire , pour réduire le tout en une pâte , dont on formera des petites boules groffes comme des noifettes. On les mettra fécher au foleil ou à un feu doux , & on les calcinera enfuite dans de grands creufets couverts , qui auront au moins un tiers de vuide , & dont les couvercles feront bien luttés , à un feu de roue gradué également , pendant dix ou douze heures.

On peut encore diftiller ces boulettes par la retorte luttée , avec un grand récipient plein d'eau , pour y recevoir le mercure , & détacher enfuite la maffe qui reftera au fond ; on la lavera bien & on la fera fécher au feu pour la pouvoir réduire en poudre , que l'on revivifiera par la fonte , en y mêlant du borax , nitre , verre , charbon & favon , comme ci-deffus. Si la mine contient de l'or & de l'argent , ils fe trouveront encore confondus dans cette fonte , & pour en faire la féparation il la faut grenailler & diffoudre dans l'eau forte , puis avec de l'eau régale , & s'il refte encore quelque mêlange de cuivre ou d'autre métal avec l'argent , on l'en féparera par la coupelle, comme on le dira ci-après.

Pour féparer l'or & l'argent des marcaffites.

Faites un diffolvant avec trois livres du meilleur vinaigre diftillé, dans lequel vous mettrez d'abord trois onces de fel commun bien pilé , puis autant de verdet pulvérifé , & autant de fublimé corrofif , mettez le tout dans un vaiffeau de verre qui doit refter les trois quarts vuides , bouchez-le bien, & mettez-le fur un feu doux, remuant fouvent le vaiffeau fans le découvrir , & prenant bien garde d'en refpirer la vapeur. Lorfque le tout fera prefque diffous , laiffez refroidir le vaiffeau jufqu'à ce que la liqueur foit claire ; vous la verferez par inclination dans un autre vafe , ayant attention de ne point troubler le fond.

Il faut enfuite jetter la matiere métallique un peu chaude , lavée & préparée comme on a dit ci-devant , dans un grand

mortier de marbre, & verſer par deſſus
de cette liqueur claire, peu à peu, remuant avec un pilon de buis continuellement en rond, & l'humectant à meſure
pour l'entretenir dans la même conſiſtance
d'onguent pendant trois ou quatre heures, après quoi l'on verſera par deſſus du
mercure coulant qui la couvre entierement, & qui occupe au moins le double
du volume, & on le broyera encore pendant deux ou trois heures ſans y rien
ajouter.

Alors l'amalgame des métaux parfaits
avec le mercure étant faite, & ayant ſéparé le mercure d'avec les matieres terreſtres par le crible, ſans preſſer, on recueil-
lera bien le mercure pour le paſſer au travers d'un chamois ; l'or & l'argent reſte-
ront dedans le chamois, & on les ranimera
par la fonte avec la pâte indiquée ci-deſſus. Pour ne rien perdre, il faut mettre la
poudre qui a paſſé par le tamis dans un
grand creuſet avec le même mercure qui
a paſſé dans le chamois, & lui donner un
feu doux de ſable, en remuant avec une
aiguille de fer pendant une heure ou deux,
donnant ſur la fin le plus fort feu de ſable
pendant un quart d'heure, enſorte que le
fond du creuſet ſoit preſque rouge, remuant toujours avec une longue aiguille

& prenant garde aux fumées. Le tout étant refroidi, on le paſſera dans un large tamis pour ſeparer la terre d'avec le mercure, que l'on repaſſera par le chamois en le preſſant bien, & s'il y étoit encore reſté de l'or ou de l'argent, on le trouveroit dans le chamois, & on le ranimeroit comme il a été dit.

On remarquera dans cette opération, qu'il faut ménager adroitement le feu, de peur que ſa trop grande violence ne faſſe exhaler en fumée tout le mercure qui emporteroit avec lui le métal fin : il faut qu'il reſte dans le creuſet pour le moins les deux tiers du mercure.

Pour ſeparer un métal parfait d'avec un autre métal.

Faites digérer pendant deux ou trois jours vos marcaſſites en poudre dans huit pintes d'eau impregnée d'une once de ſel ammoniac fixe, ou de ſel de nitre fixe, ou bien de ſel de tartre : enſuite vous les ferez deſſécher & calciner. Mettez-les alors dans un creuſet à un feu de fonte & vous verrez ce qui reſtera au fond. S'il s'y trouve deux métaux différens, il faut faire un petit trou au fond d'un creuſet, & y en ayant adapté un autre par deſſous, on mettra les matieres fondre dans le creuſet ſupérieur ; alors s'il y a du métal parfait il tombera par la fusion dans celui de def-fous, & l'imparfait reſtera dans le premier avec les ſcories, que l'on pourra ſéparer avec le marteau, ou par la fonte.

Pour séparer des marcaſſites le pur d'avec l'impur.

Mêlez onze onces de telle mine que vous voudrez avec une once de verdet, une livre de minium, & autant de ſable détrempé, lavé & ſéché, le tout en poudre ſubtile. Mettez ce mêlange dans un creuſet à un feu de fonte, & dans deux heures il ſe précipitera un petit régule que vous paſſerez à la coupelle.

Pour fondre tout métal qui eſt encore en roche.

Faites recuire votre roche à un four & rougiſſez-la, pilez-la enſuite & y ajoutez du ſavon & du ſalpêtre, repilez le tout enſemble ; mettez cette pâte en petites boules, & couvrez-les de papier que vous mouillerez. Jettez ces boulés dans un bon fourneau capable de retenir le métal qui coulera au fond ; couvrez-le de charbons & donnez-y le feu néceſſaire ; retirez votre métal fondu, & s'il tient du fin, vous le paſſerez à la coupelle.

Pour séparer à la fonte l'or, l'argent & le cuivre.

Mêlez parties égales de soufre, d'antimoine & de cendres de plomb, & quand votre métal sera fondu, jettez-y peu-à-peu de cette poudre ; les métaux se précipiteront & se sépareront l'un de l'autre. Laissez refroidir votre creuset, vous y trouverez l'or tout au bas, l'argent au milieu, & le cuivre au dessus.

Pour fondre des mines trop chargées de soufre.

Mouillez vos mines avec de l'urine, mettez-les ensuite sécher à un feu doux, pilez-les, & elles seront prêtes à fondre.

Si elles se trouvent de difficile fusion, ajoutez-y du plomb brûlé, mettez le tout dans un creuset, & le métal ira au fond. Si elles sont faciles à fondre, mettez une petite terrine deux doigts au dessous du soufflet d'une forge & remplissez-là de charbons : quand il sera bien allumé, jettez-y de votre mine en poudre, elle s'attachera aux charbons, & le métal tombera au fond en petits grains. Il faut retirer ces grains, les piler & les laver, & le métal demeurera au fond du vaisseau.

Pour tirer le soufre des marcaffites.

Faites une leffive avec de l'eau de chaux & du tartre calciné, verfez-là dans un pot de fer, & jettez-y votre marcaffite en poudre. Ayant bien fait bouillir le tout, verfez-en l'eau par inclination dans une terrine, & verfez du vinaigre par deffus cette eau, le soufre fe précipitera au fond de la terrine. Faites fécher la matiere reftée au fond du pot de fer, mettez-la fur des charbons ardens, verfez-y de la même leffive, & faites-la bouillir encore jufqu'à ce qu'elle ne rende plus de soufre.

T A B L E pour connoître la proportion & le rapport du poids des métaux.

	Pied cube.		Pouce cube.		
	Livres.	Onces.	Onces.	Gros.	Grains.
Or	1326	4	12	2	52
Mercure	946	10	8	6	8
Plomb	802	2	7	3	30
Argent	720	12	6	5	28
Cuivre	627	12	5	6	36
Fer	558	0	5	1	24
Etain	516	2	4	6	17

On peut juger aussi de la pureté des métaux par leur plus grande pesanteur dans l'eau, à volume égal de même espéce ; c'est-à-dire que de deux pouces cubes d'or qui ne seroient pas du même carat, le plus épuré sera plus pesant dans l'eau que celui qui l'est moins.

Matieres qui pénétrent les métaux sans les fondre.

Il y a des matieres qui se font d'elles-mêmes un passage forcé, ou un trou au travers d'une plaque de métal. Par exemple, un morceau de soufre commun mis sur une plaque de fer rougie au feu, y fait un trou & passe au travers. Un morceau de sublimé corrosif mis sur une plaque d'argent rougie de même, y fait un trou avec bruit & passe au travers. Si l'argent étoit trop épais pour pouvoir le percer, il le creuseroit jusqu'à deux ou trois lignes de profondeur, en repoussant les parties déplacées de l'argent au bord du trou qu'il a fait. Il y a aussi un sel fondu qui passe au travers des pores du fer, comme l'eau feroit au travers d'un papier gris : en voici la composition.

Sel qui passe à travers le fer.

Prenez environ une livre de chaux vive, versez

verſez deſſus deux pintes de vinaigre ;
laiſſez-les enſemble dans une douce digeſtion pendant deux fois vingt-quatre heures , ayant ſoin de remuer de tems en
tems ; laiſſez raſſeoir le tout , verſez-en la
liqueur claire par inclination, que vous
garderez.

Prenez ſoufre commun une partie , ſalpêtre rafiné deux parties , & ſel décrepité
trois parties ; pilez le tout , & après l'avoir
mêlé exactement , vous mettrez au feu un
creuſet qui puiſſe contenir toute la matiere. Le creuſet étant rouge , vous là mettrez dedans cuillerée à cuillerée , juſqu'à
ce que le tout y ſoit entré. La matiere s'en-
flammera foiblement & ſans détonation ,
& ſe gonflera lorſqu'elle commencera à
fondre ; alors il faut la remuer avec une
verge de fer , & continuer le feu juſqu'à ce
que le tout ſoit devenu liquide comme de
l'eau , ce qui arrive bientôt après que la
flamme du ſoufre a fini.

Alors vous verſerez votre matiere fondue dans un baſſin de cuivre , où elle ſe
durcira auſſi-tôt. Verſez enſuite ſix parties
de votre vinaigre préparé ſur une partie
de cette matiere , mettez le tout chauffer
un peu pour le fondre plus facilement ,
étant fondu , filtré & évaporé , laiſſez refroidir ce mêlange , verſez y encore par

Tome I.   C

deſſus autant du vinaigre dont nous venons de parler , & faites évaporer juſqu'à
pellicule. Mettez cette liqueur à la cave ,
il s'y formera des criſtaux , leſquels étant
fondus à grand feu dans un creuſet de fer ,
paſſent en très-peu de rems au travers de ce
fer , ſans y faire de trous , comme le plomb
paſſe au travers d'une coupelle.

Calcination des métaux pour ſe communiquer leur couleur.

Il faut , pour cet effet , diſſoudre chaque métal dans ſon propre menſtrue ou
diſſolvant , comme l'or dans l'eau régale , l'argent & les autres métaux dans
l'eau forte ordinaire , ou vinaigre diſtillé.
Après qu'il ſeront diſſous , on jettera dans
la diſſolution une bonne partie de nitre ,
puis l'on trempera dedans des linges fins
& blancs , que l'on mettra ſécher devant
le feu. Il faut brûler enſuite ces linges ſur
quelque aſſiette de terre , & la cendre qui
en provient , eſt le métal préparé.

Pour s'en ſervir & en faire l'expérience ,
trempez un petit morceau de liége ou de
bois blanc & tendre dans ces cendres , &
frottez-en à froid le métal qui lui convient. Les cendres de l'or doreront l'argent , celles de l'argent argenteront le

cuivre ; celles de ce métal rendent l'étain, le plomb & le fer couleur de cuivre.

Végétation métallique, par M. Homberg.

Faites un amalgame d'une once ou deux d'or ou d'argent fin, & de dix fois autant de mercure reſſuſcité du cinabre : broyez & lavez cet amalgame pluſieurs fois avec de l'eau nette de riviere, juſqu'à ce que l'amalgame ne laiſſe plus de ſaleté dans l'eau. Alors ſechez votre amalgame, mettez-le dans une cornue de verre, diſtillez-le au bain de ſable à très-petit feu, que vous entretiendrez égal pendant un jour ou deux ; plus vous pourrez continuer le feu ſans chaſſer tout à fait le mercure, plus la végétation ſera parfaite : à la fin vous pouſſerez le feu juſqu'à faire ſortir tout le mercure. Laiſſez éteindre ce feu, vous trouverez votre mercure dans le récipient, & l'or ou l'argent qui reſtera dans la cornue ſera doux & pliant, & de la plus belle couleur que ces métaux puiſſent avoir, dont la maſſe aura pouſſé des branches en forme de petits arbriſſeaux de différente hauteur & de différentes figures. Il faut les tirer de la cornue, les ſéparer de la maſſe de métal qui leur ſervoit de baſe, & les ayant rougi au feu, on les gardera

C ij

tant qu'on voudra sans qu'ils se gâtent.

Curiosités sur la dissolution des métaux par les eaux fortes.

Quand on a dissout de l'or dans l'eau régale , si on met de l'étain dans cette dissolution , l'or se précipitera au fond du vaisseau en une poudre violette à mesure que l'eau régale dissoudra l'étain. Il arrive la même chose lorsqu'on met un morceau de cuivre dans la dissolution de l'argent : l'eau forte quitte l'argent pour ronger le cuivre , ce qui fait que l'argent se précipite en une chaux argentine au fond du vaisseau à mesure que le cuivre s'y dissout ; si ensuite on met du fer dans cette dissolution , le cuivre s'y précipitera en une poudre rouge à l'approche du fer , comme l'argent s'étoit précipité en y mettant le cuivre.

Si c'est de l'argent qu'on a fait dissoudre dans de l'eau forte de départ , on verse par inclination la dissolution d'argent dans une terrine où l'on a mis auparavant une plaque de cuivre , & dix ou douze fois autant d'eau commune. Ayant laissé ce mélange en repos pendant quelques heures , on voit le cuivre se couvrir de la poudre ou précipité d'argent , & l'eau devient bleue : on filtre cette eau qui s'appelle de *l'eau seconde*, & elle sert aux Chirurgiens pour ronger les chairs. A l'égard de la poudre d'argent, on la fait secher, & on la peut mettre en lingot, en la faisant fondre dans un creuset avec un peu de salpêtre.

Si l'on met tremper pendant quelques heures une plaque de fer dans cette eau seconde, le cuivre qui la rendoit bleue se précipitera à mesure que le fer sera dissous. Si l'on filtre cette dissolution & qu'on y fasse tremper un morceau de pierre calamine, le fer dissous tombera au fond en poudre, & la pierre se dissoudra. Si l'on filtre encore la liqueur, & que l'on jette dessus cette filtration goutte à goutte de la liqueur de nitre fixe, il se fera une précipitation de la calamine. Si l'on filtre enfin cette liqueur, & qu'après en avoir mis évaporer une partie, on laisse crystalliser le reste, on aura un salpêtre qui aura les mêmes propriétés que le salpêtre commun.

CHAPITRE III.

De la maniere de mettre en fusion, d'adoucir & de souder les métaux.

Sur le Borax.

LE borax est un sel minéral qui naît aux Indes Orientales, en Perse, en Transylvanie, &c. qu'on fait calciner, lessiver & crystalliser. Après qu'il a été tiré de la terre, on le raffine à peu près comme les autres sels, & il se condense en beaux morceaux, blancs, nets, durs, secs & transparens : il se garde facilement sans s'humecter ; il a d'abord un goût amer, après quoi il devient douçâtre. On s'en sert, comme on a vû ci-devant, pour souder les métaux, & principalement l'or, ce qui l'a fait appeller *chrysocolla*.

Le borax est quelquefois enveloppé d'une matiere grasse, d'une couleur jaune tirant sur le verd, d'une odeur rance, c'est ce qu'on nomme *borax gras*. On croit qu'en Hollande & à Venise, pour y préparer le *borax* que nous nommons *artificiel*, on ne fait que refondre & crystalliser, comme nous venons de le dire, ces premiers crys-

taux de borax naturel. D'autres difent qu'ils
le font avec l'urine de jeunes gens buvant
du vin , battue dans un mortier de bronze , fur laquelle on jette de la rouille
d'airain & quelquefois du nitre. Cependant on ne peut pofitivement fçavoir la
maniere dont il fe prépare , ni de quoi il
eft compofé. Le borax factice ou artificiel
reffemble à l'alun glacial ou alun de roche
d'Angleterre ; il eft pareillement âpre au
goût. Les Orfevres & les ouvriers qui travaillent fur les métaux , s'en fervent , non
feulement pour les fouder , mais encore
pour avancer leur fonte.

Pour faire le borax artificiel.

Il fe fait d'alun en poudre , de fel ammoniac & de falpêtre , délayés avec de l'u-
rine d'enfant bien agitée dans un mortier
dans le tems de la Canicule.

Ou bien prenez du tartre crud & ajoutez y un fixiéme de fel décrépité ; faites
bouillir le tout jufqu'à ce que cette compofition fe change en eau ; mêlez-y de l'a-
lun , du fel ammoniac & du nitre , laiffez-
le enfuite fécher. Après que le tout a bien
bouilli enfemble & qu'il s'eft endurci , vous
aurez du borax propre à fondre toutes fortes de métaux.

C iiij

Autre borax artificiel.

Mettez deux ou trois livres du meilleur savon en petits morceaux dans un pot de terre neuf, & faites-le bouillir avec demi-livre de beurre de vache. Quand vous verrez qu'il sera presque sublimé, ajoutez-y d'autre beurre, & faites le flamber jusqu'à ce qu'il soit brûlé & qu'il devienne tout noir : réduisez-le alors en poudre subtile, dissolvez-le avec du lait de chevre ou de vache, & faites-le bouillir ensuite avec ce lait deux ou trois bouillons. Laissez le tout un peu reposer, & ôtez l'écume qui viendra dessus, qui n'est autre chose que du lait ; vous mettrez ce qui restera dans un pot de terre neuf avec quelques petites branches de sapin ou de roseau sec, afin qu'il se candisse comme le sucre. Laissez-le une nuit ou deux exposé au serein ou en quelqu'endroit frais, & vous le trouverez le lendemain dur & solide comme du crystal. Il n'est pas si blanc que le borax minéral, mais quant à l'opération, il soudra facilement toutes sortes de métaux, & même l'or & l'argent.

Pour préparer le borax.

Il faut avoir une plaque de fer que vous faites seulement chauffer sans la laisser

rougir , & vous y jettez votre borax
deſſus : il devient en écume que vous en-
levez avec le couteau , & vous en remettez d'autre à votre volonté , juſqu'à ce que
vous en ayez une quantité ſuffiſante , que
vous ſerrerez pour vous en ſervir dans le
beſoin.

Ou bien prenez du lait de vache que
vous purgerez en le filtrant , du borax ordinaire , du ſel alkali , du ſel gemme , &
du ſang de chevre ; mêlez le tout avec de
l'eau , mettez-le dans une bouteille de verre & le laiſſer ſécher ; avec cette compoſition vous ferez fondre tout le métal , &
même le verre.

On prépare encore le borax en mêlant
enſemble , parties égales de borax , de
mercure ſublimé , de ſel ammoniac & d'euphorbe , le tout réduit en poudre , que
l'on jette ſur le métal que l'on veut adoucir lorſqu'il eſt en fuſion. On en met
plus ou moins ſuivant la dureté du métal
& ſa difficulté à ſe fondre ; ſur quoi il eſt
bon d'être prévenu que le fer eſt plus dur
à la fonte que le cuivre , le cuivre jaune
plus que le rouge , & celui-ci plus que
l'étain & le plomb.

Pour dégraiſſer le borax.

On apporte le borax des pays du Levant

dans des barrils pleins de petites pierrettes mêlées avec quelque graisse pour le conserver : on l'appelle alors *borax gras* ou *pâte de borax.* Pour purifier cette pâte , il en faut choisir qui ne soit ni moisie ni éventée , & sur dix livres de cette matiere ajouter un demi-sceau d'eau tiede , & gros comme un pois de pressure de lievre , pour faire prendre les plus petites parties du borax. On mettra le tout dans un vaisseau de terre , & l'on pétrira quelque tems cette pâte avec les mains. Ensuite ayant fait écouler l'eau par un tamis , & ayant recueilli les pierres qui feront restées , on les arrosera d'huile d'olive , & on les retournera avec la main comme on feroit une salade. Mettez après cela ces pierres dans quelque boîte , & les gardez pour le besoin : vous aurez du meilleur borax qui se puisse trouver.

Borax artificiel.

Détrempez deux onces d'alun de roche & le mêlez avec autant de sel alkali , mettez le tout dans un vaisseau d'étain , & le faites cuire à petit feu l'espace de demi-heure. Otez-le de dessus le feu , & mêlez-le avec deux onces de sel gemme pulvérisé , autant de nouveau sel alkali , deux livres de miel vierge , & une livre de lait de vache : expofez cette compofition au foleil pendant trois jours, & le borax fera fait.

On peut encore pulvérifer parties égales d'alun de roche & de maftic, & les incorporer avec autant d'huile de lin qu'il en faut, pour faire du tout une pâte que l'on mêlera bien, & qu'on laiffera en digeftion dans le fumier pendant un mois : on aura du borax fin.

Ou bien faites diffoudre parties égales de falpêtre & de camphre pulvérifées dans une leffive faite de deux parties de cendres de chêne & d'une de chaux-vive ; filtrez la diffolution par le papier gris, & faites-la évaporer à un feu lent : ce qui reftera eft votre borax, que vous jetterez fur les métaux lorfqu'ils feront en fufion.

Flueur ou fondaifon pour les métaux.

Mêlez une once de jaune d'œuf dur, avec une once de colofone, demi-once de refine, & autant de terebenthine ; faites-en une pâte dont vous mettrez gros comme une noifette fur une livre de métal. Ou bien prenez deux onces de falpêtre, demi-once de foufre, & demi-once de fciure de bois de chêne ou autre. Mêlez le tout & le réduifez en poudre ; dont

C vj

vous mettrez dans un creufet un lit fur un autre du métal à fondre , & vous y mettrez le feu avec une allumette. On fait la même opération , mais en plus petit volume , dans une coquille de noix , que l'on emplit de cette compofition ; on met par deffus une piéce de tel métal que l'on veut , & l'ayant recouvert de la même poudre on y met le feu. Le métal fe fond incontinent , & fe trouve en lingot au fond de la coquille.

On peut avancer encore la fonte des métaux , en y ajoutant des matieres qui leur conviennent felon leurs qualités ; s'ils font gras , par exemple , on fe fert de toutes fortes de gommes , d'huile , de favon mol , &c. Pour les autres , on fe fert d'étain , d'arfenic , de réalgal , de fublimé , ou d'autres matieres moins fufibles.

Autre fondant pour les métaux.

Détonnez enfemble une livre de nitre & autant de fel de tartre ; diffolvez ce fel dans fix onces de vinaigre diftillé , filtrez & congelez , ftratifiez-le bien fec dans un creufet avec la mine d'or ou d'argent que vous voulez fondre , & elle fe mettra en fufion très-promptement. Cette compofition fond le fer auffi facilement que du beurre.

Pour adoucir un métal aigre.

Mêlez deux onces de favon noir & autant de fel commun, avec quatre onces de fiente humaine deffechée & pulvérifée, autant d'alun de roche, & demi-once de fel de nitre ; incorporez le tout fur le feu avec un fiel de bœuf, dans une terrine, jufqu'à ce que vous ne fentiez plus avec la fpatule aucun fel ni gravier. Alors retirez la terrine de deffus le feu, & laiffez refroidir la matiere dont vous jetterez fur votre métal en fufion dans le creufet.

Des foudures pour les métaux.

Pour fouder les métaux on fe fert de plufieurs fortes de foudures : voici la compofition de celles qu'on employe pour le cuivre. La foudure forte eft compofée de dix onces de laiton fondu fur une once & demie d'étain fin. La moyenne eft d'une once d'étain commun fur fix onces de laiton ; & la plus foible eft d'une once deux gros d'étain fur fix onces de laiton : elles fe foudent avec le borax.

Pour l'argent, la foudure forte eft compofée de moitié argent & moitié laiton ou cuivre jaune. La foudure légere eft d'un tiers de laiton fur deux tiers d'argent ; & la plus foible d'une once de laiton sur trois onces d'argent ; le tout soudé en borax.

Pour souder le fer on mêle une partie de borax sur autant de limaille de laiton, ou bien moitié de verre ou crystal pulvérisé & moitié de limure de laiton.

Pour l'étain on met moitié plomb & moitié étain : il se soude avec la poix résine. La soudure pour l'étain se fait encore de cette maniere. Il faut prendre de l'étain le plus fin, le fondre avec un quart de plomb, & le jetter ensuite sur le plancher. S'il ressemble à de l'argent mat, il faut y ajouter du plomb & le refondre : on continuera la même opération, ajoutant toujours du plomb, jusqu'à ce que la composition se trouve claire comme de l'argent, & qu'on y remarque comme des yeux de perdrix ; pour lors la soudure a acquis le dégré de perfection qu'elle doit avoir.

Pour souder quelque métal que ce soit.

Pour souder en argent, il faut 1°. bien nétoyer l'argenterie que l'on veut souder ; 2°. lier proprement avec du petit fil de fer recuit les piéces ensemble ; 3°. les mouiller dans l'endroit que l'on doit souder ; 4°. mettre du borax à cet endroit ; 5°. mettre par dessus la soudure découpée en forme de paillettes, & remettre encore du borax par dessus ; 6°. mouiller le borax avec le bout du doigt ou avec quelque autre chose ; 7°. mettre la piéce sur le feu pour la faire sécher, la laisser refroidir, & y mettre du blanc détrempé avec de l'eau, s'il y a quelque soudure ou dorure à côté de la piéce, pour empêcher qu'elle ne se dédore ou ne se dessoude : 8° enfin mettre la piéce dans le feu & la couvrir de charbons ardens, ensorte néanmoins qu'on puisse appercevoir l'endroit à souder, pour voir lorsque la soudure est fondue. On souffle le feu moderément, & lorsque la soudure est totalement fondue, on retire la piéce d'argenterie du feu, & on la laisse refroidir.

La maniere de souder en cuivre est la même que celle pour l'argent.

Il y a encore une autre maniere de souder moins usitée parmi les ouvriers. On rape de la soudure, & ayant mis en poudre autant de sel ammoniac, on le mêle avec la soudure. Il faut ensuite bien nétoyer les parties que l'on veut souder ensemble, les lier, s'il en est besoin, avec du fil de laiton recuit, frotter d'huile d'olive l'endroit qu'il est question de souder, & y mettre de cette poudre. Mettez la piece sur le feu, & vous verrez votre soudure couler, & votre ouvrage se trouvera bien

foudé. On peut aussi se servir du chalu-
meau pour la même opération ; on remarquera seulement qu'on n'y réussit point avec
de la soudure d'argent qui ne coule pas
aisément, mais avec de la soudure d'étain.

Pour souder l'étain & le plomb, il faut
racler avec un couteau l'endroit que l'on
veut souder, puis avec un pinceau couvrir
la piéce d'une couche de blanc d'Espagne
mêlé avec de la colle forte fort claire, ou
avec de la colle de gants fondue sur les
cendres chaudes. Raclez encore l'endroit
qu'il faut souder, pour ôter le blanc qui
pourroit y avoir été mis avec le pinceau ;
& y ayant mis un peu de poix resine *,
passez-y le fer avec de la soudure fort
promptement, il s'y fera un petit filet de
soudure fort propre, & où il n'y en entre
que ce qu'il en faut.

Pour souder le plomb, on frotte l'endroit que l'on veut souder avec du suif,
après l'avoir raclé & nétoyé avec un
couteau : on prend ensuite de la poix resine, que l'on fait fondre avec la soudure
par le moyen d'un fer chaud, puis on l'applique à l'ordinaire sur l'endroit.

* D'autres, au lieu de poix resine, y passent du
suif de chandelle, comme font les Facteurs d'orgues, & mettent de la poix resine sur une tuile
avec la soudure, pour la prendre avec le fer.

Pour souder les métaux.

Mêlez & delayez de la craie pulvérisée avec de l'eau gommée, faites-en une espéce de pâte, dont vous oindrez le métal à l'endroit où vous le voulez souder, l'ayant posé auparavant sur une table. Otez ensuite la pâte seulement de dessus la jointure, la laissant aux deux côtés ; oignez cette jointure avec du savon ; & y ayant mis de la soudure, vous tiendrez un charbon ardent au dessus pour fondre la matiere. Après cela ôtez la pâte, & la soudure sera faite.

Pour souder les métaux à froid.

Broyez à part trois onces d'antimoine ; prenez tartre calciné, sel ammoniac, sel commun, métal de cloche, de chacun une once. Ayant pulvérisé & passé au tamis toutes ces matieres, vous les mêlerez bien & les mettrez ensemble dans un linge, autour duquel vous appliquerez de l'argille bien maniée, de l'épaisseur d'un doigt ; l'argille étant bien seche, vous la mettrez avec ce qu'elle enveloppe, entre deux vaisseaux de terre sur un petit feu, laissant échauffer cette masse peu à peu. Augmentez ensuite le feu, & rendez-le assez vio-

lent pour faire rougir & fondre enfemble
toutes ces matieres. Retirez alors vos vaiffeaux , & quand la matiere fera refroidie
vous la reduirez en poudre. Voici préfentement la maniere d'en faire ufage pour
fouder.

Mettez fur une table les deux piéces que
vous voulez fouder enfemble , avec une
feuille de papier deffous , approchez-les le
plus près qu'il fe pourra ; ayant femé de la
poudre ci-deffus fur les jointures & un
peu au-deffus, vous y ferez une croûte
d'argille, enforte que la jointure foit découverte en deffus. Après cela vous mettrez diffoudre du borax dans du vin chaud
jufqu'à ce qu'il y foit tout à fait confom-
mé , & avec les barbes d'une plume trempée dans cette liqueur , vous en arroferez
votre poudre à l'endroit de la jointure , auffi-tôt vous la verrez bouillir. Quand l'effer-
vefcence fera paffée , la foudure fe trouvera faite. S'il y reftoit quelque excroif-
fance ou inégalité , il faudroit l'ôter fur la
meule , car la lime ne fçauroit y mordre.

Pour fouder le fer.

Limez bien jufte les jointures des fers
que vous voulez fouder , & les ayant rapprochées & liées enfemble , mettez-les au
feu , & jettez fur l'endroit à fouder du

verre de Venife pulvérifé ; il fe fondra
tout auffi-tôt.

*Maniere de faire les viroles de fer & de
cuivre pour garnir les manches d'outils.*

Il faut avoir une lame ou morceau de
fer plat & quarré long , de la largeur &
de la longueur qu'on jugera à propos , fuivant la grandeur des viroles que l'on veut
faire. On en applatira les deux extrêmités
en talut ou en bifeau d'un côté feulement.
Courbez enfuite votre lame petit à petit ,
en la frappant à froid , & en la contour-
nant à coups de marteau fur une bigorne
de fer , comme font les Ferblantiers , jufqu'à ce qu'elle ait une forme ronde & cy-
lindrique , & que les deux extrêmités fe
touchent & mordent même l'une fur l'autre. Entourez après cela votre virole avec
du fil de fer recuit , pour empêcher la
jointure de fe déranger ; vous laifferez paffer un petit bout du fil de fer , pour pouvoir prendre la virole & la foutenir avec
des pinces au-deffus du feu. Après cela
vous la tremperez dans de l'eau , & vous
jetterez fur la jointure , en dedans & en
dehors , du borax en poudre. Ayez enfuite
une petite lame ou paillette de laiton ou de
cuivre jaune extrêmement mince & étroi-

te, placez-la en dedans de la virole, le long de la jointure, & jettez encore du borax par deſſus, enſorte qu'elle en ſoit toute couverte. Alors prenant cette virole doucement avec des pinces ſans rien déranger, & la tenant par le petit brin de fil de fer qu'on a laiſſé exprès, on la préſentera, la jointure toujours en deſſous & dans le même état, au milieu d'un feu de charbons aſſez ardent. Il faut ſur tout être attentif à regarder le dedans de la virole, & à l'inſtant qu'on appercevra le petit morceau de laiton en fuſion, on retirera promptement la virole du feu, & on la laiſſera refroidir. Cette opération eſt l'affaire de cinq ou ſix minutes. C'eſt la meilleure maniere de ſouder, que les ouvriers en fer appellent *brâſer*.

Pour faire des viroles en cuivre rouge il ne faut pas applatir en biſeau les extrêmités de la bande de cuivre, il ſuffit de les dreſſer à la lime pour les approcher le plus près qu'il eſt poſſible, ſans les faire mordre ou empiéter l'une ſur l'autre comme aux viroles de fer ; le reſte de l'opération eſt la même. Au lieu de lames ou paillettes de laiton, on peut auſſi ſouder en cuivre avec de la grenaille de cuivre jaune qui eſt plus facile à fondre. Si la virole étoit de cuivre jaune, alors il faudroit fouder avec de la grenaille ou avec de la foudure d'argent qui fert aux Orfevres. Il y a encore de la foudure foible faite avec un tiers d'étain & deux tiers de plomb, c'eſt celle que les Ferblantiers employent avec le fer chaud ; mais c'eſt la moindre de toutes.

De l'alliage des métaux.

Les Monnoyeurs, les Orfevres, les Tireurs & Batteurs d'or, les Fondeurs, les Potiers d'étain, &c. font diverſes fortes d'alliages des métaux, ſuivant l'uſage auquel ils les deſtinent. On ne fabrique dans les monnoyes aucune eſpéce d'or ou d'argent ſans alliage, & l'on mêle toujours du cuivre avec ces deux métaux, ſuivant certaine proportion réglée par les Ordonnances. Les Orfevres, Tireurs & Batteurs d'or ſont auſſi obligés de ſe ſervir d'alliage dans les matieres d'or & d'argent qu'ils employent, mais il doit être en moindre quantité que celui des monnoies. Les Fondeurs ont pareillement leur alliage de cuivre, d'étain & de laiton, qui diffère ſuivant les fontes qu'ils font, ſoit de ſtatues, ſoit de cloches ou de canons. Enfin les Potiers d'étain ſe ſervent, pour la fabrique de leur vaiſſelle, de l'alliage de cuivre rouge, du régule d'antimoine, & de quelques autres minéraux.

A l'égard de la fabrique de la monnoie, il y en a de deux sortes. La premiere sorte d'alliage est lorsqu'on employe des matieres d'or & d'argent qui n'ont point encore servi pour le monnoyage : l'autre sorte est quand on fond ensemble diverses sortes d'espéces ou de lingots de different titre, pour en faire une nouvelle monnoie. Dans le premier cas, l'évaluation ou la proportion de l'alliage avec le fin est facile à faire, puisque sçachant par l'affinage le titre des matieres, il n'est question que d'y ajouter la quantité d'alliage de cuivre ordonnée, pour les réduire au titre légitime. Dans le second cas l'opération est plus difficile, c'est néanmoins une des choses qu'il est le plus important de sçavoir à un Directeur des monnoies, & que doivent sçavoir également tous ceux qui travaillent sur des matieres d'or & d'argent, pour ne pas se tromper dans l'alliage que les uns & les autres sont souvent obligés de faire de l'or & de l'argent à different titre. Tous les auteurs qui ont traité des monnoies ont donné des tables pour faire cette réduction, & les Arithméticiens en ont composé une regle qu'ils nomment *Regle d'alliage* ; mais les Géometres en viennent plus facilement à bout, & moyennant un calcul algebrique assez simple, ils parviennent à estimer la quantité d'alliage qui se trouve dans un métal composé d'or, d'argent allié de cuivre ; ce qui se fait en plongeant ce métal dans l'eau, & en estimant la quantité de pesanteur qu'il y perd. Archimede est l'inventeur de cette regle, & s'en servit le premier pour découvrir l'infidélité d'un Orfevre, à qui Hieron, Roi de Syracuse, avoit donné à fondre une quantité d'or pour en faire une couronne.

L'alliage pour la fonte des statues, des canons & des cloches a aussi ses proportions ; mais comme elles sont assez arbitraires & qu'elles dépendent en partie du gout & de l'expérience des Fondeurs, il n'est gueres possible d'en donner des regles. M. Félibien prétend que le bon alliage pour les statues & les figures de bronze se fait avec moitié de rosette ou cuivre rouge, & moitié de laiton ou cuivre jaune. D'autres veulent, & c'est le sentiment de M. de Saint-Remi, qu'il doit y entrer quatre livres d'étain & huit livres de laiton sur chaque quintal de cuivre rouge. On laisse aux personnes expérimentées dans l'alliage & la fonte des métaux, à décider lequel des deux est le plus à suivre.

Pour faire l'alliage propre aux canons, mortiers & autres piéces d'artillerie, on se sert d'étain fin d'Angleterre, le meilleur

& le plus pur ; il en faut huit, dix, & même douze livres par cent pesant de cuivre
rouge, plus ou moins, suivant que le cuivre est de bonne ou mauvaise qualité. L'alliage pour les cloches se fait ordinairement avec vingt livres d'étain le plus dur
sur un cent pesant de rosette.

L'alliage des différentes sortes d'étain
destiné pour la vaisselle ou autres usten-
ciles, se fait avec le cuivre rouge, le régule d'antimoine & l'étain de glace, ou le
plomb. Nous en parlerons ci-après au chapitre de l'étain.

Secret pour purifier les métaux qui entrent dans l'alliage des piéces d'artillerie.

Faites fondre quatre-vingt-dix-sept livres
de rosette ou cuivre rouge, ajoutez-y six livres de laiton en lamines ; remuez le tout,
& laissez-le quelque tems en fusion pour
s'incorporer : mettez y ensuite six livres du
meilleur étain, & quand la matiere sera
en bonne fonte, remuez ce mêlange avec
un bâton ferré garni par le bout de hail-
lons ou drapeaux trempés dans du vieil-
oing, & laissez le tout en fusion à un feu
violent pendant un quart d'heure. Ensuite
pour les cent neuf livres de la matiere ci-
dessus, on mettra deux onces de la poudre
suivante

suivante enfermée dans une boîte, que
l'on attachera avec deux clous à une verge
de fer, assez longue pour l'enfoncer dans
le métal jusqu'au fond, en remuant toujours jusqu'à ce qu'il n'y ait plus de fumée
blanche. Alors il faut laisser le tout en
fusion pendant une demi-heure, puis jetter la matiere dans le moule, comme à l'ordinaire.

Poudre pour la purification des métaux.

Réduisez en poudre une once de cinabre, quatre onces de poix noire, une once
& demie de racines de raifort seches, seize
onces d'antimoine, quatre onces de mercure sublimé, six onces de bol d'Armenie,
& vingt onces de salpêtre. Ayant bien
pulvérisé séparément toutes ces matieres,
mêlez-les ensemble, & jettez-y deux livres de l'eau forte suivante.

Ayant mis en poudre subtile deux livres
de vitriol, deux onces de sel ammoniac,
douze onces de salpêtre, trois onces de
verd de gris, & huit onces d'alun, vous
mêlerez le tout & le distilerez dans un
alambic de verre.

Mettez deux parties de cette eau forte
sur trois parties de la composition ci-dessus, peu à peu dans une grande terrine,

en remuant bien avec un bâton ; laissez ensuite évaporer l'eau forte à un feu lent, & remuez toujours jusqu'à ce que la matiere soit seche. Si on la laisse dans un endroit humide, elle pourra contracter quelque humidité ; mais alors il faut la faire évaporer une seconde fois, & elle demeurera toujours seche. Il faut ensuite la réduire en poudre fine, & la garder dans des boîtes bien fermées.

Cette poudre purifie tous les métaux inférieurs, sur tout le cuivre qu'elle rend pur & doux comme de l'argent, jusqu'à pouvoir se battre en feuilles, pourvû qu'on suive la même méthode que les Orfevres & les Batteurs d'or observent pour l'or & l'argent.

Ce métal ainsi purifié se tient toujours net en toutes sortes d'ouvrages ; mais sa principale utilité est pour les canons, car les piéces qui en sont composées, sont aussi compactes & aussi serrées que si elles étoient forgées, ensorte qu'elles résistent à un plus grand effort de la poudre, & qu'elles crevent rarement.

Sur l'alliage & la purification des métaux, par M. Grosse, *de l'Académie des Sciences.*

L'alliage des différens métaux est cer-

tainement la partie la plus utile & la plus
curieuſe de la Chymie. Il nous a fourni les
différens tombacs, les ſimilors, les bron-
zes, le cuivre jaune, ces métaux ſon-
nans, dont on fait les timbres des Horloges, & les miroirs de métal, aujourd'hui
ſi utiles pour les lunettes catoptriques. Une
portion de cuivre dans l'argent le rend plus
ferme ; dans l'or elle lui donne une plus
belle couleur. Un peu d'antimoine ou de
cuivre rend l'étain plus dur & plus ſonnant. Voilà une partie des avantages que
produit l'alliage des métaux.

Il arrive au contraire qu'on a ſouvent
beſoin d'avoir les métaux purs, & alors
on eſt obligé de ſéparer ceux qu'on avoit
unis : comme lorſqu'on ſépare l'or d'avec
l'argent, ce qui s'appelle *faire le départ.*
Ou bien en détruiſant le métal inférieur
qu'on avoit mis pour alliage, comme il arrive quand on *coupelle* l'or ou l'argent pour
enlever le cuivre qu'on lui avoit ajouté,
& cette opération s'appelle *affiner* les métaux.

Il y a de ces ſéparations qui ſe font aiſément : il ne faut, par exemple, que de
la chaleur pour ſéparer le plomb & le mercure d'avec l'or ou l'argent ; de même que
pour enlever l'antimoine qui ſeroit mêlé
avec l'or, ou le zinc qui ſe trouveroit

dans du cuivre. Il y en a d'autres, au contraire, qui ne s'operent que très-difficilement ; tel est l'alliage de l'étain dans le plomb ou dans l'argent ; car je ne sçache pas qu'il y ait dans les affinages royaux aucune pratique usitée pour purifier de l'argent allié avec de l'étain, sans faire un déchet considérable.

Il est vrai qu'on ne s'avise pas ordinairement d'allier l'argent avec de l'étain ; mais on peut se trouver dans le cas de les séparer, soit parce que des Alchymistes les auront mêlé ensemble dans la vue de multiplier l'argent ; soit par des accidens arrivés dans des cuisines, où une cuiller d'étain laissée sur le feu dans une écuelle d'argent, s'y sera fondue & mêlée avec l'argent ; soit dans des incendies, où l'argent, le cuivre, l'étain & le plomb se trouveront fondus & mêlés ensemble ; soit enfin dans des coupelles, par le défaut du plomb qui se trouvera allié avec de l'étain ; ce qui jette les affineurs dans des pertes & des embarras considérables.

Il y a plusieurs années qu'étant à la Monnoie de Lyon, j'y fus témoin d'un accident de cette nature, qui porta beaucoup de préjudice à l'affineur. On avoit mis dans une grande coupelle environ six quintaux d'argent : l'ouvrier fut étonné de voir son argent se boursouffler & se hérisser, sans qu'il pût s'imaginer d'où provenoit cet accident. L'affineur retiroit toujours de dessus son métal ce qui se hérissoit, & le rejettoit comme inutile : je lui demandai un peu de ces scories, & je n'eus pas de peine à connoître par la revivification qu'elle contenoit de l'étain & de l'argent. J'en avertis l'affineur, & lui conseillai d'examiner son plomb ; mais le trouvant encore dans le même embarras, & occupé à traiter une pareille coupelle, cela me donna une occasion de tenter sur le champ le remede suivant qui me réussit assez bien.

Voyant donc cette quantité d'argent qui se hérissoit avec l'étain dans la coupelle, je crus qu'il falloit aider la calcination de l'étain. Dans cette vûe je fis faire un mêlange de charbon de terre & de salpêtre que je fis jetter dans la coupelle. On conçoit bien que ce mêlange qui détonoit dans la coupelle, augmentoit beaucoup l'action du feu à la superficie, pendant que le fer contenu dans le charbon se joignoit à l'étain, se calcinoit avec lui, le divisoit, & facilitoit par conséquent l'action du feu sur ce métal. Quoiqu'il en soit, cet expédient eut tout le succès que j'en attendois, & épargna un dommage assez considérable à l'affineur.

D iij

Voici une autre maniere de faire le départ de l'étain d'avec l'argent. Supposons, par exemple, qu'il se fasse des scories semblables à celles qui se formerent à la Monnoye de Lyon, dans lesquelles l'étain à demi-calciné, forme un verre épais & une espéce de réseau où l'argent se trouve engagé & retenu en une infinité de petites parcelles. Si en cet état on les jette dans l'eau forte, tout se dissout; mais il faut d'abord les calciner vivement, pour faire perdre à l'étain sa forme métallique; on les met ensuite en poudre, & alors l'acide ne peut agir que sur l'argent, & l'étain reste au fond sans être dissous. Il y a encore un moyen plus aisé & qui peut s'employer dans les grandes opérations : je le trouvai un jour en essayant une espéce de plomb pour voir s'il pouvoit être employé pour la coupelle. Car m'étant apperçu qu'il étoit allié d'étain, je m'avisai de jetter dessus de la limaille de fer ; je donnai un bon feu (ce qui est essentiel), & en peu de tems je vis mon plomb se couvrir d'une espéce de nappe formée par l'étain & le fer. Il est bon alors d'y ajouter un peu d'alkali pour faciliter la séparation de ces scories d'avec le régule. On sent bien que cette pratique peut s'appliquer à la séparation de l'étain d'avec l'argent ; mais avant que d'ajouter le fer il est nécessaire d'y mêler du plomb, sans quoi la fonte ne se feroit que difficilement, & même imparfaitement, parce que l'étain se calcineroit, mais sans se séparer de l'argent.

L'expédient qu'on vient de proposer est certainement très-peu coûteux & très-aisé à mettre en pratique, & même on n'en connoît point de meilleur pour remédier aux accidens qui arrivent aux coupelles. Mais si l'on avoit de l'or ou de l'argent allié d'étain, le meilleur parti seroit de calciner vivement ces métaux dans un creuset pour vitrifier l'étain : ensuite pour enlever ce verre d'étain & même pour perfectionner sa vitrification, il suffiroit de jetter dans le creuset un peu de verre de plomb, qui sur le champ emporteroit l'étain. *Mem. de l'Acad.* 1736.

Pour purifier & perfectionner les métaux imparfaits.

On sçait que le soleil ou or est le plus pur de tous les métaux, & après lui l'argent ou lune, dont les principes sont à peu près perfectionnés également entr'eux, comme ceux de l'or. Tous les autres métaux passent pour imparfaits, & celui qui approche davantage de la perfection,

D iiij

après l'or & l'argent, c'est le cuivre. On peut le purifier en lui ôtant les soufres superficiels & combustibles dont il est chargé : voici comme il faut s'y prendre.

Mettez la quantité de cuivre qu'il vous plaira dans un creuset sur un feu de fusion, & lorsqu'il sera en fonte, jettez-y à diverses reprises, de la tutie en poudre, avec autant de salpêtre rafiné. Les détonations étant faites, on retire du feu le creuset & on le laisse refroidir. On casse ensuite le creuset, & l'on sépare les scories du régule ; on remet ce régule dans un autre creuset, & on repéte par trois fois la même opération ; alors le Vénus est fort beau, & de couleur d'or. Si on le met en fusion une quatriéme fois & qu'on projette par dessus de la persicaire ou poivre aquatique, on le rendra encore plus imparfait, & l'on pourroit enfin le perfectionner jusqu'à lui donner presque toutes les qualités de l'or. Si l'on parvient de même à purifier le mars de son soufre étranger, on pourra le convertir en très-fine lune. On pourroit aussi blanchir le saturne, & en lui donnant la dureté, le rendre semblable à de l'argent. Enfin l'étain & le mercure peuvent aussi se purifier : celui-ci en séparant ses soufres arsé-

nicaux, & en le fixant par un soufre fixe,
métallique, incombustible & solaire ; &
le premier en lui ôtant sa partie saline su-
perflue, & unissant sa partie mercurielle
au véritable soufre métallique. Mais il est
nécessaire pour y parvenir, d'être auparavant bien au fait de la maniere de résoudre, détruire, & revivifier les corps métalliques.

CHAPITRE IV.

DE L'OR.

NOus avons déja dit que l'or, ou *soleil*
en terme de Chymie, étoit le plus
pur & le plus parfait des métaux : il est
en même tems le plus solide, & celui qui
résiste le mieux au feu. Car, dit M. Plu-
che, ce n'est point par prévention ou par
caprice que nous préférons l'or à tous les
autres métaux ; l'idée avantageuse que nous
en avons est fondée sur une excellence
réelle. Il est le plus compact & le plus
pesant de tous les métaux ; c'est celui qui
s'épure le mieux. Il a sans contredit la plus
belle couleur, & qui approche le plus de
la vivacité du feu. Il est le plus ductile,
& celui qui se prête le plus aisément à tout

ce que l'on en veut faire. Il ne salit point,
comme les autres métaux, les mains de
ceux qui le travaillent. Enfin il a une propriété qui l'éleve au-dessus de tous les autres métaux ; c'est de ne pouvoir être rongé par la rouille , & de ne point diminuer
de poids en passant par le feu.

L'or se tire des mines sous trois formes
différentes : l'une en forme de pepins, de
petits œufs ou de grains ; l'autre en espéce
de pierre ou mine d'or ; & la derniere en
poudre ou sable d'or, que l'on sépare de
la terre par le moyen des lotions , comme
les Orfevres séparent l'or des balayûres de
leurs atteliers. Les pays où l'or se trouve
le plus communément sont le Chili & le
Pérou. On en tire aussi de la Guinée qui
ne peut se battre en feuilles , ni se tirer
par la filiere.

Premiere préparation de l'or au sortir de la mine.

L'or en pierre ou en mine , comme on
le trouve ordinairement , est un *minéral*
dur , plein de paillettes plus ou moins
brillantes , plus ou moins abondantes ,
& qui se trouvent embarrassées dans des
veines de terre qui forment des sillons
ou des rameaux , dont la longueur &
l'épaisseur font la richesse des mines où

elles se trouvent, & de leurs propriétaires. Pour séparer cet or des matieres inutiles avec lesquelles il se trouve lié, on commence par briser le minerai sous des pilons de fer ; on le porte ensuite au moulin pour le pulvériser. On passe encore cette poudre par un fin tamis de cuivre, puis avec de l'eau & du vif-argent on en fait une pâte que l'on pétrit dans des auges de bois, au plus ardent soleil, pendant deux jours de suite. Le mercure s'imbibe de tout l'or qui s'y trouve, & ne s'unit point aux terres épaisses ni aux sables grossiers qui demeurent dans l'eau au fond de l'auge. On se débarrasse de cette eau en penchant l'auge pour la faire écouler. La masse qui demeure au fond ne se trouve plus composée que d'or, de mercure & d'une terre fine. On se délivre de la terre en versant de l'eau chaude à plusieurs reprises sur cette masse. On en sépare le mercure en le faisant évaporer sur le feu ; de cette façon il ne reste plus que l'or : il est vrai qu'il n'est pas encore parfaitement pur & sans mêlange de quelques parties étrangeres, soit terreuses, soit métalliques ; mais on vient à bout de l'en séparer totalement par le moyen des dissolvans : c'est ce qu'on nomme *affinage* ou purification de l'or.

L'affinage de l'or peut se faire de plu-

fieurs façons ; par la coupelle , par l'antimoine , par le fublimé , & enfin par l'eau
forte de départ ; nous en parlerons ci-après.

Ordonnances du Roi pour les Orfevres.

1°. Un Orfevre ne peut travailler que
de l'or à 23 carats $\frac{3}{4}$, fans remede & foudure ; & celui auquel il y aura de la foudure , à un quart de carat de remede.

L'or à 22 carats fans foudure & fans remede.

2°. L'ouvrage plein de maffifs , auxquels il entrera de la foudure , à un quart
de carat de remede.

3°. L'ouvrage creux , chargé de filets de
rapport , à demi quart de carat de remede.

4°. Il peut ufer de tous émaux pourvû
qu'ils foient bons & valables.

De même il peut travailler à tout titre
au deffus de 22 carats , pour ceux qui li-
vreront l'or duquel ils veulent leurs ouvrages : mais il eft défendu expreffément de
fondre aucune monnoie ayant cours.

L'argent fera à onze deniers douze
grains de fin , fur le remede de deux grains
de fin par marc en argent net.

Et en ouvrages moulés , fur le remede
de quatre grains de fin par marc : tous lef-
quels ouvrages il doit faire marquer par
les Maîtres & Gardes de fa Communauté ,

avant que de les exposer en vente.

Item. Un Orfevre ne peut faire aucun ouvrage d'argent brasé d'or & émaillé , ni de laiton ou cuivre doré , ni argenté , ni travaillé d'autre matiere que d'or ou d'argent , au titre & aloi ci-dessus.

Poids des Orfevres pour l'or & l'argent.

Le poids de marc pese 8 onces, l'once 8 gros , le gros 3 deniers , & le denier 24 grains ; tellement qu'audit marc il se trouve 192 deniers de poids.

Il y a au marc 8 onces , ou 4608 grains.
Au demi-marc 4 onces ou 2304
Aux 2 onces 1152
A l'once 576
A la demi-once 288
Aux 2 gros 144
Au gros 72
Au demi-gros 36
Au denier 24
A l'ételin . . . .
A la maille . . . .

L'once d'argent pese 24 deniers ou 576 grains ; & pour entendre ce que c'est qu'un grain de fin , il faut sçavoir qu'un grain de fin pese 16 grains de poids , & le denier de fin pese 16 deniers de poids à l'once : ainsi un denier 12 grains de fin font les 24 deniers de poids.

Au marc d'or fin se trouvent 24 carats de fin : le carat pese alors 8 deniers de poids ; l'once d'or fin pese 3 carats de fin : cependant l'on peut aussi bien compter 24 carats à l'once comme au marc, mais le carat d'once ne pese qu'un denier de poids. Il est aisé d'entendre ces distinctions à l'égard de la façon d'accomoder son or ou son argent au titre de l'Ordonnance, cela dépend du calcul.

Par exemple, si l'on a une once d'or fin à 24 carats, & que l'on veuille le rendre à 22, mettez-y une once d'or à 20 carats ; ou bien prenez 22 carats d'once ou 22 deniers, poids d'or fin à 24 carats, & fondez avec 2 carats d'once, ou deux deniers de poids d'aloi composés de moitié argent fin & l'autre moitié de cuivre fin, qui est le cuivre rouge, & vous aurez une once d'or à 2 2 carats de fin. Pour le connoître, prenez un gros ou 3 deniers d'or, mettez-le à la coupelle ; s'il rapporte 2 deniers 18 grains de poids d'or fin, il est justement au titre de 22 carats.

Du titre de l'or & de l'argent.

Le titre de l'or & de l'argent n'est autre chose que le dégré de finesse & de bonté de ces métaux. Ce titre varie selon les dé-

grés de pureté du métal. L'or eſt parfaitement fin quand il ne contient que de l'or
ſans mêlange : de même l'argent eſt parfaitement fin quand il n'eſt mêlangé d'aucun
métal qui lui ſoit inférieur. Il ne doit pas
même contenir d'or , parce qu'il y auroit
de la ſimplicité à laiſſer paſſer pour argent
ce qui auroit en ſoi une valeur ſupérieure
dont on pourroit profiter par l'extrait. Une
maſſe d'or peut ſe diviſer par la penſée en
vingt-quatre parties , & chaque partie en
quarts , en huitiemes , en ſeiziémes , &c.
Chaque vingt-quatriéme partie d'une maſſe
d'or , de quelque poids qu'elle ſoit , ſe
nomme carat ; & lorſque la maſſe après
l'affinage & l'eſſai , ne contient que de l'or
ſans alliage , on dit alors que ce métal eſt
au titre de vingt-quatre carats , c'eſt-à-
dire que des vingt-quatre parties de cette
maſſe il n'y en a aucune qui ne ſoit de bon
or , & qu'il eſt pouſſé au plus fin.

On remarquera que les affineurs aſſu-
rent qu'il s'en faut toujours quelque choſe
que l'or ne parvienne aux 24 carats , y
ayant toujours un quart , un 8e un 16e ou
un 32e d'alliage. Quand l'or , après l'affinage ou après l'eſſai , ſe trouve diminué ,
par exemple , de deux 24e parties , c'eſt
une marque que cette maſſe ne contenoit
que 22 parties d'or , & qu'il y en avoit

deux d'alliage. Ainsi l'on dit alors que cet or est au titre de 22 carats.

Quand l'or est au-dessous de douze ca- rats & l'argent au-dessous de six deniers, c'est-à-dire que l'or contient douze parties d'alliage avec douze d'or fin, ou que l'ar- gent contient six parties de matieres étran- geres avec six d'argent véritable, alors ces métaux se nomment *billon*, ou métal de bas alloi.

Des différentes manieres d'éprouver l'or, pour juger de son dégré de pureté.

Il n'y a que l'or & l'argent qui soient fixes au feu : pour être parfaits ils doivent avoir trois qualités ; sçavoir, le poids, la teinture & la fixation. On les examine or- dinairement à l'œil, en les rougissant au feu, à l'extension sous le marteau, par la fusion, le ciment, & même au burin.

Sur la pierre de touche l'œil connoît à quel titre est la teinture extérieure. Le feu n'est pas moins sûr, car après y avoir été rougi, s'il y reste dessus une tache noire, c'est signe qu'il y a de l'alliage. Si en le soudant au burin, on le trouve trop dur, c'est encore une marque d'alliage. A la fu- sion, si elle est trop facile, elle désigne qu'il y a beaucoup de métal imparfait, lequel a fait comme une espéce de soudure. Si au contraire la fusion est plus difficile qu'elle ne doit être ordinairement dans ce métal, c'est une preuve qu'il est mêlé avec des minéraux vitrifiés. Si la teinture de l'or, son corps ou sa substance diminuent, c'est un or sophistiqué. Par l'extension sous le marteau on le connoît encore assez facilement : car si en le battant il s'y fait des fentes ou crevasses, c'est une marque certaine qu'il y a quelques sels de minéraux friables, comme de l'étain & autres. Enfin si la coupelle affoiblit ou diminue le poids ou la teinture, c'est un signe évident d'altération & d'alliage avec d'autres métaux.

Les examens particuliers pour l'or sont la cémentation royale, la séparation par les eaux fortes & corrosives, l'épreuve par l'antimoine, la solution par l'eau régale, & la réduction en corps après la solution.

Par la cémentation, on connoît qu'il y a du verre, si après la cémentation plusieurs fois réitérée, il s'y trouve une diminution considérable de la substance ou corps de l'or. Par séparation & par inquart, le défaut se reconnoît, si la partie qui doit être fixe se dissout avec l'argent ; ou quand même elle ne se dissoudroit pas, s'il s'en sépare quelque chose en maniere d'or ; ou s'il reste une couleur grise sur cette marque ou partie d'or ; ou qu'enfin tout ce qui n'eſt point diſſous ſoit gris & noir, que par le feu il ne prenne point la couleur jaune qui eſt celle de l'or ; ou ſi les chaux réduites en corps ne peuvent ſouffrir les eaux fortes & corroſives ſur la pierre de touche.

Par la purgation de l'antimoine il ſera aiſé de connoître encore que l'or eſt altéré, ſi après que l'antimoine s'eſt exhalé à force de feu & de ſouflets, il s'eſt fait une perte ou diminution de ſubſtance ou de teinture. Par la fuſion, ſi elle eſt trop difficile : car c'eſt une choſe merveilleuſe que l'eau forte qui diſſout l'argent & non l'or, quand on la fait régale, alors elle diſſout l'or & non pas l'argent. Si donc l'eau régale a de la peine à diſſoudre l'or, c'eſt une marque qu'il eſt mêlé d'argent ou de corps vitrifiés. Enfin ſi les eaux ne ſont pas jaunes après la diſſolution, c'eſt un très-mauvais indice.

Par la réduction de la chaux d'or en corps, ſi elle ne s'y peut réduire, ou qu'une grande partie ſe vitrifie, c'eſt une marque qu'il y a beaucoup de ſels. Il en eſt de même ſi la teinture ſouffre beaucoup de déchet, ou même ſi elle en ſouffre un peu.

Maniere de ſéparer l'or de l'argent.

Faites fondre dans un creuſet, ſur un

grand feu, trois parties d'argent avec une partie d'or, & lorfque ce mêlange fera en fufion jettez-le dans l'eau froide, il fe condenfera en grenailles qu'il faut faire fécher. On les mettra enfuite diffoudre dans deux ou trois fois autant d'eau forte ; l'argent fe diffoudra auffi-tôt, & l'or fe précipitera en poudre au fond du vaiffeau, ne pouvant être pénétré par ce diffolvant. On peut la faire pareillement avec l'eau régale qui diffout l'or & non pas l'argent. On verfe enfuite l'eau par inclination, & on lave avec de l'eau commune la poudre qui eft reftée au fond du vafe pour l'adoucir.

Remarquez que dans cette opération on mêle de l'or avec l'argent, afin que s'il contenoit quelque particule d'or il fût précipité & entraîné en bas avec celui qu'on y ajoute. Cet or précipité s'appelle *or de départ.*

Nouvelle maniere de féparer l'or de l'argent par la fonte.

La maniere ordinaire de féparer l'or d'avec l'argent eft par le moyen du départ, ce qui donne beaucoup de peine, & coûte même confidérablement, parce qu'il y a toujours du déchet. En voici une nouvelle que le hazard a fait trouver à M. Hom-

berg ; elle est rapportée dans les Mémoires
de l'Académie des Sciences , année 1713.
Ayant fondu ensemble parties égales d'or
& d'argent , M. Homberg avoit mis ce mêlange en grenailles très fines dont il se
servit pour diverses opérations chymiques.
Voulant ensuite remettre cette grenaille
en une masse , il la mit dans un creuset ,
au fond duquel il avoit mis auparavant du
salpêtre brut & du sel décrépité , à peu
près parties égales. Ayant placé ce creuset
au fourneau de fonte , dans un feu médiocre , mais assez fort cependant pour
fondre ce qui étoit dans le creuset , après
environ un quart d'heure de feu , il retira
le creuset & le laissa refroidir ; l'ayant ensuite cassé , il trouva l'or au fond du creuset en un culot , & l'argent en deux morceaux au dessus de l'or , & quelques grenailles qui , n'ayant pas été entierement
fondues , étoient restées enveloppées dans
les sels.

M. Homberg étonné de cet accident,
toucha l'un & l'autre métal sur la pierre
de touche : l'argent étoit très-pur & sans
or , mais l'or n'étoit que de vingt carats,
ayant retenu un sixiéme de l'argent , tandis que l'argent avoit rendu tout l'or avec
qui il étoit mêlé.

Purification de l'or par l'antimoine.

On a vu dans le premier chapitre de ce Livre que l'antimoine est une espéce de pierre métallique & sulphureuse. Elle est assez semblable pour la couleur à la mine de plomb , & mise en fonte elle a la propriété de saisir & d'absorber les terres fines & les métaux qu'elle rencontre , à l'exception de l'or , auquel elle ne s'unit presque point , mais elle le laisse précipiter ; aussi l'employe-t-on avec succès pour l'affinage de ce métal. Plus l'or est sale & plein d'alliage , c'est-à-dire mêlé d'autres métaux , plus il faut mettre d'antimoine à la fonte ; l'or tombe pur au fond & presque fin ; les crasses de l'antimoine restent en forme de scories avec les autres matieres & nagent au-dessus de l'or. Cette masse d'or se remet au feu pour la délivrer par la fumée de ce que l'antimoine y avoit laissé d'impur. Entrons présentement dans le détail de cette opération.

Pesez votre or , mettez le rougir à un grand feu dans un creuset ; jettez-y ensuite quatre fois autant d'antimoine en poudre , l'or se mettra aussi-tôt en fusion. Continuez un feu violent jusqu'à ce que la matiere étincelle , & versez la dans un culot ou mortier de fer chaud & bien graiffé , ayant foin de frapper tout autour avec les pincettes , pour faire tomber le régule d'avec les fcories. Il faut pefer ce régule & le mettre fondre à un grand feu dans un creufet ; lorfqu'il fera en fufion vous jetterez dedans , peu à peu , trois fois autant de falpêtre pour purger l'or de quelque partie d'antimone qui pourroit s'y être unie. Pouffez le feu avec violence autour du creufet , jufqu'à ce que les fumées étant paffées , l'or demeure clair & net en belle fufion. Alors vous le renverferez encore dans votre mortier de fer chaud & graiffé , contre lequel vous frapperez jufqu'à ce qu'il foit refroidi. Enfin ayant féparé le régule des fcories , vous le laverez & effuyerez bien , & vous aurez un or très-pur. Cette maniere de purifier l'or eft la meilleure & la plus fûre.

Purification de l'or par la cémentation.

On ftratifie dans un creufet des lames d'or , avec une pâte feche & dure , nommée *cément royal* , qui eft compofée d'une partie de fel ammoniac, de deux parties de fel commun, & quatre parties de bol ou brique en poudre, le tout ayant été malaxé avec une fuffifante quantité d'urine. On couvre ce creufet , puis l'ayant

entouré de charbons ardens, on fait calciner la matiere avec violence pendant
dix ou douze heures, pour que les sels
mangent & confument les impuretés de
l'or. Cette méthode eft la moins bonne,
car fouvent les sels rongent l'or même &
en font perdre une partie, ou bien ils le
laiffent encore chargé des autres métaux.

Purification de l'or par le fublimé.

Le fublimé eft un compofé artificiel
de vif argent & d'efprit de fel marin,
lequel étant mis en fufion avec l'or, vo-
latilife & éleve en fumée tout autre métal
qui s'y trouve mêlé. Les Affineurs évitent
de fe fervir de ce moyen d'affiner l'or,
parce que le fublimé étant plein de parties
arfénicales, les fumées feules en font per-
nicieufes & meurtrieres, fi l'on n'eft extrêmement précautionné contre leur malignité.

Maniere de faire les coupelles pour la
purification de l'or.

Quoique nous ayons déja dit quelque
chofe au commencement de ce Livre fur
la maniere de faire les coupelles & de s'en
fervir, nous nous fommes cependant re-

fervés d'entrer ici dans un plus grand détail
à ce fujet. En voici plufieurs compofi-
tions.

Mêlez parties égales de cendres de farment, d'os de mouton & de corne de cerf,
arrofez-les d'un peu d'eau commune, puis
battez-les dans un moule ou vaiffeau de
coupelle. Après cela il faut brûler des dents
& mâchoires d'un brochet, & en mettre
l'épaiffeur d'un fol marqué dans le creux
de la coupelle ; puis il faut encore entaf-
fer & preffer cette coupelle dans fon moule, & donner le feu après l'avoir laiffé
fuffifamment fécher à l'ombre.

Les cendres de brochet fervent pour
faire relever net le grain des métaux qui
font épurés deffus ; celles de la corne de
cerf lient les autres cendres ; celles d'os
de mouton & de farment attirent & re-
tiennent le plomb. Voyez ce que nous en
avons dit ci-devant, pages 5 & 6.

Autre compofition de coupelles & creufets.

Pilez & tamifez de la brique ou de
vieux creufets, du verre de Venife, ou à
fon défaut, du plus compact que vous
trouverez, des écailles & batitures de fer,
de la chaux leffivée & deffechée, de chacun parties égales. Joignez une partie de
ce

ce mêlange à quatre parties de terre grasse bien préparée & tamisée , & faites-en des creusets & coupelles , que vous laisserez sécher.

Autre façon de faire les coupelles & creusets.

Il faut faire sécher de la terre grasse ou argille , nommée *terre à potier*, la pulvériser & la passer par un tamis fin : mettez-la dans une terrine , pour en former avec de l'eau une pâte un peu molle & assez liquide pour embrasser une quatriéme partie de pipes de Hollande & de pierres à fusil pulvérisées & passées au tamis. Faites du tout une masse dont vous moulerez vos creusets & coupelles ; & pour leur donner plus de consistance , enduisez-les en dehors seulement avec de la limaille de fer très-fine : vous les laisserez ensuite sécher doucement à l'ombre.

Maniere de se servir des coupelles.

Ayant préparé la casse ou coupelle de la maniere que nous venons de dire , on remplit ce vaisseau avec des cendres composées d'un tiers de cendres d'os , un tiers & demi de cendres de lessive , que l'on appelle cendres quarrées , & un demi-tiers de cendres communes , le tout bien tamisé.

On délaye médiocrement cette compoſition avec de l'eau , pour mêler & incorporer le tout enſemble , puis on la met dans
cette eſpéce de jatte ou vaiſſeau de terre ,
en la battant doucement juſqu'à ce qu'elle
ne faſſe plus qu'un corps avec la jatte ou
coupelle. Après cela on fait un creux au
milieu pour y mettre le métal que l'on
veut affiner , & l'on fait ſecher doucement le vaiſſeau ſur les cendres chaudes ;
enſuite on pouſſe le feu petit à petit juſqu'à ce que le tout ſoit bien ſec.

Alors il faut enfoncer ce vaiſſeau dans
des cendres juſqu'au bord , & l'ayant environné de briques pour le tenir ferme , y
faire un bon feu , & le couvrir de ſon
couvercle ou d'un vieux morceau de chêne. On met du plomb dans la coupelle à
proportion de la quantité de matiere que
l'on veut affiner , & ſuivant qu'elle eſt de
moyen ou bas aloi , car plus elle eſt baſſe
& plus il faut de plomb : la doſe ordinaire
eſt d'une livre de plomb ſur un marc d'or
ou d'argent. Ayant échauffé le plomb en
ſoufflant juſqu'à ce qu'il ſoit bien tourné
& en bonne fuſion , mettez y alors ce que
vous avez à affiner d'or ou d'argent , &
continuez de ſouffler dedans juſqu'à ce que
le plomb ſoit tout évaporé ; ce que vous
connoîtrez quand vous verrez une nuée

couvrir tout à coup l'or ou l'argent, & qu'il devient dur. Si vous appercevez quelque boursoufflement par dessus, c'est une marque qu'il n'y a point assez de plomb : alors il y en faut remettre & le rechauffer en soufflant comme auparavant. Après cette opération, ce qui demeure d'or ou d'argent est fin ; & si ces deux métaux sont mêlés, on les sépare de la maniere suivante.

Pour séparer l'or & l'argent fondus & affinés ensemble.

Mettez votre or & argent que vous voulez séparer, dans un creuset à refondre ; & quand le métal est si chaud qu'il tourne, jettez-le dans un chauderon plein d'eau, il se mettra tout en grenaille que vous ferez secher sur le feu. Jettez cette grenaille dans un pot de verre ou de grès, dans lequel vous verserez deux fois autant de bonne eau forte qu'il y a de grenaille, c'est-à-dire deux onces d'eau forte pour une once de grenaille : mettez le pot sur un trépied à un petit feu, bouchez le pot avec un creuset, & laissez bouillir le tout jusqu'à ce que la fumée devienne toute blanche. Retirez alors le pot de dessus le feu, & coulez l'eau dans une jatte ou vaisseau de grès ; rincez le pot à plusieurs reprises avec de l'eau commune , que vous verserez dans la même jatte avec la premiere eau , jusqu'à ce que vous apperceviez votre or bien net. Vous mettrez alors cet or dans une écuelle , & l'ayant bien lavé (il faut rejetter cette eau avec les premieres , parce qu'elle peut encore tenir de l'argent) vous mettrez ensuite secher cet or , & vous le ferez recuire. Cet or est pur & très-bon pour dorer. Pour mettre cette chaux d'or en lingot, on la fait fondre à part dans un creuset , avec un peu de borax , qui en rassemble promptement toutes les parties en une masse.

Pour tirer ensuite l'argent des eaux que vous avez versé toutes ensemble dans le vaisseau de grès , il faut mettre dedans une bonne planche de cuivre rouge , qui pese au moins le double de l'argent que vous avez à retirer. Ayant laissé reposer le tout pendant vingt-quatre heures , vous coulerez l'eau doucement dans quelque pot de grès : cette eau sert aux Orfevres pour dérocher la besogne d'or. Vous leverez ensuite la planche de cuivre , & vous ferez tomber dans un creuset tout l'argent qui s'y sera attaché ; faites-le secher , & fondez-le avec du salpêtre , votre argent sera bon à employer. C'est ainsi qu'on affine le billon ou bas argent.

Maniere de calciner l'or.

Faites diſſoudre une once d'or purifié dans trois onces d'eau régale, puis vous y joindrez quatre onces de mercure paſſé au chamois, qui précipitera votre or au fond du matras en ſe joignant à lui. Laiſſez éclaircir l'eau régale, & verſez-la par inclination quand elle vous paroîtra bien claire, puis lavez bien votre matiere dans de l'eau chaude pour l'édulcorer & en tirer tout l'acide.

Joignez à cette matiere deſſechée ſon poids égal de fleurs de ſoufre, puis broyez le tout enſemble; mettez-le dans un creuſet, auquel vous en adapterez un autre par deſſus qui ſera percé au cul d'un petit trou à paſſer une plume; luttez-les bien enſemble & les laiſſer ſecher. Il faut les mettre enſuite à un feu de roue, que l'on donnera par dégrés l'eſpace de quatre heures, couvrant le creuſet entierement de charbons à la derniere heure, & le laiſſant éteindre & refroidir. Ouvrez alors le creuſet, vous y trouverez votre or calciné.

Amalgamez cet or avec quatre onces de nouveau mercure, & joignez-y encore cinq onces de fleur de ſoufre, les broyant bien enſemble; mettez le tout dans les mêmes creuſets, que vous lutterez, leur donnant le feu de roue comme ci-devant. Réitérez une troisiéme fois cette opération pour mieux calciner & ouvrir votre or. Après cela, l'ayant mis dans une terrine vernissée bien profonde, vous verserez par dessus de bon esprit de vin qui surnage de deux doigts ; vous y mettrez le feu, & lorsqu'il sera consumé, vous aurez un très-bel or en chaux impalpable, bien ouvert, que vous édulcorerez avec de l'eau chaude & ferez secher doucement.

Calcination de l'or, tirée des œuvres de Castaigne.

Prenez une once d'or fin & le fondez avec autant d'étain de glace ; lorsqu'ils seront bien fondus ensemble, ayez douze onces de vif-argent d'Espagne bien chaud dans un autre creuset, tellement qu'il bouille comme s'il vouloit aller en fumée. Alors mettez dans une grande terrine votre creuset avec ledit or, vuidez en même tems par dessus tout le vif-argent chaud, remuez fort avec un morceau de bois, & vous aurez une belle pâte, nommée *amalgame*.

Il faut laver cette amalgame dans un mortier plein d'eau claire, la broyant fortement avec le pilon de fer ou de marbre, &

la paſſer par un linge blanc , dans lequel reſtera la noirceur de l'étain , puis derechef la piler , broyer & laver , & la repaſſer par un autre linge blanc ; ce qu'il faut continuer vingt-cinq ou trente fois , tant que le linge par où le mercure paſſera demeure bien blanc ſans aucune noirceur , alors tout l'étain de glace ſera évanoui.

Ayant bien eſſuyé & deſſeché cette pâte , on la mettra avec tout ſon mercure , qui a coulé chaque fois par le linge , entre deux creuſets qui s'enchaſſent bien l'un ſur l'autre ; on donnera un feu de ſublimation doucement pendant vingt-quatre heures , & on laiſſera refroidir les creuſets avant que de les ouvrir.

Les creuſets étant ouverts , il faut recueillir avec un pied de lievre tout le mercure qui ſera attaché au col & le garder à part , puis broyer l'amalgame toute ſeule , telle qu'elle ſe trouvera au fond du creuſet , & la remettre à ſublimer comme auparavant ; de même ſéparer le mercure qui ſe ſera ſublimé au haut du creuſet ſupérieur , & le mettre avec celui qu'on a déja recueilli.

On continuera de faire la même choſe pluſieurs fois , juſqu'à ce qu'on ait recouvré tout le mercure , & qu'il ne ſe trouve plus au fond du creuſet d'en bas que le

poids de l'or qu'on y a mis , qui doit être
une once ; ce fera de très-belle chaux fubtile plus que la fleur de farine , & cette
chaux eft capable de faire beaucoup de
merveilles. *Paradis terreftre de Caftaigne*,
page 4.

Autre calcination de l'or.

Prenez une once d'or à vingt-quatre carats , & taillé en petits morceaux minces
comme des feuilles de papier ; rougiffez-
le au feu , puis avec du vif-argent faites
comme ci-deffus , une pâte de ces deux
métaux , que vous pafferez une fois par le
linge. Broyez cette amalgame avec autant
de foufre vif , puis mettez le tout pendant une nuit dans un creufet à une chaleur médiocre , & peu à peu le foufre fe
confumera. Le lendemain remuez avec une
verge de fer fur la braife , pour faire achever de bruler tout le foufre , & pour faire
évaporer le vif-argent , & l'or pur reftera
tout feul au fond , bien réduit en chaux
comme de la farine jaune. Alors tenez
cette chaux au feu de flamme pendant
vingt-quatre heures au fourneau de reverbere , & la premiere calcination fera faite.

Recommencez la même opération avec
de nouveau foufre & de nouveau vif-

argent, & réitérez le tout par trois fois, vous aurez une chaux d'or impalpable, que la feule eau rofe diſſout ſur le feu. Mettez cette chaux d'or dans un matras de verre avec quatre doigts d'eſprit de vin ſur des cendres chaudes, & au bout de trois heures vous trouverez votre eau jaune comme de l'or de ducats. Il faut ſéparer cette eau & la conſerver, en mettre autant de nouvelle ſur l'or qui reſte au fond, qui n'eſt pas encore diſſous, & réiterer juſqu'à ce que tout l'or ſoit diſſous & rendu potable. Une demi-cuillerée de cette eau (dit Caſtaigne) eſt capable de reſſuſciter les morts, rajeunir les vieillards, changer les métaux, &c. *Ibid.* page 26.

De l'or fulminant.

L'or fulminant eſt une poudre d'or qui s'enflamme facilement, qui étant allumée, s'éleve ſubitement, & fait un bruit très-éclatant. Car ſi l'on en met ſeulement deux grains ſur la pointe d'un couteau, & qu'on les allume à la chandelle, ils fulmineront plus fort que ne fait un coup de mouſquet. Voici ſa compoſition.

Mettez dans un matras poſé ſur du ſable chaud, de la limaille d'or fin, avec trois fois autant peſant d'eau régale pour

E v

diſſoudre cet or. La diſſolution étant faite, mettez-la dans un verre avec ſix fois autant d'eau de fontaine. Puis verſez goutte à goutte, ſur ce mêlange, de l'huile de tartre, ou bien de l'eſprit volatil de ſel ammoniac, juſqu'à ce que l'ébullition ceſſe. Laiſſez repoſer long-tems cette diſſolution juſqu'à ce que la poudre d'or ſe ſoit précipitée au fond du verre ; alors vous verſerez doucement par inclination l'eau qui ſurnage pour avoir la poudre d'or toute ſeule, dont vous ôterez l'acrimonie, en la lavant à pluſieurs repriſes dans de l'eau tiéde. Il ne s'agit plus que de faire ſécher cette poudre à une chaleur douce dans un entonnoir garni de papier brouillard, afin que toute l'humidité ſe filtre au travers. Obſervez qu'il ne faut qu'une chaleur très-médiocre ; car ſi elle étoit un peu forte, la poudre prendroit feu, & s'éleveroit avec un grand bruit.

Cette poudre a une ſi grande force que vingt grains étant allumés, font plus de bruit & agiſſent avec plus de violence qu'une demi-livre de poudre à canon. On s'en ſert auſſi fort utilement dans les maladies qui proviennent de la corruption du ſang : elle chaſſe le venin par les ſueurs & par la tranſpiration. La doſe eſt depuis deux grains juſqu'à huit dans quelque

conſerve , & ſur tout dans celle de ge-
niévre.

Or potable de M. Stball.

Prenez trois parties de ſel de tartre &
deux parties de ſoufre , que vous ferez
fondre dans un creuſet ; jettez-y une partie
d'or , qui s'y fondra parfaitement. Aprés
la fuſion retirez la matiere du feu , vous
trouverez un *hepar ſulphuris* qui ſe pulvé-
riſera : mettez cet *hepar* pulvériſé dans de
l'eau, il s'y fondra facilement ; filtrez l'eau,
elle eſt rouge & chargée d'or : c'eſt un or
potable qui eſt d'un mauvais goût , approchant du magiſtere de ſoufre.

Pour diſſoudre l'or ſur la main.

Faites diſtiller du ſang d'un cerf fraiche-
ment tué , & après en avoir fait monter
les eſprits au bain-marie , recohobez juſqu'à trois fois : à la troiſiéme diſtillation
vous en aurez exhalté tout le fixe. L'opération étant finie , on delutte les vaiſſeaux ,
& l'on garde ſoigneuſement la liqueur qui
en provient dans une phiole bien bouchée. Elle a la vertu de diſſoudre l'or
dans le creux de la main ſans faire aucun
mal.

E vj

Pour réparer la couleur de l'or.

Si l'or a perdu sa couleur, vous pourrez la lui rendre en cette maniere. Pulvérisez parties égales de sel ammoniac, de couperose, de salpêtre, & de tuiles ou briques : faites-en une pâte claire avec de l'urine, couvrez-en l'or, & la mettez chauffer à un feu lent. On peut encore faire bouillir l'or dans du vinaigre mêlé avec du sel ammoniac, du verd de gris & de tartre, jusqu'à ce qu'il ait recouvré sa couleur.

Pour rendre le poids à l'or qui a passé par l'eau régale.

Laissez tremper pendant quelque tems dans de l'eau régale un morceau d'écaille de tortue, mettez-y votre or dissous, & par ce moyen il reprendra son poids ordinaire.

Pour mettre de l'or en couleur.

Prenez une demi-once de tartre ou gravelle, autant de soufre & autant de sel commun ; écrasez le tout ensemble & le réduisez en poudre, jettez par dessus un peu plus d'une chopine d'eau bouillante : remettez le tout sur le feu, & saucez-y votre or, sans ôter le vaisseau de dessus le feu, jusqu'à ce qu'il ait pris la couleur que vous desirez.

Sur la pierre philosophale.

Le but auquel aspirent les Alchymistes dans leur travail assidu, qu'ils qualifient du nom de *grand œuvre*, est de trouver la semence de l'or, appellée aussi *poudre de projection*. C'est par le moyen de cette poudre merveilleuse que l'on perfectionne les métaux imparfaits, & qu'on les transmue en or pur. Ce rare secret est ce qu'on appelle la *pierre philosophale*. Plusieurs d'entr'eux prétendant être enfin parvenus à ce point de perfection, se sont vantés de la posséder, & à force de vouloir le persuader effectivement aux autres, ils se sont imaginés effectivement l'avoir trouvé. Mais malgré les histoires surprenantes que l'on raconte à ce sujet de différens charlatans, qui par quelques tours d'adresse en ont fait accroire à des génies foibles & crédules; malgré, dis-je, ces histoires, il n'est pas moins vrai que les meilleurs Philosophes ont toujours regardé ce secret comme une chimere. Cependant, de même que la recherche de la quadrature du cercle a occasionné plusieurs belles découvertes dans la Géométrie, aussi les tentatives réitérées

des Alchymiftes ont elles beaucoup contri-
bué à perfectionner la Chymie, & même
elles ont fait trouver divers fecrets fort
utiles pour la médecine & pour les arts
méchaniques. Car il femble que l'Auteur
de la nature ait pris plaifir à exciter notre
émulation par la recherche de quatre découvertes importantes, qui font depuis
long-tems l'objet de nos travaux : je veux
dire le mouvement perpétuel, la quadrature du cercle, les longitudes, & la pierre
philofophale. En cherchant le mouvement
perpétuel, qui eft démontré impoffible par
les bons Méchaniciens, on a imaginé les
machines compofées, fi utiles pour multiplier les forces de l'homme, & l'on a
trouvé enfuite les horloges & les montres.
Les Géometres, en travaillant à la quadrature du cercle, ont fait une infinité de découvertes dans la Géométrie, plus eftima-
bles, peut-être, que la quadrature même.
Quel avantage l'Aftronomie & la naviga-
tion n'ont-elles point retirées de la recherche des longitudes ? & combien la Chymie
ne s'eft-elle point elle-même enrichie dans
ces derniers tems, par les découvertes faites par ceux qui n'avoient d'abord en vûe
que la pierre philofophale ? c'eft du fruit
du travail de ces derniers que nous allons
parler, & non de la chimere qui les a gui-
dés.

Dans cette intention, & pour satisfaire
les curieux sur cette matiere, nous rap-
porterons ici diverses recettes & opérations pour contrefaire l'or & l'argent, &
pour les multiplier. Car enfin quoiqu'on
ne puisse pas raisonnablement espérer à l'aide de ces sortes de secrets, de faire en effet
de l'or & de l'argent véritable, ne seroit-
on pas assez dédommagé de ses peines si
l'on trouvoit une composition de métal qui
en approchât autant qu'il seroit possible &
découverte capable d'enrichir son inventeur autant que celle de l'or même, par
le débit qu'il auroit d'un pareil métal. Il
seroit même avantageux à l'Etat d'avoir
des manufactures de cette espéce de métal
dans le Royaume, plutôt que d'être obligé de le tirer tout fabriqué des pays étrangers, où l'on a été plus heureux que nous
dans ces sortes de découvertes, & où l'on
a sçu du moins en tirer meilleur parti.
Nous en donnerons ci-après diverses compositions, dans le chapitre huitiéme; mais
il est nécessaire de prévenir auparavant les
personnes crédules sur les supercheries des
Alchymistes, afin de les empêcher de se
livrer trop sérieusement à de pareilles recherches.

Sur les supercheries des Alchymistes qui se vantent d'avoir le secret de la pierre philosophale. Par M. Geoffroy, de l'Académie des Sciences.

Les Alchymistes qui se sont vantés de posséder le secret de la pierre philosophale, ont tant pratiqué de tours de passe-passe & de ruses pour attrapper les personnes crédules, que l'on croit rendre un vrai service au public en découvrant ici les supercheries dont ils se servent le plus souvent pour cacher leur imposture. Quelque inconvénient qu'il y ait à mettre au jour leurs tromperies, dont quelques personnes pourront peut-être abuser, il y en auroit, ce me semble, encore plus à ne les pas faire connoître, puisqu'en les découvrant on empêche un grand nombre de personnes de se laisser éblouir par leurs belles promesses, & d'être la duppe de leurs tours d'adresse.

Comme l'intention de ces charlatans est pour l'ordinaire de faire trouver de l'or ou de l'argent en la place des matieres minérales qu'ils prétendent transmuer, ils se servent souvent de creusets ou de coupelles doublées, ou dont ils ont garni le fond de chaux d'or ou d'argent. Ils recouvrent ce fond avec une pâte faite de poudre de

creufet incorporée avec de l'eau gommée,
ou avec un peu de cire ; ce qu'ils accom-
modent de maniere que cela paroît le véritable fond du creufet ou de la coupelle.

D'autres fois ils font un trou dans un
charbon, où ils coulent de la poudre d'or
ou d'argent, qu'ils rebouchent avec de la
cire ; ou bien ayant imbibé des charbons
avec les diffolutions de ces métaux, ils les
mettent en poudre pour projetter fur les
matieres qu'ils doivent tranfmuer.

Ils fe fervent encore de baguettes ou
petits morceaux de bois creufés à leur extrêmité, dont le trou eft rempli de limaille
d'or ou d'argent, & ils le rebouchent avec
de la fciure fine du même bois ; ils remuent
les matieres fondues avec cette baguette,
qui en fe brûlant par le bout, laiffe tomber au fond du creufet le métal qu'elle
contenoit.

Ils mêlent d'une infinité de manieres différentes l'or & l'argent, dans les matieres
fur lefquelles ils travaillent ; car une petite quantité d'or ou d'argent ne paroît
point dans une grande quantité de mercure, de régule d'antimoine, de plomb,
de cuivre, ou de quelqu'autre métal.

On mêle très-aifément l'or & l'argent
en chaux dans les chaux de plomb, d'antimoine, ou de mercure.

On peut enfermer dans du plomb de[s] grenailles ou des lingots d'or & d'argent. On blanchit l'or avec le vif-argent, & o[n] le fait paſſer en cet état pour de l'étain o[u] pour de l'argent. Enſuite on donne pou[r] tranſmutation l'or & l'argent qu'on tire d[e] ces matieres.

Il faut prendre garde à tout ce qui paſſe par les mains de ces ſortes de gens, ca[r] ſouvent les eaux fortes & les eaux régale[s] qu'ils employent, ſont déja chargées d[e] diſſolution d'or ou d'argent. Les papiers dont ils enveloppent leurs matieres ſon[t] quelquefois pénétrés de chaux de ces mé[-]taux. L'écriture ou les taches qui pa[-]roïſſent deſſus, peuvent être faites avec l[a] teinture de ces métaux. Les cartes dont il[s] ſe ſervent peuvent cacher de ces chaux mé[-]talliques dans leur épaiſſeur. On a vû l[e] verre même, ſortant des verreries, chargé de quelque portion d'or qu'un de ces charlatans y avoit gliſſé adroitement pen[-]dant que la matiere étoit encore en fonte dans le fourneau.

Quelques-uns en ont impoſé avec des clous moitié fer & moitié argent ou or : ils font accroire qu'ils ont fait une vérita[-]ble tranſmutation de la moitié de ces clous, en les trempant à-demi dans une prétendue teinture. Rien ne paroît d'abord plus séduisant ; ce n'est pourtant qu'un tour d'adresse. Ces clous qui paroissoient tout de fer étoient néanmoins de deux piéces, une de fer & une d'or ou d'argent, sou-dées bien proprement l'une au bout de l'au-tre, & recouvertes d'une couleur de fer, qui disparoissoit en la trempant dans la li-queur. Tel étoit le clou moitié or & moi-tié fer qu'on a vû autrefois dans le cabinet du Grand Duc de Toscane. Tels sont ceux que l'Auteur présenta à l'Académie des Sciences en lisant le mémoire dont ceci est extrait ; ces clous étoient moitié argent & moitié fer. Tel étoit le couteau qu'un Moi-ne présenta à la Reine Elisabeth, dont l'ex-trêmité de la lame étoit d'or : aussi bien que ceux qu'un fameux charlatan répandit il y a environ soixante ans en Provence, dont la lame étoit moitié argent & moitié fer. Il est vrai que l'on assure que celui-ci faisoit cette opération sur des couteaux qu'on lui donnoit, & qu'il les rendoit au bout de quelque tems avec l'extrêmité de la lame convertie en argent. Mais il y a lieu de croire que ce changement ne se faisoit qu'en coupant le bout de la lame, & y soudant proprement un bout d'argent tout à fait semblable.

On a vû pareillement des pieces de mon-noie & des médailles moitié or & moitié argent, qui étoient (dit-on) d'abord entierement d'argent, & dont la moitié ayant été trempée dans un certain élixir, s'est transmuée en or. Mais ce n'est autre chose que deux portions de médailles l'une d'or & l'autre d'argent, soudées très-proprement, de maniere que les figures & les caracteres se rapportent bien juste. On blanchit l'or de ces médailles avec un peu de mercure, ensorte qu'elles paroissent entierement d'argent.

Pour tromper encore mieux, celui qui se mêle de ce métier & qui doit sçavoir bien escamoter, présente d'autres médailles d'argent toutes semblables & sans aucune préparation. Il les laisse examiner à la compagnie qu'il veut tromper, & en les reprenant il leur substitue adroitement les médailles préparées, qu'il trempe dans ce précieux élixir à la hauteur qu'il convient. Il les jette ensuite dans le feu, les y laissant assez de tems pour exhaler tout le mercure qui blanchissoit l'or. Après cela il retire du feu ces médailles, qui paroissent alors moitié or & moitié argent.

Voici encore d'autres expériences imposantes. Le mercure chargé d'un peu de zinc & passé sur le cuivre rouge, lui laisse une couleur d'or. Quelques préparations d'arsenic blanchissent le cuivre & lui donnent

la couleur de l'argent. Les prétendus Philosophes produisent ces préparations comme des acheminemens au grand œuvre
qu'ils se promettent de posséder bientôt.

On fait bouillir le mercure avec le verd
de gris, & il paroît que ce métal se fixe en
partie, ce qui n'est en effet qu'une amalgame du mercure avec le cuivre contenu
dans le verdet; ils donnent cette opération
comme une véritable fixation du mercure.

Tout le monde sçait présentement la
maniere de changer les clous de cinabre
en argent; cet artifice est décrit dans plusieurs livres de Chymie, c'est pourquoi on
ne le repéte point ici.

On donne encore le procédé suivant
comme une transmutation de cuivre en
argent. On a une boîte ronde comme une
boîte à savonnette, composée de deux calo-
tes de cuivre rouge qui se joignent & fer-
ment très-exactement. On remplit le bas
de la boîte d'une poudre préparée; & après
l'avoir fermé & en avoir lutté les jointures, on la place dans un fourneau sur un
feu modéré, suffisant pour rougir le fond
de la boîte, mais cependant pas assez fort
pour la fondre. On la laisse quelque tems
en cet état, après quoi on laisse éteindre
le feu & l'on ouvre la boîte. On trouve sa
partie supérieure convertie en partie en

argent. La poudre dont on se sert en cette occasion est de la chaux d'argent précipitée par le sel marin, ou autrement la lune cornée, qu'on étend avec quelque intermède convenable.

C'est sans doute avec de tels artifices, ou avec d'autres de pareille nature, que tant de gens ont été trompés. *Mem. de l'Academie*, 1722.

Pour faire de l'or.

Mêlez parties égales de soufre vif & de sel de nitre ou salpêtre pulvérisés ; mettez-les dans une cornue de verre, bien lutée & garnie de terre grasse, que vous mettrez auprès d'un feu lent l'espace de deux heures. Augmentez ensuite le feu jusqu'à ce qu'on n'y voye plus aucune fumée ; après la fumée il sortira une flamme hors du col de la cornue ; la flamme étant cessée, le soufre demeurera au fond comme blanchâtre & fixe. Retirez-le alors du creuset, & y ajoûtez autant de sel ammoniac ; mêlez le tout & pulvérisez-le bien subtilement. Faites-le sublimer en lui donnant un feu lent au commencement, puis un peu plus fort jusqu'à ce qu'il monte, l'espace de quatre heures. Retirez tout ce qui sera resté dans le vaisseau, tant le sublimé

que la lie , incorporez le tout & le subli-
mez derechef. Réitérez la même chose par
six fois.

Retirez le soufre , & l'ayant pilé , mettez-le sur un marbre à l'humidité , il se
convertira en huile , dont vous mettrez
deux ou trois gouttes sur un ducat fondu
dans un creuset : le tout se changera en une
autre huile. Mettez une partie de cette
derniere huile sur cinquante parties de
mercure net & purgé , & vous aurez un
soleil excellent.

Pour tirer de l'or des cailloux.

Si l'on calcine les cailloux blancs , ronds
& unis , qui se trouvent le long des rivieres , à un feu violent , on y trouvera de
petites plaques d'or fort minces , de la largeur de l'ongle.

On peut encore réduire de ces cailloux
etuds en poudre fine , & ayant mis cette
poudre dans un creuset , lit sur lit , avec de
petites plaques d'argent fort minces , faisant
les lits de cette poudre de l'épaisseur d'un
demi-doigt , on luttera bien le creuset , &
après qu'il sera sec , on lui donnera un feu
de roue pendant deux heures , en rapprochant de tems en tems les charbons , &
sur la fin on couvrira tout à fait le creuset

de charbons ardens, & on laissera refroidir le tout. En ouvrant le creuset on trouvera l'argent augmenté de poids, & changé en une espéce d'or blanc, sur tout si
l'on réitere plusieurs fois cette opération
avec le même argent & de nouvelle poudre. Sur quatre onces d'argent on en peut
tirer une dragme d'or à toute épreuve.

Huile précieuse pour la transmutation des métaux.

Prenez une livre d'arsenic, autant de
soufre vif & autant de sel ammoniac; ajoutez-y une livre de safran de mars, une
livre de tutie, deux livres de karabé, &
quatre livres d'*æs ustum* : mêlez bien le
tout, broyez-le & faites-en une pâte avec
du bol d'Armenie, ou de la terre sigil-
lée délayée avec de l'huile de lin. Renfer-
mez ce mêlange dans un vaisseau bien couvert & scellé hermetiquement, & laissez-
le pendant trente jours au bain-marie, jusqu'à ce que toutes les matieres soient dis-
soutes. Mettez ensuite cette huile dans un
vase de verre où elle puisse se clarifier &
prendre une couleur éclatante. Cette huile
précieuse est l'huile de vérité. Si vous y
éteignez la lune, jupiter, saturne ou
mercure, aussi-tôt elle s'imbibe dans ces
métaux

métaux imparfaits & leur donne une teinture parfaite , de façon qu'ils deviendront
d'une nature & d'une couleur au deſſus du
plus pur ſoleil. Un anneau trempé dans
cette huile eſt tranſmué ſubitement en or
fin. Gardez bien (dit le Philoſophe Adepte) , gardez ce ſecret au fond de votre
cœur , car c'eſt la fleur des fleurs , la lumiere des lumieres , & le ſecret par excellence. Si cependant vous avez encore quelques doutes à ce ſujet , ayez recours à
Hermès. *Servans reconde in corde tuo , quia
flos florum , lumen luminum , & ſecretum ſe-
cretorum : ſi quid dubii , conſule Hermetem.*

CHAPITRE V.

DE L'ARGENT.

L'Argent tient le ſecond rang entre les
métaux ; il eſt fort blanc , poli & reſ-
plendiſſant : il s'étend facilement ſous le
marteau , & il eſt le plus dur & le plus
précieux des métaux après l'or. On l'affine
en ſortant de la mine avec le mercure.
Quoiqu'il s'en trouve en divers endroits
de l'Europe , la plus grande partie nous
vient d'Amérique. Il eſt quelquefois mêlé
avec de l'or ou du plomb , & preſque tou-

jours avec du cuivre, d'avec lequel il eſt
très-difficile de le ſéparer entierement. Il
eſt fort dur à la fonte, ce qui vient ſans
doute de ce que ſes parties intégrantes
ſont petites, très-ſolides, & exactement
combinées enſemble. L'eau régale qui diſſout l'or, ne touche point à l'argent, il faut
y employer l'eau forte. Quand on veut purifier ce métal, on le fait par la coupelle
& par le départ, comme on vient de le
dire dans le chapitre précédent au ſujet de
l'or.

Ce qu'on appelle *carat* pour l'or eſt appellé *denier* pour l'argent. Le denier eſt double du carat, & l'on dit de l'argent à *douze
deniers* en parlant de l'argent le plus pur,
comme on dit de l'or à *vingt-quatre carats.*
Ainſi l'argent ſe partage en douze parties
ou deniers, qui ſe ſubdiviſent chacun en
vingt-quatre grains. Pour l'affinage ou l'eſſai de l'argent, on détache une demi-once
d'un lingot d'argent, & on le fait fondre à
la coupelle avec une balle de plomb. Si
après l'évaporation du plomb on retrouve
encore une demi-once d'argent, on dit
que ce lingot eſt au titre de douze deniers,
qu'il eſt au plus fin. Si ſur la demi-once il
ſe trouve une douziéme ou deux douziémes
parties de diminution, on dit du lingot
qu'il eſt au titre de onze, de dix deniers;

c'eſt-à-dire que ce lingot ne contient que dix ou onze parties de ſa maſſe qui ſoient de pur argent, & que le reſte eſt de l'alliage. On voit par là que le carat & le denier, en parlant du titre des métaux, ne ſont pas des poids fixes, mais des poids relatifs à la maſſe dont ils font partie.

Nous avons expliqué ci-devant ce qu'on appelle un denier de fin. Comme il y a douze deniers de fin au marc d'argent, qui valent chacun 16 deniers de poids (un grain de fin en peſant 16 de poids), les douze deniers de fin font 192 deniers de poids, qui eſt un marc ou huit onces. Ainſi quand on dit de l'argent à 11 deniers 12 grains de fin, c'eſt-à-dire que le marc peſant de cet argent eſt au titre de 11 deniers 12 grains de fin, ou bien qu'il contient 7 onces 5 gros & un denier de poids; l'excédent, pour faire le poids d'un marc, étant rempli par du cuivre ou du laiton; & c'eſt ce qui fait le profit de l'Orfevre, l'argent ne ſouffrant, de même que l'or, aucun déchet dans la coupelle. Pour éprouver l'argent, il en faut prendre un gros & le mettre au feu dans la coupelle avec du plomb pur, ſans mêlange d'étain, & s'il rapporte 2 deniers 21 grains de poids de marc d'argent fin, c'eſt-à-dire qu'il y ait trois grains de perte, il eſt pré-

cifément au titre de l'Ordonnance, qui
eft de 11 deniers 12 grains de fin.

Maniere d'examiner la pureté de l'argent.

Nous avons expliqué amplement dans
le chapitre précédent les différens moyens
dont on fe fervoit pour examiner la pureté
de l'or, nous en ferons de même ici pour
ce qui regarde l'argent, fur la maniere de
découvrir fes malefices & fes impuretés.

Après la coupelle de l'argent il y a l'inf-
pection de fa chaux lorfqu'il a été diffous
par l'eau forte, par les lames de cuivre,
& enfin par la réduction de cette chaux en
corps.

On connoît par la folution qu'il y a des
matieres vitrifiées, fi après cette diffolution l'eau ne prend pas une couleur bleue ;
ou bien il y a mêlange d'autres métaux fi
la diffolution s'en fait trop aifément, &
par la féparation de la chaux & fon extraction de l'eau forte, en y mettant des
lames de cuivre ; car fi les parties diffou-
tes s'attachent à ces lames, il y a de la fo-
phiftication, parce que l'argent véritable
ne le fait pas.

Toutes ces épreuves & ces examens,
qui font la réfolution en chaux, la féparation & la réduction, tant de l'or que de

l'argent, ne doivent point être ignorées de ceux qui veulent s'exercer & prendre plaisir dans l'art métallique.

Purification de l'argent.

Prenez quatre fois autant de plomb que vous avez d'argent à purifier, mettez-le dans une coupelle faite de cendres d'os ou de cornes; mais avant que d'y mettre le plomb vous la ferez chauffer entre les charbons peu à peu, jufqu'à ce qu'elle foit rouge. Quand votre plomb fera fondu, jettez-y l'argent au milieu, entourez la coupelle avec du bois, & faites reverberer la flamme fur la matiere; les matieres hétérogenes de l'argent fe mêleront avec le plomb qui fe ramaffera vers les côtés, comme une efpéce d'écume; continuez jufqu'à ce qu'il ne forte plus de fumée.

Sur le raffinage de l'argent.

La maniere ordinaire dont on fe fert pour raffiner l'or & l'argent confifte en une opération appellée communément la coupelle; elle fe fait par le moyen du plomb. On purifie auffi l'argent par le moyen de l'antimoine; l'une & l'autre de ces opérations font fort pénibles lorfqu'on

veut le faire en grande quantité. Voici une
autre maniere plus facile.

Il faut calciner l'argent par la moitié de
son poids de soufre commun , & lorsque
le tout sera bien fondu , on jettera dessus ,
à différentes reprises, de la limaille de fer
autant qu'il en sera besoin, ce qui se connoît aisément dans l'opération : le soufre
quittant aussi-tôt l'argent , se joint au fer ,
& ils se convertissent tous deux en scories
qui surnagent l'argent , & ce métal se
trouve raffiné au fond du creuset.

Pour affiner l'argent.

Ayant fait fondre votre argent & l'ayant
réduit en grenailles , faites-les secher &
mettez-les dans un creuset , lit sur lit avec
du salpêtre , commençant par un lit de cette
matiere , puis un lit de grenailles d'argent ,
& continuant ainsi alternativement , ensorte que le dernier lit soit de salpêtre.
Adaptez un autre creuset bien juste à celui-
ci & luttez-les ensemble. Laissez bien secher le lut & mettez vos creusets à un bon
eu de fonte , l'argent sera purifié.

Calcination de l'argent.

Limez subtilement deux onces d'argent

de coupelle, que vous incorporerez avec
trois fois autant de mercure sublimé corrosif ; mettez ce mêlange dans un matras
lutté en dehors, & posez le matras sur
un petit feu de charbons, laissant ainsi
corroder ces matieres l'espace d'un *mise-*
rere. Après cela vous ôterez le matras de
dessus le feu, & l'ayant laissé refroidir
vous le délutterez & en tirerez la matiere.
Broyez ensemble le fixe & le volatil, remettez le tout dans un autre matras, lut-
tez-le & le posez encore sur un petit feu
de charbons pendant un *miserere* : laissez
refroidir, & réitérez la même opération
jusqu'à quatre fois ; à la fin vous trouverez au fond du matras votre argent bien
ouvert & en forme de cire jaune très-
fusible.

Pour fondre une piéce d'argent dans une cuiller d'étain.

Il faut prendre de l'huile de petrole &
en oindre la cuiller dessus & dessous,
puis ayant frotté la piéce d'argent avec parties égales de sel de nitre & de sel gemme
mêlangés & réduits en poudre, mettez-la
dans votre cuiller que vous exposerez sur
la flamme d'une lampe, & vous en verrez
l'effet.

F iiij

Arbre de Diane, suivant M. Homberg.

Prenez quatre gros d'argent fin en limaille, que vous amalgamerez à froid avec deux gros de mercure. Dissolvez cette amalgame dans quatre onces d'eau forte, versez la dissolution dans trois demi-setiers d'eau commune, battez-les un peu ensemble pour les mêler, & gardez le tout dans une phiole de verre bien bouchée. Quand voudrez vous en servir, vous en mettrez une once ou environ dans une petite phiole, y ajoutant de l'amalgame ordinaire d'or ou d'argent, maniable comme du beurre, la grosseur d'un poids. Laissez reposer la phiole deux ou trois minutes de tems, après quoi il sortira de la boule d'amalgame de petits filamens perpendiculaires, qui s'augmenteront peu à peu, jettant des branches de côté & d'autre, & formant une espéce de petit arbrisseau. La boule deviendra d'une couleur bleue terne, mais la végétation aura une très-belle couleur d'argent, vive & luisante. Toute cette opération se fait en un quart d'heure.

Autre arbre formé par la dissolution de l'argent.

Faites dissoudre une partie d'argent coupellé dans trois parties d'eau forte , mettez le tout dans un vaiffeau de verre , placez ce vaiffeau fur le fable , donnez-y un petit feu jufqu'à ce que la moitié de l'humidité foit évaporée. Faites chauffer dans un autre vaiffeau trois parties de vinaigre diftillé , verfez ce vinaigre chaud fur l'autre matiere , remuez le mêlange , & laiffez-le enfuite repofer pendant un mois ; il fe formera un arbre qui s'élevera jufqu'à la fuperficie de la liqueur.

On peut encore faire cet arbre de la façon fuivante. Après avoir fait évaporer la moitié de la diffolution , il faut verfer ce qui refte dans un matras , où il y aura deux parties de mercure fur une partie d'argent , & vingt parties d'eau commune bien tranfparente. On laiffe repofer la matiere quarante ou cinquante jours , & l'on a un arbre qui a de petites boules à l'extrêmité de fes branches.

Cryftaux de lune.

Prenez une petite cucurbite de verre , mettez-y trois parties d'efprit de nitre & une partie d'argent ; quand l'argent fera diffous , placez votre cucurbite fur les cendres à un feu fort lent. La quatriéme partie de l'humidité étant évaporée , laiffez

refroidir le reste , il se formera des crystaux , que vous séparerez de l'humidité &
que vous ferez secher , pour les conserver
dans une phiole bien bouchée. Continuez
l'opération comme ci-devant , jusqu'à ce
que la liqueur ne donne plus de crystaux.
On observera seulement que comme l'argent diminue dans l'esprit de nitre à chaque crystallisation, il est nécessaire de faire
évaporer alors plus d'humidité que la premiere fois.

Ces crystaux peuvent se revivifier en argent, en les jettant dans de l'eau tiede pour
les dissoudre , & en mettant une plaque de
cuivre au fond du vaisseau. Les crystaux
se fondent & l'argent se précipite sur la
plaque de cuivre en une poudre blanche ,
qu'on sépare , & qu'on fait secher pour
la réduire en lingot par la fusion.

Pierre infernale.

Faites dissoudre autant d'argent qu'il
vous plaira dans trois fois autant d'esprit
de nitre ; mettez le tout sur le feu de sable , & ayant fait évaporer les deux tiers
de l'humidité, jettez ce qui vous reste dans
un creuset d'Allemagne qui soit grand.
Placez votre creuset sur un feu leger ,
laissez-l'y jusqu'à ce que la matiere s'ab-

baisse après s'être gonflée ; donnez alors un feu plus fort, votre matiere deviendra comme de l'huile. Versez cette huile dans une lingotiere chauffée & graissée, cette matiere se coagulera, & vous la mettrez alors dans une phiole bien bouchée pour la conserver. C'est ce qu'on appelle *pierre infernale*.

On peut faire cette pierre infernale avec les crystaux de lune dont on vient de donner la préparation ; il n'y a qu'à les mettre dans un creuset & les réduire en huile, comme on vient de le voir dans cette opération. Elle peut se faire de même avec d'autres métaux que de l'argent ; avec du cuivre, par exemple, mais elle ne se gardera pas si long-tems.

Projection sur l'argent.

Faites dessoufrer la quantité que vous voudrez d'arsenic, en le mettant dans un creuset à un bon feu pendant deux heures. Mettez ensuite dissoudre dans un matras deux onces d'huile d'émeri (nous en donnerons ci-après la composition), avec une once d'arsenic dessoufré, autant de sel de tartre tiré par le vinaigre distillé, deux onces de sublimé & deux onces d'argent. Il faut que le matras soit vuide des deux tiers, & qu'il ait le col coupé pour évaporer plus facilement les fumées. Mettez ce matras dans le sable à la hauteur de la matiere, donnez-lui pendant deux heures un feu modéré, augmentez ensuite le feu durant six heures. Ayant laiſſé éteindre le feu, retirez la matiere qui ſera en pierre, pulvériſez-la, & projettez-en une once par petits paquets, ſur une once de ſel en fonte. Laiſſez les un peu en fuſion, mêlez les bien, & les éteignez dans de l'huile d'olive : vous trouverez votre argent augmenté de plus d'un tiers ; en réitérant la même opération vous pourrez l'augmenter encore davantage.

Voici la maniere de faire l'huile d'émeri. Il faut calciner au feu trois ou quatre fois de l'émeri d'Eſpagne, le laiſſer refroidir, le piler & le ſtratifier dans un creuſet avec le double de ſoufre vif en poudre : laiſſez ce creuſet dans le fourneau ſur un grand feu pendant trois ou quatre heures. Réitérez ce procédé par quatre fois, puis pilez la matiere en poudre impalpable, que vous mettrez dans un matras, verſant par deſſus de l'eau régale, enſorte qu'elle ſurnage de deux ou trois doigts. Mettez ce matras en digeſtion durant huit heures, verſez par inclination l'eau régale chargée de teinture, remettez-

en de nouvelle fur la matiere , & faites
digerer encore pendant huit heures. Après
cela raffemblez vos teintures , mettez-les
dans une cornue pour en diftiller la plus
grande partie ; ce qui reftera dans la cornue fera de couleur jaune : c'eft la véritable huile d'émeri , dans laquelle vous
mettrez un morceau de camphre de la groffeur d'une noifette.

Pour extraire l'or de l'argent.

Mettez de la limaille de fer bien fubtile
dans un fort creufet , que vous mettrez
dans le four jufqu'à ce que la matiere fe
liquifie. Jettez deffus du borax artificiel
qui fert aux Orfevres , & un peu d'arfenic
rouge , petit à petit ; après cela vous y
mettrez autant d'argent qu'il y a de limaille, & le purgerez parfaitement. Vous
jetterez enfuite cette matiere dans de l'eau
de départ , & l'or fe précipitera au fond
du vaiffeau.

Autre maniere pour tirer l'or de l'argent.

Faites fondre dans un creufet fur les
charbons ardens une quantité de plomb ,
retirez promptement le creufet du feu , &
avant que le plomb fe fige , jettez-y autant

péfant de mercure vif ; remuez & mêlez
bien le tout avec un bâton. Il faut avoir
en même tems un autre creufet, dans lequel il y ait pareille quantité de foufre en
fufion, que vous verferez peu à peu fur
votre mêlange de plomb & de mercure
pendant qu'il fe coagule. Vous agiterez
continuellement la matiere avec une fpatule, prenant garde que le foufre ne
fe brûle & ne s'enflamme avant que d'a-
voir tout verfé. Laiffez refroidir le tout,
broyez-le fur le marbre avec une molette,
& l'ayant remis au feu dans un creufet,
laiffez-le en bonne fonte jufqu'à ce que
tout le foufre foit brûlé, & que la matiere foit devenue affez coulante pour pouvoir être mife en lingot. Il fera alors femblable à de l'antimoine fondu & réduit en
régule, friable & caffant comme ce minéral.

Broyez ce lingot, & l'ayant réduit en
poudre, mettez-en lit fur lit dans un creufet, avec parties égales d'argent en lamines, enforte que le premier & le dernier
lits foient de cette poudre : mettez par deffus, l'épaiffeur d'un bon doigt de verre ou
de cryftal de Venife en poudre fine, prenant garde de ne pas trop emplir le creufet, de crainte que le verre ne coule en
dehors. Continuez un feu affez fort pour

fondre les matieres & le verre, & tenez-
les en bonne fonte au moins l'espace d'une
heure. Ayant ensuite laissé refroidir le
creuset, cassez-le pour en retirer le régule,
que vous mettrez à la coupelle, comme
on a dit ci-devant, pour le purifier. Votre
argent étant bien pur & net, mettez-le
en grenailles, & le faites dissoudre dans
l'eau forte, il s'en précipitera des parcelles d'or fin en forme de poudre noire.
Lavez bien cette poudre dans de l'eau
chaude, & mettez-la ensuite en fusion
dans un creuset, vous aurez de très-bon
or & à toute épreuve.

Transmutation de l'argent en or.

Il faut faire rougir une poële de fer
neuve sur un trépied, & y mettre deux
livres de plomb, lesquelles étant fondues
vous jetterez dessus peu à peu du salpêtre
raffiné en poudre, il se fondra, & il faut
le laisser en fusion tant qu'il y en ait au
moins la moitié de consommé. Si le feu y
prend, cela ne gâtera rien, car plus le salpêtre est recuit, plus l'huile en est forte.

Ayant ensuite laissé refroidir le tout,
séparez le salpêtre d'avec le plomb, pilez-
le bien & mettez-le à la cave sur le marbre;
il se resoudra en liqueur, que vous verse-

rez dans une cucurbite, en y ajoutant peu à peu le double de son poids d'esprit de vin, & que vous distillerez à petit feu. Dissolvez à la cave sur le marbre, comme auparavant, ce qui sera resté au fond de la cucurbite, & lorsqu'il sera resous en liqueur, remettez-le dans la cucurbite avec de nouvel esprit de vin par dessus. Réitérez ces dissolutions & ces cohobations tant que tout le salpêtre demeure au fond de la cucurbite, résous en une huile qui ne se congele plus, & vous aurez une huile de nitre fixe.

Vous ferez ensuite de l'eau forte avec égales parties de salpêtre, de vitriol desseché, & d'alun de roche, que vous mettrez dans une cucurbite avec une once de limaille d'acier, autant d'antimoine, de verd de gris, de tuthie & de cinabre, le tout réduit en poudre subtile. Adaptez-y un récipient, & cohobez les esprits sept fois sur les féces, que vous broyerez à chaque fois sur le marbre.

Dissolvez une once d'argent dans trois onces de cette liqueur, & sur la solution distillez goutte à goutte une once de votre huile de nitre dans un matras à long col, que vous scellerez ensuite hermetiquement. Mettez ce matras sur les cendres chaudes, l'y enfonçant à la hauteur de

cinq pouces : donnez par dessous un feu
de lampe qui soit trois doigts au dessous
de la matiere : il se fixera tous les jours le
le poids d'un denier de la lune en soleil ;
& quand le tout sera fixé, l'eau forte qui
étoit verte comme une émeraude, deviendra claire comme de l'eau de fontaine.
Laissez refroidir le matras, & séparez l'eau
d'avec votre huile, qui peut encore servir,
vous trouverez au fond du matras votre
argent fixé & changé en or.

Préparation de la lune pour la transmuer
en soleil.

Pour y parvenir, il faut congeler le
corps avec l'esprit, ce qui se fait de cette
maniere. Prenez deux parties de sublimé
fin, une partie de sel ammoniac, & une
partie de lune fine. Broyez ensemble le
sublimé & le sel ammoniac ; puis ayant
mis la lune dans un sublimatoire, & ayant
versé lesdites poudres par dessus, mettez
ce vaisseau au feu de sublimation, après
l'avoir bien lutté jusqu'à la moitié, & su-
blimez selon l'art pendant douze heures.
Tirez le vaisseau du four, & ayant retiré
la matiere noirâtre qui est au fond, broyez-
la bien & la mettez dans une petite écuelle
de terre vernissée sur les charbons ardens

pour la faire fondre. Auſſi-tôt que cette matiere ſera fondue, tirez l'écuelle de deſſus le feu, & retirez promptement la matiere de dedans avec un couteau, parce que ſi vous la laiſſiez refroidir dans l'écuelle vous ne pourriez plus l'en arracher. Dans cette matiere eſt le corps & l'eſprit conjoints; & s'il y a une once de lune elle retiendra une dragme d'eſprit, qui eſt le véritable eſprit de vitriol : on l'appelle matiere premiere des Philoſophes. Si on la mettoit dans un creuſet ſur des charbons ardens, elle s'exhaleroit entierement en eſprits.

Mêlez un tiers de ſoleil limé avec deux tiers de lune préparée comme on vient de le dire; enveloppez-les dans du papier, & faites-en trois ou quatre petits paquets, ſuivant la quantité de la matiere que vous aurez; & ayant mêlé enſemble égales portions de tartre & de ſel gemme, mettez dans un creuſet un lit de ces poudres & un autre deſdits paquets enveloppés de papier. Couvrez le creuſet & mettez-le d'abord à un feu temperé pendant les deux premieres heures, que vous augmenterez petit à petit l'eſpace de quatre autres heures, après quoi vous jetterez le tout en un lingot, qui ſera de pur ſoleil ſans aucune diminution de poids.

Eau qui teint l'argent en couleur d'or.

Pilez deux livres de salpêtre avec cinq
livres d'alun de roche, mêlez-les bien,
faites les distiller & gardez-en l'eau pour
votre usage. Il faut mettre fondre de l'argent & le verser ensuite dans cette eau
pour l'y éteindre : il y acquerera une couleur d'or.

Poudre qui donne la couleur d'or à l'argent.

Faites fondre ensemble une once d'orpin & autant de vitriol , reduisez ce mêlange en une poudre rouge : si vous la mêlez avec de l'argent lorsqu'il sera en fonte ,
il se convertira en or , ou du moins il
prendra une couleur d'or très-vive. Il faut
bien se garder des fumées, qui sont très-
dangereuses.

Pour transmuer l'argent en or.

Il faut avoir une once d'or calciné & pulvérisé , une once d'airain brûlé , autant de
safran de fer , trois onces de sel ammoniac
rougi , & une once de vitriol rougi au
feu. Dissolvez le sel ammoniac & imbibez-
le des poudres d'or , d'airain , de vitriol
& de safran de mars , avec son eau , les

broyant long-tems fur le marbre ou porphyre. Quand les poudres auront bû toute
cette eau de fel , mettez-les dans une phiole de verre à long col , fous le fumier
chaud , l'efpace de vingt jours. Après que
le tout fera bien diffous & tourné en eau,
congelez-le dans quelque vaiffeau de verre , le mettant au fourneau fur des cendres chaudes : étant congelé , mettez-en
une partie fur dix d'argent fin. Si quelque partie eft demeurée entiere , il faut la
rebroyer avec l'eau de fel ammoniac , jufqu'à ce que le tout foit diffous. Si vous
réitérez la même opération , vous aurez à
chaque fois une partie d'or de plus , & il
s'augmentera toujours ainfi jufqu'à ce que
tout l'argent foit converti en or.

Pour pulvérifer l'or , on lui fait recevoir l'odeur du plomb , en mettant une
piéce d'or au-deffus d'un petit trou que
l'on aura fait à un vafe couvert , dans lequel
on fond du plomb , ayant foin de retourner la piéce d'or quand elle a reçu la fumée
d'un côté. On calcine l'airain brûlé avec
du foufre vif , après l'avoir auparavant
bien lavé dans de l'eau falée , ou bien dans
de l'eau commune , jufqu'à ce qu'elle en
forte claire. Le fafran de mars fe fait avec du
vinaigre , à une chaleur moderée , afin qu'il
devienne rouge. Pour cet effet , on met de

a limaille de fer dans du vinaigre clair &
foncé en couleur, & on l'expofe au foleil
pendant deux ou trois jours; enfuite de quoi
l'on retire le vinaigre & on le garde. On
remet d'autre vinaigre fur la même limaille
le fer au foleil, & l'on réitere jufqu'à ce
que toute la limaille foit réduite en poudre fubtile; alors on fait fecher le vinaigre au foleil, & la poudre demeure au
fond du vaiffeau. Le fel ammoniac fe diffout par le froid & l'humide, ou bien
on le fait fondre à une chaleur modé-
rée.

Cette opération peut fe faire encore de
cette maniere. Prenez deux parties de la
folution de fel ammoniac ci-deffus, une
partie d'airain brûlé, & une de fafran de
mars; broyez long-tems ces poudres avec
cette folution, & mettez le tout enfemble
diffoudre dans du fumier, pendant dix
ou douze jours, & coagulez-le enfuite
fur les cendres chaudes à un feu lent.
Mêlez une partie de cette coagulation fur
dix parties d'argent fin, comme ci-devant, & une partie de cet argent fe convertira en or. Si vous répétez plufieurs fois
cette opération, il s'en changera toujours
à chaque fois une partie en or.

Maniere de rendre l'argent semblable à de l'or.

Faites un mêlange d'une partie de limaille d'argent avec trois fois autant de vif-argent : échauffez ce mêlange fur les charbons ardens, dans un vaiffeau de verre, jufqu'à ce que le vif-argent qui furmontoit l'argent, difparoiffe. Mêlez-y alors poids égal de fel ammoniac & de foufre vif. Broyez le tout enfemble, & le laiffez fur les charbons ardens pendant deux bonnes heures, jufqu'à ce que la force du feu affine ces matieres, & que le vif-argent demeure attaché au col du vaiffeau. Après cela vous romprez le vaiffeau & vous aurez un argent de couleur d'or, & qui aura le même poids que ce métal. Vous le mettrez tremper enfuite dans la liqueur fuivante.

Mettez dans un alambic de verre parties égales de vitriol romain, de rofette ou cuivre rouge, de bonne couperofe, de verdet ou verd de gris, & de cinabre ou vermillon : ajoutez-y trois parties de falpêtre, & tirez-en une eau dans laquelle vous tremperez votre argent teint en or, l'y laiffant bouillir à petit feu pendant un jour entier, & augmentant enfuite le feu jufqu'à ce que toute la liqueur foit éva-

orée. Ayant retiré ce qui reste au fond
e l'alambic, ajoutez-y du borax fin en
oudre, & mettez-les ensemble dans un
reuset bien clos, & lutté avec de la terre
rasse, à un feu de fonte. Vous aurez ce
ue vous desirez; car l'argent sera teint
une couleur qui ne peut plus se changer,
il sera à toute épreuve.

Pour changer l'argent en or.

Mettez trois onces de vif-argent dans
n vaisseau de verre bien lutté, sur le feu
squ'à ce qu'il bouille; & y ayant mêlé
ne once d'or en feuilles, ôtez le vaisseau
u feu, & y ajoutez une once de sel ammoniac, une once & demie de sel alem-
rot, deux dragmes de borax, & neuf
nces de vif-argent purifié. Après cela vous
ermerez hermétiquement le vaisseau pour
mpêcher les vapeurs d'en sortir, & le
mettrez pendant trois jours à un fourneau.
irez-le ensuite du feu, & lorsqu'il sera
froidi, ouvrez le vaisseau & ôtez-en la
matiere, que vous réduirez en poudre impalpable. Quand vous voudrez faire de
or, il faut prendre cinq onces de l'argent
e plus fin; & lorsqu'il sera en fusion sur
e feu, y jetter une once de cette poudre,
& votre argent se changera en or.

Pour blanchir l'argenterie.

Mêlez ensemble parties égales de sel ammoniac, d'alun de roche, de sel gemme, de tartre & de vitriol romain, le tout réduit en poudre. Diſſolvez-le en eau claire, mettez bouillir dedans votre argenterie autant que vous le croirez néceſſaire, & vous verrez qu'elle deviendra extrêmement blanche.

Ou bien rapez dans un plat quatre onces de ſavon blanc ſur une chopine d'eau chaude. Mettez dans un autre vaiſſeau pour un ſol de lie de vin en pains avec une autre chopine d'eau chaude. Rempliſſez un troiſiéme baſſin d'eau chaude, comme ci-deſſus, & ajoutez y pour un ſol de cendres gravelées. Frottez enſuite votre piéce d'orfevrerie avec une broſſe de poil de porc, la trempant d'abord dans votre liqueur de lie de vin, puis dans votre cendre gravelée, & enfin dans le plat où il y a du ſavon. Après cela il faut laver l'argenterie dans de l'eau chaude nette, & l'eſſuyer avec un linge blanc & ſec.

On peut encore nétoyer l'argenterie en faiſant calciner au four du talc de Montmartre ; après l'avoir pulvériſé & paſſé au tamis de ſoie, on en frotte la piéce d'argent avec un morceau de drap

ou

ou d'autre étoffe, & elle devient nette &
claire.

Autre maniere de nettoyer l'argenterie.

Il faut mettre au feu la piéce d'argenterie que l'on veut blanchir, en la couvrant de charbons allumés : lorfqu'elle eft
couleur de cerife, on la retire & on la laiffe
refroidir, obfervant de ne la point toucher avec du fer tant qu'elle eft rouge. On
prendra garde de ne pas trop laiffer chauffer l'argenterie, fur-tout s'il y a de la foudure, qui fondroit en peu de tems. Lorfqu'il y a des chaînes, comme aux lampes
d'Eglife, encenfoirs, &c. il faut les détacher & les mettre à part dans un feu plus
modéré. Pour fçavoir précifément le dégré de chaleur qu'on peut donner à l'argenterie, il n'y a qu'à jetter deffus un peu
de pouffiere de charbon ; fi elle brûle, c'eft
une marque que la piéce eft affez chauffée, & on doit la retirer promptement
du feu.

Pour donner à l'argent fa derniere blancheur, on s'y prend de deux manieres. La
premiere & la plus commune, c'eft en fe
fervant de l'eau feconde. Pour cet effet,
l'on a un vaiffeau de cuivre ou de bois,
proportionné à la groffeur des piéces d'or-

fevrerie ; on y jette de l'eau nette suffisamment pour qu'elles en soient toutes couvertes , on y verse ensuite de l'eau forte
que l'on mêle avec de l'eau commune.
Pour connoître s'il y a assez d'eau forte,
il faut tremper le doigt dans l'eau & en
mettre sur sa langue : si elle pique un peu,
c'est une marque qu'il y en a assez. Il y a
des personnes qui ne mettent qu'un verre
d'eau forte vive sur un sceau d'eau. Votre
eau étant ainsi préparée, mettez le tout dans
un chauderon bouillir sur le feu , ensuite
avec une brosse , vous frotterez l'argenterie,
jusqu'à ce qu'elle vous paroisse assez blanche ; alors vous la retirerez du chauderon,
& la jetterez dans un baquet plein d'eau
fraîche , bien nette , où vous la frotterez
encore un peu , puis vous l'essuyerez.

L'autre maniere de blanchir l'argenterie est d'avoir sur le feu une grande chaudiere , dans laquelle vous aurez mis bouillir
un sceau d'eau avec une poignée de sel
& environ deux livres de gravelle ou tartre. Il faut y jetter votre argenterie au sortir du feu , & faire bouillir le tout ensemble pendant quelque tems. Quand l'argenterie vous paroîtra bien blanche , vous
la retirerez du chauderon , & la jetterez
dans de l'eau fraîche bien nette , où vous
la frotterez encore avec une brosse asses

ude & un peu de fablon très-fin ; jettez-la enfuite dans un autre baquet plein d'eau fraîche, pour achever de la nettoyer, & effuyez-la avec un linge blanc.

Quand l'argenterie eft dans le feu, il faut prendre garde de ne pas mettre des cendres deffus, car elles y font des taches noires qu'il eft très-difficile d'ôter ; de forte qu'on eft obligé quelquefois de recommencer l'opération.

Si vous voulez nettoyer votre argenterie fans la mettre au feu, il n'y a qu'à la faire bouillir après l'avoir dégraiffée dans la diffolution de fel de tartre dont nous venons de parler : ou bien la mettre bouillir dans de bonne leffive, où vous aurez fait diffoudre du favon de Caftres.

Autre maniere.

Prenez de la cendre gravelée dont vous ferez une pâte avec de l'eau : après en avoir enduit toute la piéce avec une broffe ou pinceau, vous l'expoferez devant le feu jufqu'à ce qu'elle foit feche. Jettez-la enfuite dans de l'eau chaude ou froide, frottez-la avec des broffes, & lavez-la dans de l'eau nette, après quoi vous l'effuyerez bien.

Pour polir les vieux ouvrages d'argenterie.

Mettez la piéce fur des charbons ardens, la tournant de tems en tems jufqu'à ce qu'elle prenne une couleur de cendre, puis nettoyez-la avec des gratte-boffes ou vergettes de fil de fer, & lorfqu'elle fera bien nette, vous la mettrez dans l'eau fuivante. Mêlez enfemble dans un vaiffeau de terre vernifée, parties égales de fel blanc, d'alun, de tartre, & quantité fuffifante d'eau de mer, ou à fon défaut d'eau ordinaire, & laiffez bouillir le tout fur le feu.

Si l'ouvrage eft d'étain blanchi ou de métal fophiftiqué, réduifez le poids d'un denier d'argent en feuilles très-minces, joignez-y deux dragmes & demie de fel ammoniac, & une dragme & demie de falpêtre, pulvérifez & mettez le tout fur des charbons allumés, dans quelque vaiffeau couvert qui ait un petit trou au couvercle, pour laiffer fortir les fumées. Quand elles feront paffées, laiffez refroidir le tout, & réduifez-le en poudre fubtile. Mettez dans l'eau ci-deffus une once de cette poudre, & l'y laiffez bouillir l'efpace d'un demi-quart d'heure, puis trempez-y l'ouvrage que vous voulez nettoyer, après quoi vous le jetterez dans de l'eau claire & tiede,

& le frotterez-bien avec les féces qui se-
ont restées au fond du vase. Enfin lavez
l'ouvrage dans de l'eau froide , & le laif-
sez secher.

CHAPITRE VI.

Du Cuivre.

LE cuivre est un métal rouge qui se
trouve dans les mines de vitriol ; il est
dur , sec & pesant , & le plus ductile des
métaux après l'or & l'argent ; mais on
est obligé de le refondre plusieurs fois au
sortir de la mine , pour lui donner cette
ductilité , en le dégageant de ses terres-
réités ; alors il se nomme *rosette*. Sa matiere est un soufre mal digéré , un mercure jaune & un sel rouge. Les Chymistes l'appellent Venus , & croyent qu'il a
quelque rapport avec cette Planete. Il s'en
trouve principalement en Suede , d'où
nous le tirons en planches ou tables de
trois à quatre pieds en quarré. En y mêlant
à la fonte une égale quantité de pierre de
calamine , qui est une sorte de terre fossile
qui se trouve dans le pays de Liege , &
que l'on purifie au feu avant que de la mêler avec le cuivre , on augmente considé-

rablement la masse de ce métal, qui devient par cette opération du *cuivre jaune*, autrement appellé *laiton*. Cet alliage rend le cuivre plus aigre & moins malleable, mais il en est plus propre à bien des ouvrages, & moins sujet au verd de gris: on lui redonne sa ductilité en l'adoucissant par le mêlange du plomb.

Le cuivre jaune, qui par le mêlange de la calamine est devenu moins obéissant au marteau qu'à la fonte, coule aisément dans les différens moules qu'on lui présente: il y prend fidelement tous les traits qu'on a voulu lui imprimer; il souffre ensuite les recherches scrupuleuses de la lime & du ciseau, & prend l'éclat de l'or sous les frottemens réitérés de l'émeri & de la potée par le moyen du tour. Il se plie & s'arrange autour des armoires, des commodes & des pendules; en palmes, en festons, en feuillages, en mascarons, sous mille formes gracieuses. Comme il joint à la facilité d'être mis en œuvre une solidité qui résiste à la rouille & à l'injure des tems, on en fait des lampes, des chandeliers, des balustres, des supports de toute espéce, & des rouleaux pour les Manufactures.

Mêlant par portions égales le cuivre rouge avec le cuivre jaune, on en tire qu'on appelle *du bronze* ou *métal de fonte* ; matiere propre à immortaliſer les grands hommes , & à conſerver la mémoire des événemens les plus dignes de notre atten- tion , par le moyen des médailles anti- ques & modernes, dont on fait des aſſem- blages qui nous aident beaucoup dans l'é- tude de l'hiſtoire. On a pouſſé plus loin l'art de couler ces métaux , & l'on eſt par- venu au point de tirer d'un ſeul jet des coloſſes & des ſtatues équeſtres plus gran- des que nature , pour leur donner quel- que proportion avec la majeſté des places publiques où elles ſont expoſées. Nous en parlerons ci-après dans le livre qui traitera de la ſculpture & de la fonte des métaux.

Si l'on ajoute au bronze quelque peu d'étain & d'antimoine , pour en rendre les parties plus coulantes , & ne laiſſer nulle part aucun interſtice, on en pourra fondre des canons , des mortiers , & tout l'attirail meurtrier de la guerre. En dou- blant dans la fonte la doſe d'étain , c'eſt- à-dire en y mettant vingt-cinq livres d'é- tain ſur cent livres de bronze , on rend le métal plus ſonore , & l'on en fait des clo- ches, dont la voix , plus éclatante que le bruit des trompettes , s'entend à pluſieurs lieues à la ronde. *Spectacle de la nature ,* *tome* III.

G iiij

RELATION singuliere d'une mine de cuivre située à Herrn-grund, en Hongrie, rapportée par le Docteur Edouard Brown, dans les Transactions philosophiques, année 1670, N°. 59.

Herrn-grund est une petite ville de Hongrie, située sur une hauteur entre deux collines, dans un pays qui porte le même nom ; elle est distante de *Niewsol* d'un mille d'Allemagne. Dans cette ville on trouve l'entrée d'une grande mine de cuivre très-profonde. Etant arrivé à un chemin souterrein appellé *Tach-stoln*, je continuai de marcher dans la mine pendant quelques heures, & j'en visitai les endroits les plus remarquables. La descente escarpée de cette mine est composée d'une espéce d'échelle faite d'un tronc d'arbre posé debout, avec des entailles ou des crans pratiqués dans son épaisseur pour y arrêter le pied. On n'y est point embarrassé des eaux qui s'y rencontrent, parce que cette mine étant située à mi-côte, il est aisé de les faire écouler par le dehors ; mais en revanche on y est fort incommodé par la poussiere & par l'humidité.

Les veines de cette mine sont larges, proches l'une de l'autre, & très-fréquentes dans tout le pays. Cent livres de terre cette mine fourniſſent ordinairement vingt livres de cuivre, quelquefois trente ou qua-rante, & même jusqu'à ſoixante livres par quintal. En pluſieurs endroits cette terre eſt liée ſi intimement au roc, qu'on a beau-coup de peine à l'en ſéparer. Il y en a de pluſieurs ſortes, mais les principales ſont la jaune & la noire. La terre jaune con-tient du cuivre pur ; celle qui eſt de cou-leur tirant ſur le noir, outre le cuivre, contient une partie d'argent. On n'y trou-ve point de vif-argent. La matrice de cette terre eſt jaune, & la terre de cuivre étant échauffée & jettée dans de l'eau, la rend ſemblable à des bains ſulfureux.

Le métal ne ſe ſépare que difficilement d'avec ſa terre, & il faut la laiſſer au moins vingt-quatre heures dans le four-neau : quelquefois il faut la brûler aupa-ravant, d'autres fois on la fond, tantôt toute ſeule, tantôt mêlée avec d'autre mi-nerai, ou avec ſa propre écume.

On trouve dans cette mine du vitriol de différente eſpéce ; du verd, du bleu, du rougeâtre, & du blanc. On y rencontre auſſi de la terre verte, ou du ſédiment d'une eau verte appellée *berg-grun.* Enfin on y trouve quelquefois des pierres bleues, d'autres d'un très-beau verd, & d'autres dans l'intérieur deſquelles il s'eſt formé

G v

des turquoises, ce qui les fait appeller *matrices de turquoises.*

Il y a encore dans cette mine deux sources d'eau vitrioliques, que l'on assure avoir la propriété de changer le fer en cuivre : on les appelle le vieux & le nouveau *ziment.* Ces sources sont situées fort avant dans la mine. Pour faire cette transmutation on laisse ordinairement le fer dans ces eaux pendant quatorze jours. Je vous en envoye quelques morceaux, entr'autres un cœur & une chaîne qui étoient d'abord de fer, & qui paroissent présentement du cuivre. Ayant mis plusieurs morceaux de ce nouveau métal dans de l'eau forte, ils n'y ont pû se dissoudre que très-difficilement, & conservent toujours leur figure ; mais ils se réduisent aisément en poudre, comme il vous sera facile de l'expérimenter. Ce nouveau métal est très-aisé à fondre, je vous envoye un morceau qui l'a été sans aucune addition & sans y mêler d'autre matiere. On en fait de fort belles tasses, & des vaisseaux qui ne font point sujets au verd de gris. Etant à Verwalter maison de cette ville, on m'a fait boire dans une de ces tasses; elle étoit dorée en dehors, & il y avoit un beau morceau de mine de cuivre attaché au milieu de la tasse, autour de laquelle étoit gravée cette

inſcription, dont voici la traduction lit-
térale.

Je ſuis du cuivre, mais ci-devant j'étois du fer :
Je porte de l'argent, & je ſuis couverte d'or.

Pour fondre & affiner le cuivre.

Pour fondre facilement le cuivre, mettez-le dans un creuſet au feu d'une forge
de Serrurier ou de Maréchal, couvrez le
creuſet, & ſouflez le feu juſqu'à ce que
vous voyiez votre creuſet entierement rouge : alors découvrez le creuſet, & jettez-y
quelques morceaux de raclure de la corne
du pied d'un cheval, qui faciliteront la
fonte de votre cuivre. On peut encore y
ajouter gros comme une noiſette de borax
en poudre pour l'entretenir en fuſion.

Pour l'affiner il faut, ſur une livre de
cuivre jaune fondu dans un creuſet, mettre un quarteron de zink. Après l'y avoir
jetté, vous vous retirerez à l'écart tout
auſſi-tôt, de crainte des fumées ; & quand
la matiere aura jetté ſa gomme & ſera tranquille, vous en approcherez pour la jetter
dans vos moules.

Pour faire le cuivre jaune appellé laiton.

Le *laiton* ſe fait avec parties égales de

rofette, ou cuivre rouge de Suede ou de Hongrie, & autant de *pierre de calamine*, qui eſt un minéral à peu près de la même couleur que la mine de fer ; cette pierre ſe tire d'Aix la Chapelle, de Limbourg, de Namur, & du pays de Liege. Avant que de mettre la calamine à la fonte, il faut la recuire à peu près comme de la brique, enſuite on la moud comme de la farine, & on la mêle avec de la pouſſiere de charbon, l'arroſant avec de l'eau pour en faire une eſpece de pâte. On mêle cent livres de cette compoſition avec autant de cuivre rouge, partageant le tout en huit parties égales, dont on remplit autant de creuſets, & que l'on met fondre dans un même fourneau. Ce mêlange ſe fond en douze heures de tems, & ſe convertit en ce qu'on appelle laiton ; & au lieu de déchet, il y a quarante-huit à cinquante par cent d'augmentation ſi c'eſt de la roſette de Hongrie ou de Suede ; celle de Norvege n'en rend que trente-huit à quarante, & celle d'Italie vingt-huit à trente. Le laiton ne ſe bat qu'à chaud, & ſe caſſe ſi on le bat à froid.

Il y a encore une eſpéce de cuivre appellé *potin* ; il ſe fait avec les lavures qui ſortent de la fabrique du laiton, & il eſt incapable de ſouffrir le marteau. C'eſt de cette matiere dont les Fondeurs abufent quelquefois dans leur alliage pour la fonte des ftatues ou des canons, au lieu d'y mettre du laiton. Les ouvriers qui employent le potin pour les ouvrages les plus communs, ajoutent fept livres de plomb fur un quintal de potin, pour le rendre plus fouple & plus aifé à travailler.

On fait la même chofe au laiton qui a été fondu deux fois, car ayant perdu alors fa ductilité, il fe convertit en potin, & l'on ne peut plus en faire ufage qu'en y ajoutant la même quantité de plomb. Lorfque les Fondeurs d'artillerie veulent s'en fervir en fraude, ils fondent ce potin, en y ajoutant un tiers d'étain. Le tout étant bien mêlangé enfemble, on le coule en lingot; & lorfque ce lingot eft couleur de cerife, & même plus rouge, ils le foulevent en l'air, & le plomb fe trouve en nature au fond du creufet : alors il faut le retirer, comme étant inutile pour l'alliage du canon, dans lequel il ne pourroit entrer fans alterer la qualité du métal.

On fe fert du laiton ordinaire dans la fonte des piéces de canon. Quelques-uns eftiment que le meilleur métal pour l'artillerie eft de mettre dans une fonte d'onze à douze milliers de matiere, dix milliers de pure rofette, neuf cens livres d'étain

& six cens livres de laiton.

Autre maniere de faire le laiton ou aurichalcum.

Caffez du cuivre rouge en petits morceaux & le mettez dans de forts creufets. Mettez par deffus de la calamine en poudre à la hauteur de quatre bons doigts, pour trente ou quarante livres de laiton, & à proportion s'il y en a plus ou moins, obfervant qu'il faut toujours que le cuivre foit totalement couvert par la calamine : on peut encore y mêler du zink. Mettez enfuite par deffus le tout du verre pilé jufqu'au bord du creufet, fi vous faites beaucoup de laiton, finon à proportion de ce que vous en voulez fondre, pourvu que le verre couvre par tout la calamine. Vos creufets étant ainfi bien remplis, mettez-les au feu de fufion, où vous les laifferez jufqu'à ce que vous voyiez que le tout foit parfaitement fondu. Alors vous trouverez votre cuivre, de rouge ou de dur qu'il étoit, devenu jaune, doux, & d'une couleur prefqu'auffi belle que de l'or. Prenez garde aux fumées dans cette opération, car elles font très-dangereufes.

Du potin jaune & du potin gris ou arcot.

Le *potin* eft une efpéce de cuivre mé-

langé. Il y en a de deux sortes : l'un est
composé de cuivre jaune & de quelque partie de cuivre rouge ; l'autre n'est formé que
de lavûres ou excrémens qui sortent de la
fabrique du laiton , auxquels on ajoute du
plomb ou de l'étain pour le rendre plus
mariable & plus doux au travail. La proportion de ce mêlange est d'environ sept
livres de plomb par quintal.

La premiere espéce de potin est appellée communément *potin jaune* : elle peut
s'employer dans des ouvrages considérables. En la mêlant avec du cuivre rouge
ou rosette , elle peut fort bien entrer dans
l'alliage des canons , mortiers , & autres
piéces d'artillerie.

L'autre espéce de potin est connue sous
le nom de *potin gris* : les Fondeurs l'appellent *arcot*. Il ne sert qu'à faire des robi-
nets de fontaine , des canelles pour les tonneaux , des chandeliers , & autres ustensiles grossiers pour la cuisine. Ce dernier
potin n'est point ductile , & ne se peut
dorer. On le nomme *potin gris* à cause de
sa couleur terne & grisâtre.

Sur les vaisseaux de cuivre.

Personne n'ignore les accidens qui arrivent journellement par des marmites de

cuivre, casseroles & chauderons, dont on
vient à se servir après avoir été quelque
tems sans en faire usage; le verd de gris
qui s'y forme avec tant de facilité, est un
poison des plus subtils, & l'on a vu des
familles entieres succomber à sa malignité,
faute d'avoir pris les précautions nécessaires pour se garantir de ses dangereux
effets. C'est pourquoi il faut se dispenser,
autant qu'on le peut, de boire de l'eau
qui aura séjourné dans un vaisseau de cuivre. D'ailleurs il donne un fort mauvais
goût aux liqueurs qu'on y laisse pendant
quelque tems, particulierement quand ces
liqueurs sont impregnées de sels, parce
qu'étant alors plus corrosives, elles ont
plus de force pour dissoudre ou pour détacher les parties subtiles de ce métal. Aussi
les Confituriers se gardent-ils bien de laisser séjourner leurs confitures dans les bassi-
nes où ils les font cuire, après qu'il les
ont retiré de dessus le feu; mais ils dres-
sent & remplissent leurs pots sur le champ,
pour ne pas s'exposer à perdre toute leur
cuisson par le goût desagréable & la malignité que contracteroient les confitures,
s'ils les laissoient refroidir dans les vaisseaux de cuivre. Une chose singuliere,
c'est que cette mauvaise qualité ne se communique jamais tandis que les liqueurs ou

les fruits font fur un feu vif & ardent,
& qu'elle fe contracte, au contraire, par
un feu lent, ou par le trop long féjour que
font les liqueurs dans des vaiſſeaux de ce
métal après qu'on les a tiré du feu. Cette
malignité du cuivre eſt ſi ſubtile, que
quelque petite que ſoit la quantité de
ce métal que l'on allie avec l'or ou l'argent, elle eſt cependant encore aſſez conſidérable pour ſe manifeſter, ſoit par l'o-
deur, ſoit par le goût. Cela eſt ſi vrai que
quand on laiſſe ſéjourner quelque tems de
l'eau en petite quantité dans un vaiſſeau
d'argent, elle y acquiert un goût de cuivre.
Cependant, ſelon les ordonnances, l'alliage du cuivre avec l'or ou l'argent d'orfevrerie ne peut être plus fort que d'un
vingt-quatriéme : il faudroit donc que ces
deux précieux métaux fuſſent au dernier
dégré de pureté & ſans aucun alliage de
cuivre pour être entierement exempts de
verd de gris & de mauvaiſe odeur. *Mém.*
de l'Academie, 1725.

Maniere de polir les planches de cuivre pour
la gravûre en taille douce.

Le cuivre rouge eſt eſtimé le meilleur
pour la gravûre en taille douce, tant au
burin qu'à l'eau forte, dont nous parlerons

ci-après : le cuivre jaune , que l'on nomme
aussi *laiton* , est pour l'ordinaire trop aigre ,
& souvent pailleux & mal net. Il s'en rencontre aussi du rouge qui a ces mêmes défauts , & qui est également à rejetter , ainsi
que celui qui est mol comme du plomb.
On trouve encore du cuivre qui a des veines , d'autre qui est plein de petits trous ,
& que l'on appelle cendreux ou qui est parsemé de petites taches qu'on a de la peine
à brunir. Le bon cuivre rouge au contraire
est égal , ferme & plein , ce que l'on peut
connoître en l'essayant avec le burin : car
s'il est aigre , on sentira un criquetis , en
l'y faisant entrer ; & si le cuivre est mol ,
il semble que l'on touche du plomb. Au
lieu que quand le cuivre est de bonne
qualité , le burin y entre également sans
criquetis ni mollesse , mais avec force &
fermeté ; comme lorsqu'on touche l'or &
l'argent en comparaison des autres métaux.

Après que l'on s'est assuré de la bonne
qualité du cuivre , il ne reste plus qu'à
donner à un chauderonnier la mesure de
la planche dont on a besoin , lui recom-
mandant de la bien forger & applanir à
froid & non pas à chaud ; car étant ainsi
forgée , le cuivre en devient beaucoup
moins poreux , ce qui est de grande con-

séquence. Il faut ensuite choisir le côté le plus uni , & le moins pailleux ou ger-seux de cette planche , & la poser sur un ais incliné , au bas duquel on aura fiché deux petits clous ou pointes pour retenir la planche & l'empêcher de glisser.

Pour commencer à la polir , vous pren-drez un gros morceau de grès & de l'eau nette , & la frotterez avec ce grès bien fermement & également par-tout selon sa longueur , puis selon sa largeur , en la mouillant de fois à autres , jusqu'à ce qu'il n'y paroisse plus de fosses , ou de trous , ni de marques des coups de marteau , ou au-tre sorte d'inégalité : alors vous la laverez bien , ensorte qu'il ne demeure dessus au-cune saleté.

Choisissez ensuite de bonne pierre ponce , & frottez-en la planche avec de l'eau , comme vous venez de faire avec le grès , en long & en large , tant de fois & si fermement qu'il n'y paroisse plus aucune tache ni raye formée par le grès , & la la-vez bien. Vous ferez encore la même chose avec une pierre douce à éguiser & de l'eau, tant que les traces de la ponce soient effa-cées. Cela fait , vous laverez bien votre planche avec de l'eau claire.

Maintenant , après avoir choisi & mis au feu trois ou quatre charbons de saule

ou de bois blanc, qui soient bien doux,
gros & pleins, prenez-en un qui se soit
maintenu au feu sans se fendiller, & appuyant un de ses angles contre la planche,
sur laquelle vous aurez soin de jetter de
l'eau de tems en tems, vous l'en frotterez fermement pour ôter les traits de la
pierre : il n'importe de quel sens, pourvû
que tous les traits s'en aillent. S'il arrive
que le charbon ne fasse que glisser sur le
cuivre sans y mordre, c'est signe qu'il ne
vaut rien pour le polissage ; & il faut en
choisir un qui ait cette qualité, que lorsque vous le passez sur le cuivre avec de
l'eau, vous l'y sentiez âpre, & qu'il le
mange en faisant un peu de bruit. Alors
vous le passerez toujours du même sens sur
votre planche, tant & tant de fois qu'il n'y
paroisse plus du tout aucunes raies, pailles, taches ou trous, si petits qu'ils soient.

Si par hazard, ce qui arrive assez souvent, le charbon étoit un peu trop âcre,
ou rude, & qu'il morde trop le cuivre,
vous en serez quitte pour en choisir un
autre qui soit plus doux, pour le repasser
avec de l'eau par dessus le polissage du
premier.

La derniere façon que l'on donne aux
planches de cuivre destinées à la gravûre
en taille-douce, est le *brunissage*, qui se

fait ainſi. Après avoir fait tout ce que vous pourrez avec le charbon, votre planche vous paroiſſant bien unie ſans raies profondes, ni trous, il faut prendre un outil d'acier bien poli & arrondi ou applati, en forme de cœur par un bout ; cet outil s'appelle *bruniſſoir*. Ayant frotté votre planche d'huile d'olive, vous paſſerez le bruniſſoir ſur le cuivre en appuyant fortement & également par-tout, prenant garde d'y faire des raies avec la pointe de l'outil. La meilleure maniere de *brunir un cuivre* eſt de ne point paſſer le bruniſſoir ſur la longueur ni ſur la largeur de la planche, mais de biais, c'eſt-à-dire diagonalement d'un angle à l'autre, ce qui ôte bien mieux les raies que le charbon y a fait. On brunira la planche de façon qu'elle devienne par-tout luiſante comme une glace de miroir ; & ſi par aventure il y reſtoit encore après cela quelques raies, il faudroit repaſſer le bruniſſoir ſeulement à cet endroit en lozange ſur cette raie, juſqu'à ce qu'elle diſparoiſſe entierement.

Pour nettoyer les ouvrages de cuivre.

Faites bouillir de la gravelle ou du tartre de vin blanc avec de l'eau commune dans un chauderon, & jettez-y vos ouvrages de cuivre, laissez-les bouillir dans cette lessive pendant un quart d'heure, après quoi vous les retirerez ; & les ayant mis dans un baquet plein d'eau froide, vous les essuyerez bien, & ils deviendront par ce moyen aussi beaux & luisans que s'ils étoient neufs.

CHAPITRE VII.

Contenant diverses compositions de métal couleur d'or.

Sur un nouveau métal formé par le mêlange du cuivre & du zink ; par M. Geoffroy.

QUoique le cuivre ne soit pas un métal rare, ni précieux, le grand usage qu'on en fait pour une infinité d'ustensiles a donné occasion à beaucoup de recherches sur l'alliage de ce métal : ces recherches n'ont pas été infructueuses, puisqu'elles nous ont procuré la découverte du cuivre jaune ou *laiton*, si utile pour différens ouvrages. Ce métal est (comme on l'a vû dans le chapitre précédent) un alliage du cuivre rouge avec un minéral qu'on nomme *pierre calaminaire* ; & ce mêlange augmente de près de moitié le poids

olu cuivre rouge qu'on y a employé. Ce fuccès a occafionné d'autres découvertes pour
corriger la couleur du cuivre, & la rendre
très-approchante de celle de l'or. On y eft
parvenu par l'alliage du cuivre rouge avec
un minéral appellé *zinck*; mais cet alliage
ne forme qu'un métal aigre, caffant, peu
ductile, & peu propre par conféquent à
la plupart des ouvrages que l'on a coutume de fabriquer avec le cuivre rouge &
avec le laiton. On n'a pas laiffé de chercher cependant à le perfectionner pour
quelques ouvrages qui fe jettent en moule, & qui n'ont pas befoin d'être travail-
és au marteau, comme des vafes, des gar-
nitures de feu, des chandeliers, pommes
de canes, tabatieres, & certains ouvrages d'ornement qui fe font communément
de bronze doré ou mis en couleur. Les
Anglois y ont affez bien réuffi, & ont
appellé cette compofition *métal de Prince*,
du nom de leur Prince Robert, ou métal
de *Pinchbeck*, du nom de fon inventeur.

Mais il femble que ce nouveau métal
n'avoit point encore été pouffé à une fi
grande perfection qu'il vient de l'être *
par deux particuliers, qui en ont fait faire
de très-beaux ouvrages. L'un d'eux fe nom-

* En 1725.

me *la Croix* , & l'autre *le Blanc*. Le métal de ce dernier l'emporte fur celui de
l'autre par l'éclat & la beauté de fa couleur, qui approche davantage de celle de
l'or. Mais en revanche, le premier donne
à fon métal beaucoup de foupleffe, de forte
qu'il s'étend fous le marteau, & peut même être paffé à la filiere pour en faire du
galon. Pour rehauffer & conferver la couleur à fon métal, qui par lui-même eft un
peu pâle, le fieur la Croix vernit fes gar-
nitures de boutons, fes boucles & autres
ouvrages. Ce vernis, tant qu'il dure deffus le métal, lui conferve le même ton de
couleur, & le met même à l'abri du verd
de gris ; défaut fi particulier au cuivre
qu'il ne peut en être corrigé par aucun
alliage. Le métal du fieur le Blanc eft d'u-
ne couleur jaune, vive, éclatante; ce qui
paroît par les beaux ouvrages qui fortent
de fes mains, & dont la plupart font ornés
de cifelures qui en relevent l'éclat & la
beauté.

*Depuis l'impreffion de ce mémoire, le fieur
de Renty préfenta à l'Académie en* 1729 *un
métal jaune auquel il donna le nom de fi-
milor, & dont l'alliage concilie affez bien
la ductilité avec la belle couleur d'or : elle
n'a pas cependant paru au deffus de celle
des autres effais de tombac dont on vient*

de

de parler, qui avoient été présentés auparavant à l'Académie. Il a d'ailleurs obtenu
un privilege exclusif & des Lettres paten-
tes de Sa Majesté pour ce similor de sa composition, avec permission de mettre un soleil
couronné sur tous ses ouvrages, & avec dé-
fenses à tout autre de contrefaire ladite marque, même de donner le nom de similor à
leurs compositions, à peine de confiscation. On
en a fait toutes sortes d'ouvrages d'Orfevrerie
& de Clincaillerie, & même des galons,
dentelles & franges presque aussi brillantes
que l'or. Son magasin étoit alors rue de la
Comédie Françoise, à Paris.

On sçait en général que ce métal artificiel est formé par l'alliage du cuivre &
du zinck, & l'on remarque d'abord que
le ton de couleur n'est jamais parfaitement égal à chaque fonte. De plus ce métal sortant du poli n'a pas la couleur qu'il
prend par la suite, elle monte peu à peu
par l'impression de l'air ; si l'on a soin de
tenir ces ouvrages dans un lieu sec, & de
les bien essuyer avec un linge fin pour emporter les taches qui peuvent y survenir,
on les conserve long tems brillans & en bon
état. Ils ont même cela de commode, que
quand ils se sont salis, il n'est pas besoin
de les renvoyer chez l'ouvrier, comme les
autres ouvrages de bronze, pour les re-

mettre en couleur ; il ne faut que les bien nettoyer avec du tripoli fin , & ils reprennent d'eux-mêmes leur couleur , aussi éclatante qu'auparavant.

Becker , Chymiste Allemand , & M. Sthall , Anglois , ont parlé d'un métal que nous connoissons sous le nom de *tombac* ou *tambac*. Ils assurent qu'il est composé de zinck & de cuivre mêlés en parties égales , & ils trouvent que ce métal facilement imite sur la pierre de touche la couleur de l'or le plus pur ; mais M. Sthall a remarqué que la dose de zinck étoit trop forte , sans déterminer au juste quelle elle doit être. D'autres veulent que le *tombac* soit un mélange d'or & de cuivre en usage chez les Siamois , qui le trouvent plus brillant & l'estiment plus que l'or. Quoi qu'il en soit , voici le détail des épreuves faites par M. Geoffroy sur les deux compositions de métal dont on vient de parler.

Le métal du sieur La Croix étant battu, s'étend sous le marteau , & se plie sans se casser. Son grain intérieurement est fin, obscur , & d'un gris cendré , sans être brillant. En le considérant avec la loupe on voit bien la direction des fibres qui tendent à former des *stries* , mais on ne les distingue point à la simple vûe.

Le métal du sieur Le Blanc est com-

intérieurement de deux couches ou lames *striées* qui partent de chaque paroi du morceau, & qui viennent se rencontrer & s'unir de façon qu'une lame de métal, pour peu qu'elle ait d'épaisseur, est composée comme de deux couches de fibres métalliques. Voilà ce qui rend ce métal aigre & plus dur à polir. Son intérieur est d'un jaune doré très-brillant; quelquefois il est plus pâle ou panaché, mais l'air en exhalte sa couleur au bout de quelque tems. Il y en a aussi de blanchâtre, & dont les stries sont panachées de jaune & de blanc; ce qui provient de la différence des fontes.

La premiere opération que j'ai faite sur ce métal factice (c'est toujours M. Geoffroy qui parle) a été de le fondre dans un creuset; il a beaucoup fumé, m'a donné des fleurs de zinck, & après la fonte il n'est resté qu'un métal assez approchant du cuivre jaune ordinaire, mais plus éclatant.

Pour juger lequel du cuivre rouge ou du cuivre jaune, étoit le plus propre à la composition du tombac, j'ai voulu éprouver l'effet que le zinck produit sur l'un & l'autre à différentes doses, & suivant différentes combinaisons. J'ai donc fait plusieurs essais pour parvenir au ton de couleur & à la qualité du grain que l'on re-

marque dans les métaux des sieurs La Croix
& Le Blanc.

Voici le dénombrement des essais que
j'ai faits, qui m'ont paru les plus dignes
d'être rapportés dans mon travail sur le
cuivre & le zinck.

1°. Faire par le mêlange du cuivre rouge & du jaune une matiere métallique sans
grains, aussi cassante que du verre, & re-
luisante comme une glace.

2°. Faire un métal souple, d'un grain
strié, jaune, mat comme de l'or, à différens dégrés.

3°. Faire un métal strié, par aiguilles
aisées à détacher, d'une couleur d'or très-
éclatante.

4°. En faire un autre dont le grain,
pour la couleur, est gris brun.

5°. En faire un d'un grain panaché blanc
& jaune.

Chacun sçait que le zinck est un minéral métallique que l'on tire d'Allemagne, de Saxe & des Indes. Il est d'une
couleur blanche, ayant un grain à facettes, & s'écrase en quelque façon plutôt
que de se casser. Ce minéral est très-vola-
til, & étant mêlé avec le cuivre rouge ou
jaune, il devient un métal sec, brillant,
& cassant comme du verre.

Premier essai avec du cuivre jaune.

C'est ce que l'on fera si l'on fond du cuivre jaune avec du zinck, à parties égales.

Deux parties de cuivre jaune & trois parties de zinck font le même métal, mais d'un grain un peu plus terne. C'est où finit le brillant glacé qui s'apperçoit en cassant ce métal. Si l'on augmente le zinck, le métal, quoique cassant & sonnant, devient terne, & peu à peu il reprend le grain avec les petites facettes qui sont propres au zinck. On peut pousser ces essais jusqu'à une livre de zinck sur deux onces de cuivre jaune.

Si l'on fait au contraire dominer le cuivre jaune sur le zinck, il en résultera les effets suivans. Trois parties de cuivre jaune sur deux onces de zinck ont produit un métal blanc, cassant, brillant comme une glace sur les surfaces cassées, & d'un grain qui semble avoir quelque disposition à des stries. En augmentant ainsi le poids du cuivre jaune, once à once, on voit naître les stries métalliques : le lingot porte une couleur jaune au dehors & tirant sur le pourpre en dedans. Si l'on continue dans d'autres essais d'augmenter la dose du cuivre jaune, il devient d'une couleur jaune

H iij

plus relevée , puis panachée de jaune &
de blanc , avec un grain affez fenfible.

En pouffant ces effais jufqu'à mettre
fept onces de cuivre jaune fur deux onces
de zinck , le métal prend une belle couleur de jaune doré à l'extérieur : en dedans
il eft ftrié à facettes , d'un gros grain , &
d'une affez belle couleur d'or , quoiqu'un
peu matte.

Il peut fe plier & fe battre fous le marteau jufqu'à un certain point ; fi l'on augmente toujours le poids du cuivre jaune
fur la même quantité de zinck , on fait un
métal aigre , dont le grain eft plus fec,
plus ferré , & s'efface peu à peu.

Enfin fi l'on met fix onces de cuivre
jaune fur une once de zinck , le grain
s'effacera tout-à-fait fans aucune apparence
de ftries , la couleur fera d'un brun cendré , plus ou moins obfcur , & le métal
plus ou moins pliant & ductile fous le
marteau.

Ainfi dans le mélange du cuivre jaune
avec le zinck , on trouve le grain panaché du fieur Le Blanc , & le grain mat &
terreux du fieur La Croix , avec affez de
malleabilité & de foupleffe.

Epreuves faites avec le cuivre rouge.

Après ces différens effais du cuivre jaune

& du zinck , j'ai fait paſſer le cuivre rouge par les mêmes dégrés d'alliage. Si l'on
allie trois parties de cuivre rouge avec
une partie de la derniere compoſition dont
on vient de parler , il en réſultera un métal liant , ſouple , ductile , aiſé à travailler,
& d'un œil un peu plus rougeâtre , à peu
près comme l'or des ouvrages faits en Angleterre.

En fondant une partie de cuivre rouge
de deux onces avec du zinck , depuis le
poids de ſix onces en diminuant juſqu'à
trois , j'ai toujours eu une matiere métallique caſſante comme du verre , & totalement ſemblable à celle qui étoit prove-
nue du mêlange de deux onces de cuivre
jaune avec trois ou quatre onces de zinck.
Cette matiere ne commence à prendre couleur & à faire appercevoir des ſtries , qu'en
diminuant encore de demi-once la quantité de zinck ſur la même doſe de deux
onces de cuivre rouge.

Si l'on diminue toujours le poids du
zinck , de ſorte qu'il ne ſurpaſſe celui du
cuivre rouge que d'un gros ſur deux onces , c'eſt-à-dire d'un ſeiziéme , on aura
un métal ſtrié , en longues aiguilles panachées de couleur d'or & d'argent d'un très-
bel œil. Enfin ſi l'on ſupprime ce gros de
zinck qui donne cette couleur panachée ,

& qu'on n'employe pour la fonte que parties égales de cuivre rouge & de zinck, on aura un métal d'une très-belle couleur d'or, qui étant cassé, sera d'un grain strié en longues aiguilles droites, rangées regulierement suivant la direction de la couche qui les soutient & d'où elles partent; mais elles sont si aigres & si peu liées qu'on peut les détacher les unes des autres, en rompant la croute qui renferme ces aiguilles & qui les unit ensemble. C'est cet arrangement de fibres qui fait que ce métal ne peut se battre, & qu'il se réduiroit en poudre sous le marteau; ainsi il ne conviendroit point pour des ouvrages délicats. Il doit être jetté en moule, de maniere à former des masses assez épaisses pour que la croute extérieure soutienne les stries, & les empêche de s'égrener lorsqu'on tourne ou qu'on répare les ouvrages qui en sont formés.

Si au contraire ce sont des ouvrages minces & délicats, il faut avoir recours à l'opération suivante, qui en diminuant de moitié la dose du zinck, donne moins d'aigreur au métal. Le grain en devient plus gros & plus souple, mais d'une couleur dorée, pâle, matte & sans éclat. Pour rehausser cette couleur, il faut jetter sur la matiere pendant qu'elle est en fonte,

quelque corps gras & inflammable qui
puisse arrêter les fumées du zinck, & les
retenir plus long-tems dans le métal. J'ai
pris pour cet effet deux onces de cuivre
rouge, une once de zinck, & quatre
gros de gomme ou résine de pin. Ce métal est plus beau que celui qui est fait avec
le cuivre jaune & le zinck, mais il n'est
pas si éclatant que celui qui est fait à parties égales ; en récompense il est pliant
& ductile à un certain point. Si l'on diminue la dose du zinck au-dessous de ce terme, le métal qui en résultera ne sera plus
qu'une espéce de cuivre jaune, mais d'un
plus bel œil que celui qui se fait communément avec la calamine.

Ainsi j'ai trouvé par ces essais que pour
donner de l'éclat à ce métal, il faut toujours qu'après la fonte il y reste une certaine quantité de zinck, sans quoi son brillant s'efface. Si donc on est obligé de le
refondre plusieurs fois, soit qu'il se trouve
composé de cuivre jaune ou de cuivre rouge, on doit y ajouter du zinck à proportion de ce qu'il en a pu perdre dans la fonte
précédente. Au reste l'aigreur & la beauté
de ces sortes de métaux factices viennent
de ce que le zinck y est contenu en plus
grande proportion ; au lieu que la dou-
ceur du métal & la couleur pâle qu'on y

remarque, proviennent du cuivre jaune ou rouge qui s'y trouve en plus grande proportion que le zinck.

Il paroît par les observations précédentes qu'il faut employer au moins parties égales de zinck & de cuivre rouge pour avoir un beau métal de couleur d'or, afin qu'il reste assez de zinck dans la composition pour soutenir le ton de couleur. Mais si l'on ne vouloit faire que du cuivre jaune par le mêlange du zinck & du cuivre rouge, il faudroit y mettre bien moins de zinck, puisque j'ai observé que deux onces de cuivre rouge n'ont retenu que deux gros de la matiere du zinck lorsque notre métal doré, après une seconde fonte, s'est converti en une espéce de *laiton*.

Pour ne négliger aucun alliage dont la combinaison pût apporter quelque changement utile à ce métal factice, j'ai essayé d'y joindre quelques autres métaux; les essais m'ont fait connoître que le fer y étoit le plus convenable. En effet, si l'on jette sur la fonte du cuivre & du zinck faite à parties égales, un huitiéme de limaille de fer bien nette, il en procédera une matiere jaune, d'une belle couleur & d'un grain mat très fin, sans stries, comme la chaux d'or. Ainsi le fer, dans cette opération, efface les stries qui rendoient notre

métal moins traitable ; mais cette addition du fer demande une manipulation
particuliere pour changer les ftries natu-
relles au *tombac* en un grain plus ferré.
On pourra la rapporter par la fuite. *Mémoires de l'Académie*, année 1725.

Pour donner au cuivre une couleur d'or.

Pour donner extérieurement au cuivre
jaune une couleur d'or, il faut d'abord
prendre de l'ofeille ou du verjus, pour le
dégraiffer & le bien nettoyer, ou bien faire
bouillir l'ouvrage que l'on veut colorer
dans de la leffive faite de cendres gravel-
lées, enforte qu'il n'y refte plus ni graiffe
ni pouffiere, & le polir enfuite aux endroits néceffaires avec un bruniffoir d'a-
cier & de la pierre de fanguine, ou des
cardes de Chapelier ufées. Après cela il
faut prendre plein la main de *terra merita*
en poudre, jettez-la dans un chauderon de
cuivre bien net avec deux pintes d'eau de
riviere ou de fontaine : brouillez-les enfemble, & faites les chauffer fur le feu
fans faire bouillir l'eau. Alors ayant lavé
encore votre ouvrage de cuivre avec du
vin chaud pour en ôter la graiffe qu'il
pourroit avoir contracté en le maniant,
vous prendrez de cette eau avec quelque

vaiſſeau de terre ou de cuivre bien net, &
vous en verſerez ſur le cuivre juſqu'à ce
qu'il ait pris couleur : lorſqu'il ſera bien
ſec vous le frotterez avec un linge blanc
de leſſive.

Il eſt bon de remarquer que la *terra me-*
rita, autrement appellée *curcuma* ou ſou-
chet des Indes, eſt une racine qui ſert aux
Teinturiers pour teindre en jaune. Elle eſt
jaunâtre en dehors & en dedans, dure &
comme pétrifiée, & preſque ſemblable en
figure & en groſſeur au gimgembre. Cette
racine, quoiqu'en poudre, ne ſe diſſout
point dans l'eau, & lui donne ſeulement
une couleur jaune. Il arrive même que lorſqu'on verſe de cette eau ſur le cuivre, une
partie de cette poudre mêlée avec l'eau
s'attache ſur l'ouvrage, & y fait un mauvais
effet. Pour éviter cet inconvénient, avant
que de verſer cette eau colorée ſur le cuivre, il faudroit la paſſer par un linge blanc.
Au reſte, la couleur que cette compoſition
donne au cuivre, quoique très-belle, ne
dure pas long-tems dans ſa beauté ; au bout
d'un an ou deux elle devient terne, ſans
éclat, & même elle tire ſur le gris. Pour
la faire durer plus long-tems, il faudroit
y paſſer un vernis blanc auſſi tôt que le
cuivre a été mis en couleur, & que cette
couleur eſt bien ſechée. On pourroit en-

core conserver son lustre en appliquant de l'huile de noix sur l'ouvrage, & en le renant proche du feu jusqu'à ce qu'elle soit entierement seche. On trouvera dans le livre qui traite des vernis plusieurs autres manieres de vernir le cuivre en couleur d'or.

Autre pour donner au cuivre la couleur de l'or.

Mettez fondre dans un creuset la quantité qu'il vous plaira de cuivre de rosette, & lorsqu'il sera en bonne fonte, jettez-y à plusieurs fois de la tutie en poudre, avec autant de salpêtre raffiné. Les détonations étant faites, retirez le creuset du feu, & cassez-le après qu'il sera refroidi ; séparez les scories du régule, & remettez ce régule dans un autre creuset. Réitérez les mêmes fontes & projections par quatre différentes fois, & alors le cuivre sera semblable à de l'or. Si à la quatriéme fois on projette dessus de la poudre des feuilles de persicaire ou poivre d'eau dessechées à l'ombre, on le rendra plus parfait. Si on continuoit les mêmes fontes & projections jusqu'à huit fois, le cuivre deviendroit plus beau & plus éclatant que l'or.

*Pour purifier le cuivre & le rendre semblable
à l'or.*

Faites sécher à l'ombre une suffisante
quantité de feuilles de persicaire ou poivre d'eau , & réduisez-les en poudre. Mettez dans un creuset six onces de cuivre de
rosette beau & bien net , & quand il sera
en fusion jettez-y une once de la poudre
ci-dessus ; couvrez le creuset & tenez la
matiere en bonne fonte au moins une
heure. Jettez-la ensuite en lingots , & vous
aurez un métal qui aura toutes les qualités
de l'or , excepté la couleur , qu'on lui pourra donner avec le zinck , comme on va
l'enseigner. Ce métal est propre pour faire
toutes sortes d'ouvrages fins , comme boîtes , tabatieres , pommes de cannes , &c.

Mettez dans un creuset huit onces de ce
cuivre préparé comme on vient de le dire,
ou de laiton en feuilles. Quand il sera
bien fondu , vous y jetterez une once de
zinck concassé en petits morceaux, & coulez la matiere dans les moules pour en faire
les ouvrages que vous desirez. Quand ils
seront reparés & polis vous les ferez bouillir dans une lessive faite avec du tartre ,
du sel & de l'urine , & ils sembleront
de l'or véritable.

Pour teindre le cuivre en couleur d'or.

Il faut d'abord brûler ou calciner le cuivre en la maniere suivante. Fondez-le dans un creuset avec autant pesant d'antimoine ; étant fondu versez-y encore une pareille quantité d'antimoine , puis versez le tout sur un marbre uni , afin qu'il se refroidisse sur la superficie , & qu'il se réduise plus aisément en lames minces. Ayez deux tuiles creuses pour pouvoir y arranger ces lames de cuivre , couvrez-les d'autres tuiles , liez le tout avec du fil de fer , & enduisez-les tout autour avec de bon lut ou de la terre grasse que vous ferez secher. Mettez ensuite ces moûles dans un fourneau de Verrier , & les y laissez l'espace d'une semaine , jusqu'à ce que le tout soit parfaitement brûlé. Après cela vous aurez de l'eau forte faite avec parties égales de vitriol , de sel de nitre , d'alun , de cinabre & de verd de gris , & vous y mettrez dissoudre votre cuivre brûlé qui prendra une belle couleur d'or.

Mettez fondre dans un creuset de ce cuivre brûlé , comme on vient de dire , avec du borax , puis l'éteignez en huile grasse ; mettez-le sur l'enclume pour l'y applanir petit à petit. Remettez-le fondre dans le creuset , & reteignez-le dans la mê-

me huile ; réitérez la même opération quatre ou cinq fois , jusqu'à ce que ce cuivre
devienne doux comme de l'argent , & vous
aurez un cuivre très-propre à allier avec
l'or. Vous pourrez y en mettre le double
que du cuivre ordinaire , & vous aurez un
or beaucoup plus beau.

Pour fondre plus facilement le cuivre,
on peut mettre dans le creuset des rognu-
res de la corne qui provient du pied des
chevaux.

Pour teindre le cuivre en belle couleur d'or.

Faites fondre dans un creuset une livre
de cuivre ; jettez-y ensuite une once de tutie en poudre mêlée avec deux onces de
farine de féves. Ayez soin de remuer continuellement la matiere, prenant garde cependant aux fumées ; après deux heures de
fusion vous retirerez la matiere, la laverez,
& la remettrez dans le creuset avec autant
des mêmes poudres comme ci-dessus ; étant
fondue vous la retirerez , & vous en ferez
les ouvrages que vous souhaitez.

Pour faire un métal couleur d'or.

Mettez fondre dans un creuset six onces de cuivre de rosette , ajoutez - y une
once de calamine , une demi-once de tu-

tie, & une once de bol ou de *terra me-rita* en poudre. Donnez un feu de fonte pendant cinq ou six heures au plus, puis retirez le creuset du feu. Mettez en poudre cette matiere, ajoutez-y deux onces de mercure commun, six onces de sel marin desseché, & suffisante quantité d'eau. Faites bouillir le tout jusqu'à ce que le mercure ne paroisse plus : versez la matiere dans un creuset, couvrez-le & le placez au milieu des charbons ardens, évitant soigneusement les fumées. Ayant donné encore un feu de fonte pendant deux heures, vous retirerez le creuset, & en ayant versé la matiere dans l'eau nette, vous la laverez tant que l'eau en sorte claire. Remettez encore cette matiere au creuset, & étant fondue, vous la coulerez dans une lingotiere, où vous trouverez un métal de la plus belle couleur d'or qu'on puisse voir, & qui pourra servir pour faire de la vaisselle, des boucles, tabatieres, pommes de cannes, & autres ouvrages ; mais on réitere l'avrrtissement de prendre bien garde de respirer les fumées en travaillant à cette composition métallique, car elles sont très-dangereuses.

Pour teindre le venus en soleil.

Prenez une once de tutie, *curcuma ;*

deux onces ; borax ou sel alkali , deux onces ; le tout étant bien pulvérisé & mêlé ensemble , vous en cimenterez quatre onces de cuivre de rosette , & le laisserez digerer à feu lent , puis vous donnerez un feu de fonte. Laissez le refroidir , & vous trouverez au fond du creuset votre métal , que vous fondrez , & l'éteindrez en urine ; il sera jaune comme de l'or.

Ou bien prenez de venus *purgé* , une livre , tutie quatre onces , verdet deux onces , azur ordinaire deux onces ; vous en cimenterez votre venus en faisant un lit de poudre & un lit de venus en lamines bien déliées , & ainsi alternativement : il faut mettre deux figues blanches au fond du creuset , & au-dessus du tout un peu de raisin de Corinthe. Luttez un autre creuset par dessus , & le lut étant bien sec , mettez le tout à un bon feu de fonte pendant deux heures. Le venus étant en fusion , vous le jetterez en lingot , & vous le trouverez teint à seize carats : alors vous le ferez fondre , mettant dessus un peu de borax & un peu de mercure sublimé pour l'adoucir.

Voici la maniere de purger le venus. Il faut prendre parties égales de verre pilé & de pierre de ponce rude , bien pulvérisés , & les ayant bien mêlés ensemble , on en

:imentera le venus, & lui ayant donné un
grand feu pendant quatre heures, on le
jettera en grenailles. Il faut réitérer par
trois fois cette opération.

Pour donner au venus le poids & la couleur
de soleil.

Faites fondre du saturne & le jettez en
grenailles dans du jus de *persicaria* par seize fois : mettez ensuite fondre votre venus,
& le jettez aussi en grenailles par seize
fois. Cimentez votre venus avec ce verre
de saturne, & du sel de soude appellé *sali-*
core, & étant en bonne fusion, projettez-y une once de zinck préparé sur quatre dudit venus ainsi préparé ; il prendra
une belle couleur d'or. Pour préparer le
zinck on le fait fondre, & ayant ôté la
crasse qui surnage, on l'amalgame avec le
double de mercure, & on le fait sublimer ; le zinck demeure préparé au fond
du vaisseau.

Autre maniere, suivant M. W ard.

℞. Tutie d'Alexandrie, farine de féves ;
tartre blanc, une once de chaque en poudre fine ; faites-en une pâte avec du vinaigre ; mettez sécher le tout à un feu doux
ou bien au soleil : réduisez-le ensuite en

poudre, & mettez-le dans un creuset avec pareil poids de cuivre rouge en lames fort minces : faites-le digerer pendant une heute, & donnez après cela un feu de fonte.

CHAPITRE VIII.

Contenant diverses compositions de métal couleur d'argent, avec des secrets pour blanchir & argenter le cuivre.

PROJECTION SUR LE CUIVRE.

FAites fondre dans un creuset deux onces d'étain fin, ajoutez-y peu à peu poids égal de soufre en poudre, remuez à chaque fois avec une baguette, jusqu'à ce que vous voyiez que l'étain & le soufre soient bien calcinés. Alors retirez le creuset du feu, & ajoutez-y une demi-once de mercure crud, ayant toujours soin de remuer, jusqu'à ce qu'il ne paroisse plus de mercure. Laissez refroidir la matiere pour la mettre en poudre. Vous ferez fondre dans un creuset quatre onces de cuivre de rosette, & lorsqu'il sera bien en fusion, vous y jetterez une once de la poudre ci-dessus, peu à peu, remuant avec un bâton,

Laiſſez quelque tems cette matiere en bonne fonte , & vous en ſervez pour faire
de belle vaiſſelle. On peut mettre ce métal à la coupelle , il y réſiſte parfaitement.

Pour blanchir le cuivre.

Mêlez enſemble parties égales d'orpiment & de coquilles d'œufs calcinés , mettez les dans un pot couvert d'un autre qui
ait un petit trou au-deſſus , au feu de roue
pendant trois heures. Faites le feu plus
fort vers la fin , & mêlez ce qui s'en ſera
ſublimé avec les féces. Reſſublimez de
nouveau , remêlez enſemble les fleurs &
les féces ; à la troiſieme fois il ne ſe ſubli-
mera plus rien ; mais les fleurs ſe trouveront ſéparées d'avec les féces. Alors mêlez parties égales de cet orpiment avec autant de tartre crud , & ſtratifiez-les avec
des lames de cuivre minces ; pouſſez le feu
avec violence pendant cinq ou ſix heures ,
juſqu'à parfaite fuſion , puis grenaillez cette
matiere dans l'eau qu'il faut remuer long-
tems avant que d'y jetter ce métal fondu :
cette agitation de l'eau empêchera la matiere de pétiller quand on la jette dedans.
Si l'on réitere pluſieurs fois cette opération , le cuivre ſera d'une beauté pareille
à de l'argent.

Autres secrets pour blanchir le cuivre.

Mettez en poudre parties égales de po[...]
réfine & de falpêtre, jettez-les dans [...]
vaiffeau de terre rougi au feu, & laiff[...]
brûler la matiere : le falpêtre demeure[...]
beau & clair au fond du vaiffeau. Lavez-
le, fechez-le, & le réduifez en poud[...]
avec parties égales d'orpiment, mettez-l[...]
enfemble calciner dans un creufet où il [...]
ait qu'un petit trou au-deffus que vous bo[...]
cherez avec un jetton : étant calciné, vo[...]
prendrez ce que vous trouverez de cla[...]
au fond du creufet, & non pas ce qui fe[...]
fublimé. Faites une poudre fine de cet[...]
matiere, & avec une once de cette poudr[...]
vous blanchirez deux livres de cuivre [...]
faut que le cuivre ait été fondu auparav[...]
par trois fois, & purifié autant de fois [...]
le jettant dans du vinaigre lorfqu'il eft [...]
fufion. Pour fondre aifément le cuivre[...]
n'y a qu'à jetter dans le creufet de la fien[...]
de fouris.

On blanchit encore le cuivre, le fer [...]
l'acier, par le moyen du beurre d'étain [...]
Cornouailles fait avec le fublimé, en cet[...]
façon. Mettez dans un creufet demi-livr[...]
de fublimé avec une livre d'étain de Cor[...]
nouailles ; vous le fublimerez à grand fe[...]
Rejettez la premiere eau fublimée ; la fe[...]

onde eſt bonne, elle doit être blanche.
Ayant fait rougir au feu une piéce de cuivre, on l'éteindra dans cette eau, & elle
deviendra blanche. On fait la même choſe
pour le fer.

Pour blanchir la ſuperficie du cuivre.

Prenez une once de zinck, un gros &
un tiers de mercure ſublimé, & réduiſez
le tout en poudre. Il ne faut que bien
frotter de cette poudre l'ouvrage que l'on
veut blanchir.

Pour blanchir des jettons de cuivre.

Prenez deux onces de tartre blanc de
Montpellier, en poudre fine, demi-once
de ſel de Gabelle, & quatre onces de tour-
nures d'étain fin, bien ſéparées par petites
parcelles. Mettez le tout dans un pot de
terre neuf & verni, qui ſoit un peu large,
& verſez par deſſus une chopine d'eau de
fontaine, meſure de Paris, mêlant bien
le tout avec un petit bâton. Alors vos jettons étant nets & bien décraſſés, vous les
mettrez dans le pot, & les ferez bouillir
doucement, en remuant toujours avec le
petit bâton, juſqu'à ce qu'ils ſoient à votre gré. Pour voir s'ils ſont aſſez blancs,
il faut en tirer un de tems en tems avec de

petites pincettes , & lorsque vous le trouverez bien à votre gré , vous retirerez les autres & vous les mettrez dans une terrine pleine d'eau claire , dans laquelle vous les laverez bien , & vous les essuyerez avec un linge blanc à mesure que vous les retirerez.

On en peut mettre vingt-cinq ou trente à la fois : & si l'eau s'use , on en peut remettre d'autre tant que les drogues dureront. De même vous pourrez y remettre des jettons jusqu'à ce que votre tournure soit usée , ce que l'on connoîtra lorsqu'ils ne blanchiront plus.

Pour rendre le cuivre blanc comme de l'argent.

Pilez ensemble parties égales de salpêtre & d'arsenic ; mettez-les dans un pot de terre non vernissé , que vous couvrirez d'un autre pot bien ajusté dessus & bien lutté. Mettez-le à un feu lent l'espace de six heures , approchant le feu d'heure en heure , ensorte que le feu touche le pot pendant les deux dernieres heures. Jettez de cette poudre sur du cuivre fondu par deux ou trois fois , & versez-le dans l'eau pour le réduire en grenailles , il sera presque aussi blanc que de l'argent.

Pour

Pour empêcher le cuivre de se perdre en le grenaillant , il faut jetter un peu de sain-doux dans la matiere fondue avant que de la verser dans l'eau.

Ou bien faites fondre dans un creuset cinq parties de cuivre , & jettez-y une partie de zinck. Retirez aussi-tôt le creuset du feu , & remuez un peu la matiere avec une verge de fer , & jettez-la dans les moules de vos figures.

Autrement. Faites sublimer de l'arsenic en la maniere ordinaire , & quand votre cuivre de rosette sera en fusion , projettez-y une once de ce sublimé , & vous verrez merveilles.

Pour blanchir le cuivre.

Prenez une once de sel de nitre & autant d'arsenic , & les calcinez avant que de les mettre en poudre : faites fondre une demi-livre de cuivre rouge dans un creuset , puis jettez-y votre poudre par trois fois , & votre matiere étant en bonne fusion , vous la coulerez dans une lingotiere.

Pour donner au cuivre la couleur de l'argent.

Pour faire cette opération promptement & facilement , il faut avoir un fourneau médiocre , composé de briques séches ma-

Tome I.   L

çonnées proprement, qui foit d'un pied
& demi de haut, pofé dans le milieu de
l'âtre d'une cheminée, de largeur de quatorze à feize pouces. Au milieu de ce fourneau on pofera en dedans une grille de fer
de la largeur du fourneau, à la hauteur de
huit à neuf pouces, & maçonnée tout autour. Il faut que les barreaux de cette grille
ne foient éloignés l'un de l'autre que d'un
travers de doigt, qui eft d'environ huit
lignes, & arrondir le fourneau par dedans, parce que cette forme ronde eft plus
propre pour concentrer la chaleur & l'augmenter, & par conféquent l'opération en
fera plus prompte. Lorfque ce fourneau
fera nouvellement fait, on attendra qu'il
foit bien fec avant que d'en faire ufage,
& même on y peut mettre pour le fécher
de tems en tems un peu de charbons allumés. On fe munira d'un bon foufflet pour
accelerer la fonte du métal ; car lorfqu'elle
fe fait promptement, l'opération en eft
meilleure. J'oubliois de dire qu'à ce fourneau, il faut fur le devant, au-deffous de
la grille de fer, laiffer une ouverture ronde ou quarrée, de la largeur de dix pouces par le bas, pour recevoir l'air qui doit
allumer le charbon, & pour en retirer les
cendres.

Cela préparé, on pofera fur cette grille

un creufet de grandeur fuffifante pour contenir la matiere à fondre, qui peut être depuis deux ou trois, jufqu'à fix ou huit onces. Autour de ce creufet, on mettra du charbon, & l'on y jettera de la braife pour l'allumer. Si l'on avoit un foufflet de forge, fufpendu comme ceux des Orfevres, cela feroit bien plus commode.

Vous mettrez dans le creufet une once d'argent au titre de la monnoie avec deux livres de bandes Milanoifes, qui eft un cuivre fin en feuilles, luifant d'un côté, & de l'épaiffeur d'une piéce de vingt-quatre fols environ : ces bandes fe vendent à Paris, chez les Clincailliers ou chez les Marchands de fer.

Prenez enfuite du fublimé bien blanc & de l'arfenic, autant de l'un que de l'autre, vous les réduirez féparément en poudre fine dans un mortier de fer, que vous couvrirez exactement avec un morceau de peau, auquel vous ferez un trou pour y paffer le pilon, & le lierez fi bien qu'il n'en forte aucune pouffiere, qui pourroit vous incommoder. On peut auffi fe couvrir le nez & la bouche d'un bon linge plié en double. Quand vos drogues feront réduites en poudre affez fine, vous les mettrez enfemble dans une bouteille de verre bien bouchée avec de la peau.

I ij

Vous mettrez enfuite dans un grand creufet même quantité de fel marin que vous avez de fublimé & d'arfenic, & ayant pofé ce creufet dans votre fourneau, vous le couvrirez d'une tuile, parce que le fel petille lorfqu'il fent la chaleur du feu. Quand il fera chaud, vous le retirerez du creufet, & le jetterez dans le même mortier pour le piler comme les autres matieres, enfuite vous mêlerez le tout enfemble, & le jetterez dans le creufet avec l'argent & les bandes de cuivre ; pour en faciliter la fonte on peut y ajouter gros comme une noifette de borax, lorfqu'on verra que les matieres commencent à rougir. Le tout étant bien fondu & bouillonnant, on le jettera dans une lingotiere creufée au milieu d'une brique, felon la quantité de matiere, ou fur du plâtre fec.

Le lingot étant refroidi, il faut le retirer de la lingotiere, & le faire recuire fur des charbons ardens pouffés fortement par le foufflet, jufqu'à ce qu'il foit rouge, & le retirer du feu. Pour le blanchir & le nettoyer, on le jettera dans un chauderon dans lequel on aura mis une chopine ou trois demi-fetiers de gros vin, avec du tartre de Montpellier, de la groffeur d'une pomme, mis en poudre, & autant de fel commun. Faites bouillir le tout quelque

tems, puis retirez-en le lingot, & frottez-
le avec un gratte-boſſe, que vous tremperez de tems en tems dans le chauderon.
Ce métal prendra une belle couleur d'argent.

Si le lingot ne blanchit pas aſſez à la
premiere opération, il faut le faire recuire
une ſeconde fois, & operer, comme on
vient de le dire ; ou bien on le fera refondre, ce qui eſt encore mieux. Car plus ce
métal ſera recuit & refondu, plus il ſera
blanc, & acquerera une bonne qualité.

Pour changer le cuivre en argent.

Ayez un pot de fer avec ſon couvercle
le même métal, au milieu duquel vous
ferez un trou : luttez par trois fois les
bords du couvercle, & à chaque fois laiſſez ſecher le lut auprès d'un petit feu ou à
l'ardeur du ſoleil. Etant bien ſec, verſez
par ce trou dans le pot, avec un entonnoir, deux pintes d'eau-de-vie & une livre de ſalpêtre fondu. Après cela, bouchez le trou avec du coton, & ayant coupé une livre & demie de cuivre le plus
menu que vous pourrez, vous le ferez fondre dans un creuſet ou pot de terre : étant
fondu verſez-le dans votre pot par le petit
trou avec l'entonnoir. Prenez garde de vous

brûler en versant ce métal fondu sur ladite
eau. Lorsque l'eau-de-vie sera brûlée entierement, deluttez le pot & ôtez le couvercle, vous y trouverez votre cuivre blanc
comme neige. Remettez ce métal dans un
creuset où vous le ferez fondre avec une
once de borax & deux onces d'argent fin ;
quand la matiere sera en fusion, jettez-y
d'abord deux onces d'arsenic, vous bou-
chant bien le nez & la bouche, de crainte
d'en respirer la fumée, & versez-y ensuite
deux onces de verre pilé. Couvrez aussi-
tôt le creuset, & donnez-lui un grand feu
l'espace d'une heure, & jettez votre métal en lingot. Si vous le trouvez trop fragile, il faut le refondre & y jetter deux
onces de corne de pieds de mouton, & le
rejetter en moule comme auparavant.

CHAPITRE IX.

DE L'ÉTAIN.

L'Etain est un métal blanc qui tient le
milieu pour la blancheur & la dureté
entre l'argent & le plomb. Plusieurs croyent
que c'est un métal imparfait qui participe
de ces deux métaux, & que leur semence
contribue à sa formation; ils fondent leur

opinion fur ce que l'on trouve de l'étain dans les mines d'argent & dans celles de plomb : cependant l'étain a auſſi ſes mines particulieres, comme les autres métaux. Il eſt compoſé d'une terre & d'un ſoufre im-pur, d'un ſel métallique, & d'un mercure un peu plus dur & mieux digéré que celui du plomb. Les Chymiſtes lui donnent le nom de Jupiter, & s'imaginent qu'il a quelque rapport avec cette planete. Il eſt ennemi de l'or & de l'argent, & quand il ſe trouve mêlé avec ces deux métaux, il eſt très-difficile de l'en ſéparer.

Maniere de tirer l'étain des mines.

Le travail des mines d'étain eſt très-rude & pénible, non-ſeulement à cauſe de la profondeur extraordinaire de ſes filons qui s'étendent fort avant en terre, mais encore à cauſe de l'extrême dureté de la roche à travers de laquelle on eſt ſouvent obligé de ſe faire paſſage pour les ſuivre ; & qui eſt telle qu'un ouvrier peut à peine en rompre la valeur d'un pied cubique en huit jours. La terre molle & tremblante qui ſe trouve auſſi dans les mines d'étain, eſt d'une très-grande incommodité pour les *Etamiers*, ſoit par les vapeurs puantes & malignes qu'elle exhale, ſoit par les

courans d'eau qui y paſſent ; ces inconvé-
niens empêchent que les ouvriers qui
travaillent y puiſſent reſiſter long tems,
& il ne leur eſt pas poſſible de reſter plus
de quatre heures de ſuite à l'attelier.

Quand on a coupé la pierre d'où ſe tire
l'étain, ou pour parler le langage des mines, *la glebe métallique*, & qu'elle a été
tirée ou portée en haut, elle y eſt d'abord
concaſſée avec de gros maillets de fer,
enſuite elle eſt portée au moulin pour la
battre & la rendre plus menue : après cela
on la ſeche ſur le feu dans des bouilloirs
de fer. Au ſortir des bouilloirs elle eſt
réduite en poudre très-fine, & on la lave
avec de l'eau pour en ſéparer la terre. La
mine, en cet état, eſt ce qu'on appelle
étain noir.

Pour convertir cette mine en étain blanc
il faut la faire paſſer à la fonderie. Là, à
force de feu, entretenu avec du charbon de
bois, & excité par de forts ſoufflets que
l'eau fait mouvoir, elle ſe liquefie. Quand
elle a reçu toutes ces façons, & que l'é-
tain eſt refroidi, on le forge : c'eſt la derniere façon qu'il reçoit des Etamiers dans
les atteliers des mines.

Dans les mines de Cornouailles, province d'Angleterre renommée par l'excellence de l'étain qu'elle produit, deux livres

le bon étain noir rendent à la fonderie
une livre d'étain blanc. Un pied d'étain
le marais, qui y eft eftimé le meilleur,
pefe environ quatre-vingt livres ; le pied
d'étain de la moyenne forte, cinquante-
deux livres ; & celui de la moins bonne,
cinquante. On remarque que la mine de
Cornouailles eft fi bonne, que même des
fcories négligées & rejettées par les Eta-
niers Anglois, on peut encore en tirer
d'auffi bon étain que celui d'Allemagne,
& de quelques autres endroits.

Les pieces d'étain reçoivent dès le mo-
ment de leur fonte, la marque du pays
d'où elles fortent, qui eft fouvent une
rofe imprimée fur un des coins de la piéce ;
cette marque ne donne aucune connoiffan-
ce de fa qualité. Mais à Rouen, les Potiers
d'étain, que l'on nomme *Etamiers*, ont le
droit d'en faire l'effai à l'arrivée, en coupant au-deffous de la piece un petit morceau d'environ une livre, qu'ils font fondre. Si la piece fe trouve d'un étain très-
doux, ils la marquent d'un poinçon où fe
trouvent gravées les armes de la ville, qui
font un agneau Pafchal : alors on appelle
cette piéce, *étain à l'agneau*, qui eft le plus
eftimé. Celles qui ne fe trouvent pas d'un
étain fi doux, mais qui cependant en ap-
prochent, font marquées à un des coins

I v

de trois traits de rouanne , qui partent
d'un même point , & s'écartent l'un de
l'autre en façon de griffe : les Charpentiers
appellent cette marque *patte d'oye*. Celles
qui sont encore moins douces sont marquées de deux griffes. Celles qui sont plus
aigres , en ont trois ; & enfin les pieces
d'étain tout à fait aigres sont marquées de
quatres griffes , une à chaque coin. A l'é-
gard des pieces qui se trouvent quelquefois fourrées d'écume ou de mache-fer ,
outre la marque des quatre griffes , on leur
coupe encore une , deux , trois , & même
les quatre oreilles , à proportion de la mauvaise qualité qu'on y remarque.

Il vient d'Angleterre quantité d'étain
les uns en lingots , les autres en saumons ,
& d'autres en lames , qu'on nomme aussi
verges. Les lingots pesent depuis trois jusqu'à trente-cinq livres ; les saumons depuis deux cens cinquante jusqu'à trois
cens quatre-vingt livres ; les lames pesent
environ une demi-livre. Les saumons sont
d'une figure quarrée longue & épaisse :
les lingots ont la même forme , à l'exception qu'ils sont très-petits : les lames sont
coulées dans des espéces de moules longs
d'environ deux pieds , larges d'un pouce ,
& épaisses de six lignes.

Il se tire des Indes Espagnoles une sort

d'étain très-doux, qui vient en saumons fort plats, du poids de cent vingt à cent trente livres. Il en vient auſſi de Siam, par maſſes, de figures irrégulieres, que les Marchands & les Potiers d'étain nomment lingots, quoique ces maſſes n'ayent aucun rapport avec les lingots d'étain d'Angleterre.

L'*étain d'Allemagne*, qui ſe tire de Hambourg par la voie de la Hollande, eſt envoyé en ſaumons du poids de deux cens juſqu'à deux cens cinquante livres, ou en petits lingots de huit à dix livres, qui ont la figure d'une brique; ce qui les fait appeller *étain en briques.* Cet étain d'Allemagne eſt eſtimé le moins bon, parce qu'il a déja ſervi à blanchir le fer en feuilles, appellé *fer blanc*, dont nous parlerons ci-après, & qu'il ſe trouve impregné du vif-argent qui a ſervi à faire prendre l'étain ſur les feuilles de fer.

L'*étain en feuilles* eſt de l'étain neuf très-doux, qu'on a battu au marteau ſur une pierre de marbre bien unie. Il ſert aux Miroitiers à appliquer derriere les glaces de miroirs par le moyen du vif-argent, qui a la propriété de le faire attacher à la glace.

L'*étain en treillis* ou *en grilles* eſt de l'étain neuf & ſans alliage, que les Potiers d'étain fondent pour en faciliter le débit, en forme de grands ronds à claire voie & en treillis, & qu'ils suspendent ordinairement à leur boutique pour servir de montre ou d'étalage. L'étain se vend sous cette forme aux Miroitiers, Vitriers, Ferblantiers, Plombiers, Facteurs d'Orgues, & autres ouvriers qui l'employent dans leurs ouvrages.

L'*étain en rature* ou *rature d'étain* est aussi de l'étain neuf sans aucun alliage, que les Potiers d'étain ont mis en petites bandes très-minces, larges d'environ deux lignes, par le moyen du tour & d'un outil tranchant. Cet étain sert aux Teinturiers, qui trouvent plus de facilité à le faire dissoudre dans l'eau forte quand il est ainsi raturé que s'il étoit en plus gros morceaux. Il est du nombre des drogues non colorantes, qu'il n'est permis qu'aux Teinturiers du grand & bon teint d'employer. Ils s'en servent particulierement pour le rouge écarlate, façon de Hollande, en le faisant dissoudre dans de l'eau forte qu'ils jettent dans la chaudiere avec d'autres drogues avant que d'y mettre la cochenille.

L'*étain d'antimoine*, ques les Potiers d'étain nomment vulgairement métal, n'est autre chose que de l'étain neuf allié avec du régule d'antimoine, de l'étain de glace, ou *bismuth*, & du cuivre rouge ou *rosette*, pour le rendre plus blanc, plus clair & plus dur, & pour lui donner le son d'argent. Cet alliage se fait en mettant sur un cent pesant d'étain, huit livres & un quart de régule d'antimoine, une livre & un quart d'étain de glace, & quatre à cinq livres de cuivre rouge, plus ou moins, suivant que l'étain est plus ou moins doux.

L'*étain plané* est de l'étain neuf d'Angleterre allié de trois livres de cuivre rouge par quintal, & d'une livre quatre onces d'étain de glace. On le nomme *étain plané*, parce qu'il est travaillé au marteau sur une platine de cuivre placée sur une enclume, avec un ou deux cuirs de castor entre l'enclume & la platine. Cette façon de planer l'étain le rend très-uni, tant dessus que dessous, & empêche qu'il n'y paroisse aucun coup de marteau. Il n'y a que les plats, les assiettes, & autres semblables vaisselles plates qui se planent à la platine.

L'*étain sonnant* est de vieil étain plané qui a été refondu plusieurs fois, & qui par ces diverses refontes a acquis une qualité aigre qui le rend inférieur à l'étain plané, quoique plus sonnant.

L'*étain commun* est de l'étain neuf allié de six livres de cuivre jaune ou laiton, & de quinze livres de plomb, sur chaque quintal.

Les Potiers d'étain vendent aux Chauderonniers, Ferblantiers, Vitriers, Plombiers, Facteurs d'orgues, &c. une forte de bas étain, moitié plomb & moitié étain neuf, qu'ils appellent *claire foudure*, *claire étoffe*, *baffe étoffe*, ou *petite étoffe*. Cette efpéce d'étain eft la moindre de toutes, & il n'eft pas permis aux Potiers d'étain de l'employer en aucuns ouvrages, fi ce n'eft en moules pour la fabrique des chandelles, à quoi il eft très-propre. Ils le débitent ordinairement en lingots ou culots.

Il entre de l'étain dans l'alliage des métaux qui fervent aux piéces d'artillerie, aux cloches, aux ftatues, mais fuivant diverfes proportions. L'alliage pour les piéces d'artillerie eft de fix, fept, & huit livres d'étain fur cent livres de rofette. Quelques Fondeurs n'en mettent que quatre ou cinq livres ; mais cette dofe n'eft pas fuffifante. L'étain fert à empêcher les chambres & concavités dans l'intérieur des canons & mortiers, mais il eft de moindre réfiftance, ce qui oblige de faire les lumieres de pure rofette. L'alliage pour les cloches eft de vingt livres pour cent : l'étain le plus dur eft le meilleur. A l'égard des ftatues, il n'en faut que quatre à cinq livres par quintal.

L'étain de glace ou *bifmuth* eft une efpéce

de demi-métal ou de minéral qui reſſemble beaucoup à l'étain , & à qui il ne manque peut-être qu'un peu plus de coction & de maturité pour devenir un étain parfait. Il ſe trouve le plus ſouvent dans les mines d'étain , & on le croit une marcaſſite de ce métal : il a cependant quelquefois ſa propre mine , & Alonſe Barba aſſure qu'on en a découvert une en Bohême. Sa ſubſtance eſt dure , peſante , aigre , & caſſante , d'un grain gros , poli , blanc & éclatant. On lui donne le nom d'*étain de glace* , parce qu'étant rompu on y apperçoit pluſieurs petites parties brillantes & polies comme une glace. Les Potiers d'étain s'en ſervent avec du regule d'antimoine , pour faire ce qu'ils nomment *métal*.

On fait du *biſmuth artificiel* qui eſt entierement ſemblable au naturel , ſoit pour la forme exterieure , ſoit pour les propriétés & l'uſage qu'on en fait. Pour cet effet , il faut réduire de l'étain en petits morceaux ou lames très-minces , & le cimenter avec une mixtion de tartre blanc , de ſalpêtre , & d'arſenic ſtratifié dans un creuſet à feunud. Il en vient beaucoup d'Angleterre , mais il a un œil rougeatre à cauſe du cuivre que l'on croit que les Anglois font entrer dans ſa compoſition. Il n'eſt pas ſi eſtimé que celui qui ſe fait à Paris , qui eſt beau-

coup plus blanc & plus pur. Il faut le choisir en belles écailles, larges, blanches &
faciles à casser. Par les préparations chymiques on en tire des fleurs & un magis-
tere, qu'on appelle *Blanc de perle* ou *blanc*
d'Espagne, qui blanchit le teint, & dont
les Dames se servent pour augmenter ou
entretenir la beauté de leur peau. Il se fait
en mettant dissoudre de l'étain de glace
dans de l'esprit de nitre, & en le faisant
précipiter en une poudre extrêmement
blanche, par le secours de l'eau salée.

Le *zinck* est un minéral ou demi-métal
que quelques personnes confondent avec
le bismuth, & d'autres avec le *sputer*. C'est
une espéce de plomb minéral, dur, blanc
& brillant, lequel, quoiqu'il ne soit pas
tout à fait ductile, s'étend néanmoins un
peu sous le marteau. Il s'en trouve quantité dans les mines de Gosselar en Saxe.
Celui que l'on vend le plus communémen
à Paris est en gros pains quarrés & épais;
ce qui fait juger qu'il a été fondu au sorti
de la mine, & jetté dans des moules de
cette figure.

On se sert du zinck pour décrasser l'é-
tain, à peu-près comme on employe le
plomb pour purifier l'or, l'argent & le cuivre. Les Fondeurs & les faiseurs de soudure en usent aussi. En le mêlant avec de

la *terra merita*, il donne au cuivre une couleur d'or assez belle, mais qui dure très-peu.

Il faut choisir le zinck blanc, en belles écailles, difficile à casser, point aigre, & s'il se peut, en petites barres ou lingots sur lesquels il paroisse comme des espéces d'étoiles.

Le *sputer* est une espéce de métal blanc & dur, qui n'est connu en Europe que depuis que les Hollandois l'y ont apporté. Quelques-uns ne le mettent qu'au rang des demi métaux, parce que, quoiqu'il rougisse au feu avant que de se fondre, il n'est nullement ductile, & ne peut souffrir le marteau à cause de son aigreur qui le rend extrêmement cassant. C'est ce qui fait qu'il ne peut être employé tout au plus que dans les ouvrages de fonte.

La *potée d'étain* est de l'étain calciné & réduit en poudre grisâtre. Cette potée sert à donner le dernier poli aux ouvrages de fer, d'acier ou de fonte, qui demandent un grand éclat. Aussi les Armuriers, Fourbisseurs, Coûteliers, & les faiseurs de miroirs de métal sont-ils ceux qui en consomment le plus. Elle s'achete chez les Potiers d'étain, qui s'en servent aussi à frotter leurs marteaux, brunissoirs, & autres instrumens de leur profession pour les rendre plus doux & plus polis. Les Marbriers en employent encore pour achever de polir le mabre.

La potée d'étain plusieurs fois calcinée devient d'un très-grand blanc. C'est cette drogue que les Chymistes désignent sous les divers noms de *ceruse d'étain*, de *chaux d'étain*, de *poudre d'étain*, de *blanc d'Espagne*, & de *bezoard Jovial*. Les Fayenciers en employent beaucoup à faire ce bel émail blanc ou espéce de vernis ineffaçable qui couvre la superficie de la Fayence.

Le *sel d'étain* est de l'étain calciné sur lequel on verse du vinaigre distillé, & par le moyen du feu, & ensuite d'un lieu frais où on le met, on en tire un sel très-blanc.

La *fleur d'étain* ou de Jupiter est une espéce de blanc ou de fard tiré de l'étain avec le sel ammoniac par le moyen d'un vaisseau sublimatoire : quelques-uns se servent de salpêtre raffiné au lieu de sel ammoniac.

Le *diaphoretique d'étain* est de l'étain fin d'Angleterre & du régule d'antimoine fondus d'abord ensemble, & ensuite tous les deux, avec du salpêtre. Après diverses lotions on en tire une poudre souveraine, à ce que disent les artistes, pour la guérison de différentes maladies malignes.

Mémoire sur le travail des mines d'étain à Cornouailles, par *M.* Geoffroy.

L'étain est le *caffiteron* des Grecs, le *plumbum album* des Romains, le *ftannum* des modernes. On en trouve des mines en plufieurs endroits de l'Europe, comme en Saxe, en Mifnie, en Bohême, en Hongrie, dans les Indes Orientales, & même en France, quoique pauvres & peu abondantes. Mais il n'y a pas de pays qui en fournisse de si beau ni en auffi grande quantité que la province de Cornouailles en Angleterre.

Il y a fix fortes de *minerai* ou marcaffite d'étain : la pâle, la blanche, la grife, la brune, la rouge & la noire ; cette derniere eft la plus riche & la meilleure. Il eft rare de trouver des morceaux d'étain pur & naturel. Les grains d'étain font riches, à la vérité, plus que la mine ordinaire, mais ils ne rendent que cinquante pour cent de pur métal.

On reconnoît les mines d'étain à la rencontre de quelques morceaux de pierre métallique épars fur terre, ou à deux ou trois pieds de profondeur : les Anglois les appellent *shoad* ou *fquad*. Plus ce *shoad* fe trouve profondément en terre, plus on eft

prêt de découvrir le filon de la mine : il
y en a même qui font presque à fleur de
terre. Ordinairement la veine ou le filon
principal commence à l'est & court vers
l'ouest : rarement a-t-il une direction op-
posée. Il est presque toujours incliné , &
l'on s'apperçoit qu'il s'enfonce de plus en
plus, à mesure qu'on le suit en fouillant la
terre. Il s'en rencontre même qui descen-
dent presque perpendiculairement, & souvent depuis 40 jusqu'à 60 & 80 brasses,
sur-tout lorsque la mine est riche. Le principal filon a presque toujours des branches auxquelles il semble avoir donné naissance : du moins elles sortent de cette espéce de tronc , s'étendant au nord & au
sud. Les ouvriers donnent le nom de *coun-*
treys à ces branches. Il y a des filons principaux qui ont un pied de diametre , d'autres de deux à trois pieds , ce qui varie suivant la quantité des matieres hétérogenes
qui s'y joignent.

La mine se détache par les moyens ordinaires : les principaux outils sont un pic ,
une pioche de fer faite en forme de marteau, un outil aceré formé comme un perçoir
de Maréchal, qu'ils enfoncent avec un des
bouts de leur pioche pour éclater le filon.
C'est dans ce canal souterrein de la mine
que les ouvriers commencent à reduire le

minerai en moyens morceaux du poids d'u-
ne livre au plus. En le caſſant ainſi on y
rencontre une matiere qu'on nomme *mondyck*. On la diſtingue aiſément de l'étain ,
quoique de couleur brune , en ce qu'elle
ſalit les doigts. Si cette matiere reſtoit avec
l'étain elle le gâteroit , lui ôteroit ſon
éclat , & le rendroit très-caſſant. Le feu
diſſipe ce *mondyck* qui s'exhale entierement
en fumées dont l'odeur eſt pernicieuſe : il
eſt mêlé de biſmuth & d'arſenic.

On porte le minerai concaſſé ſous des
pilons mûs par une roue qui tourne au
moyen d'un courant d'eau , & on le jette
enſuite par pannerées dans une caiſſe quarrée découverte , dans laquelle coule ſans
interruption une chûte d'eau de trois à quatre pouces. Un des côtés de cette caiſſe eſt
fermé par une plaque de fer percée de petits trous comme un crible par où l'eau
ſort , en entraînant avec elle la partie du
minerai qui eſt pilé aſſez menu pour paſſer
par ces trous , auſſi bien que les matieres
hétérogenes ; le tout eſt conduit par l'eau
dans une longue goutiere ou auge de bois.
La terre & les autres matieres hétérogenes , comme plus légeres que le métal , ne
font que paſſer dans l'auge ſans s'y arrêter , & vont tomber dans des vaiſſeaux ou
dans une foſſe qu'on appelle *loob* ; l'étain ,

comme plus pefant, refte dans l'auge. Mais
pour en perdre le moins qu'il eft poffible,
on a la précaution de mettre, à une diftance
affez confidérable des pilons, du gazon
dans l'auge, pour arrêter l'étain & l'empêcher de paffer outre.

On ôte enfuite cet étain de l'auge &
on le porte au *buddle*, qui eft un vaiffeau,
ou grande caiffe quarrée baffe, dont le
fond eft un peu incliné. L'eau qui y paffe
continuellement lave le fable & la terre
qui pourroient y être refté mêlées avec
l'étain, & des ouvriers y agitent ce mêlange fans difcontinuer, tant avec leurs
pieds qu'avec des péles, pour que la lotion s'en faffe plus parfaitement. L'étain
groffier qu'ils nomment l'*étain brut*, fe
précipite au fond, & le fin refte au deffus. On porte celui-ci du vaiffeau appellé
buddle dans un autre que l'on nomme
wreck. On le remue de nouveau avec des
rateaux de bois, pour achever de le laver dans l'eau qui coule auffi dans ces
derniers vaiffeaux. Dans ce *wreck* l'étain
fin fe trouve encore au-deffus, il ne lui
faut plus d'autre préparation, on l'appelle
alors étain noir ; en effet il fe trouve alors
réduit en une poudre noire auffi déliée que
du fable ; on le porte en cet état à la fonderie.

Ayant retiré du *buddle* l'étain groſſier précipité au fond, on le repaſſe au crible avant que de le reporter ſous les pilons pour le broyer de nouveau. On lave dans un vaiſſeau, qu'on tient & qu'on agite ſous l'eau, la partie la plus fine de ce minerai nouvellement battu : celle qui eſt métallique prend alors le deſſous, tandis que le ſable, la terre & les autres matieres inutiles s'en vont avec l'eau. On reprend cette partie métallique pour la paſſer avec de l'eau par des tamis fins ; ce qui paſſe à travers eſt encore de l'étain noir.

On refait les mêmes opérations ſur l'étain brut qui tombe & reſte le dernier de tous dans le *buddle* & dans le *wreck* : c'eſt ce que les ouvriers appellent *la queue*. On fait la même choſe ſur celui qui de la goutiere tombe dans le *loob* ou foſſe dont il a été parlé ci-devant. On lave le tout, on le tamiſe, on reporte le groſſier aux pilons & le plus fin au *wreck*. J'oubliois de dire qu'on eſt toujours obligé de remettre de la mine nouvelle avec l'étain brut qu'on reporte aux pilons, ſans quoi on ne pourroit venir à bout de le broyer parfaitement. Les pilons, diſent les ouvriers, le rebuteroient, parce qu'il eſt déja diviſé en des parties ſi menues qu'il ne pourroit pas faire aſſez de réſiſtance à ces pilons.

A l'égard de l'étain que le premier lavage entraine jusques dans le *loob* ou fosse, les ouvriers l'y laissent pendant un tems assez considérable : ils prétendent qu'il s'y perfectionne & qu'il s'y augmente même pendant ce séjour. Quant à la fonte de l'étain noir, on la facilite par le contact immédiat du charbon, c'est-à-dire qu'on met dans le fourneau un lit de charbons, ensuite un lit d'étain noir, puis un lit de charbons, & ainsi de suite alternativement, jusqu'à une assez grande hauteur. Ce fourneau est de l'espece de ceux qu'on nomme ordinairement *fourneaux à manches* ; son ouvroir est beaucoup plus large en haut qu'il ne l'est par le bas, c'est ce que les ouvriers appellent *la maison*. On y fait un feu très-violent que l'on anime par le jeu de plusieurs grands soufflets mus par le moyen d'un courant d'eau, comme cela se pratique dans les autres fonderies. L'étain qui se fond coule avec les écumes ou *scories* par un trou pratiqué au fond de la maison, dans une grande auge de pierre ; la cendre & les scories, qui ressemblent assez à celles de la gueuse du fer, nagent dessus, & se durcissent dans un instant : on enleve ces scories & on les met à part. Autrefois on ne les employoit qu'à rétablir & à ferrer les grands chemins ; mais depuis environ

environ cinquante ans on les rapporte
au pilon, on les lave & l'on en retire
encore une bonne quantité d'étain. On
ramasse aussi toutes les terres que l'eau
avoit enlevées de la mine, on les expose
à l'air, au bout de six ou sept ans on les
travaille, & l'on en retire encore une
quantité assez considérable de métal.
Sans cette précaution, si l'on en croit les
ouvriers, elles ne seroient bonnes à rien
du tout.

On refond cet étain en gâteau, pour le
mouler dans des moules de pierre quarrés oblongs : c'est ce qu'on appelle de
l'étain de marais. On nomme *Slabs* ou saumons les petits lingots ; les gros s'appellent *Bloes*. Deux livres d'étain noir, préparé comme on vient de le dire, rendent ordinairement une livre de métal
pur, & même davantage. Alors l'Officier
préposé par le Roi marque ces saumons
d'un lion rampant, & reçoit le droit dû
à Sa Majesté Britannique.

Quoique cet étain soit alors pur & sans
alliage, sa qualité varie considérablement, suivant les endroits du saumon
que l'on coupe pour en faire des épreuves. Le dessus, ou la crête du saumon, est
très-douce & si pliante, qu'on ne peut la
travailler pure : on est obligé d'y mêler

Tome I.   K

du cuivre, & elle en peut porter jufqu'à
trois, & quelquefois cinq livres par ce
pefant. Le milieu du faumon eft plus
dur, & ne peut porter que deux livres
de cuivre. Le fond en eft fi aigre, qu'il
eft néceffaire d'y joindre du plomb pour
pouvoir le travailler.

L'étain ne fort point d'Angleterre dans
fa pureté naturelle, c'eft-à-dire tel qu'il
coule du fourneau : il y a des défenfes
très-rigoureufes de le transporter dans les
pays étrangers avant qu'il ait reçu l'alliage
du plomb porté par la loi ; ainfi il eft
très-difficile d'en avoir de parfaitement
pur, qu'on pourroit appeller de l'*étain*
vierge.

Outre le mêlange de cuivre & de plomb,
il fe trouve des étains qui font *gras*,
& dont le planage feroit difficile, fi on
ne les aigriffoit un peu en y jettant du
zinck : c'eft ce que les ouvriers appellent
dégraiffer l'étain. Mais on n'en peut mettre qu'environ une livre ou deux fur cent
livres d'étain ; fi on y en mêloit davantage,
il rendroit l'étain trop difficile à travailler ;
auffi les bons ouvriers y mêlent-ils plutôt
de la limaille d'épingles fondue avec de la
refine, ce qui peut aller à une demi-livre fur deux ou trois quintaux. On fçait
que le fil de laiton dont on fait les épingles

gles, est un cuivre allié avec la calamine, & que ce minéral contient une partie de zinck.

Il y a des ouvriers en Angleterre qui pour mieux travailler l'étain, ajoutent du *bismuth* à celui qui est déja allié de cuivre, pour donner plus de blancheur, de corps & de brillant à leurs ouvrages. Cette addition va à demi-livre de bismuth ou étain de glace sur la proportion de cuivre ci-devant marquée. A l'égard du régule d'antimoine, on n'en mêle plus guères dans la vaisselle, parce qu'il la rendoit trop cassante ; on a même éprouvé qu'elle se cassoit seulement en la chauffant : on peut cependant sur un saumon pesant trois cens soixante livres, ajouter une livre de régule. Quant aux cuillers & fourchettes, qui ne vont point au feu, on peut mettre beaucoup plus de ce minéral dans le mêlange de leur alliage, afin de leur donner la dureté nécessaire pour l'usage qu'on en veut faire.

Suivant les Ordonnances il doit entrer depuis dix-huit jusqu'à vingt livres de plomb sur chaque quintal d'étain, pour faire de l'étain commun. *Mémoires de l'Académie, année* 1738.

K ij

Pour blanchir l'étain, & le rendre sonnant.

Mettez fondre dans un creuset la quantité qu'il vous plaira d'étain commun, sur chaque livre de ce métal ajoutez deux onces de régule d'antimoine, deux gros d'arsenic rouge & une once d'huile d'olive. Remuez bien le tout sur le feu jusqu'à ce que l'huile soit entierement brûlée, prenant bien garde aux fumées, qui sont pernicieuses à respirer ; jettez par dessus une bonne poignée de son de froment, & le laissez consumer. Après cette opération jettez la matiere en lingot, vous aurez un fort beau métal. L'arsenic blanchit & donne la couleur, le régule durcit le métal, l'huile ôte la noirceur & le son le rend sonnant.

Le régule d'antimoine se fait avec l'antimoine crud & du salpêtre, autant de l'un que de l'autre ; étant mis en poudre on les mêle ensemble & l'on y met le feu : ce qui reste est le régule d'antimoine.

Pour rendre l'étain aussi beau que l'argent.

Ayant fait dissoudre une once de bon argent de coupelle dans quatre onces d'eau

…tte de départ, mettez cette dissolution
…ans un pot de terre neuf, où vous au-
…ez jetté auparavant deux onces de sel
…ommun, autant de tartre, & autant
…'alun en poudre. Versez le tout dans un
…euset, & ajoutez-y une livre d'étain
…n & crud que vous laisserez fondre avec
…s ingrédiens, & pendant que le métal
…ra en fusion, vous y verserez à deux
…fférentes reprises deux onces d'huile d'o-
…ve & autant de poix grecque, les mê-
…nt bien avec l'étain, jusqu'à ce que
…uile & la poix soient consumées.
…près cela vous mettrez encore dans cet
…ain fondu une demi-once d'argent &
…emi-once de laiton ou bandes milanoi-
…s, que vous aurez mis fondre aupara-
…ant dans un creuset à part, & vous y
…outerez de l'huile & de la poix grec-
…e, comme au commencement, avec
…ne poignée de son de froment, remuant
…en le tout ensemble. Lorsque vous ver-
…z que la matiere sera bien blanche &
…en purifiée, vous la jetterez dans un
…tre creuset, & lui donnerez un feu
…circulation; après quoi vous la coule-
…z en lingot.

Pour rendre l'étain dur & sonnant.

Faites fondre une livre d'étain crud,

(c'eſt-à-dire tel qu'il ſort de la mine, ſans aucun mêlange) dans un creuſet de terre, & non pas dans un vaiſſeau de fer, au feu de fuſion. Etant fondue, jettez-y une once de cuivre rouge en petits morceaux ; mettez-y de la poix-reſine ou de la colofone, & remuez-bien le tout avec une verge de fer rouge par le bout, juſqu'à ce que vous ne ſentiez plus le cuivre avec votre verge de fer. S'il ne fond pas aſſez promptement, il faut y jetter de tems en tems encore un peu de poix-reſine. Tout le cuivre étant fondu, mettez dans le creuſet cinq gros d'étain de glace, ayant ſoin de remuer toujours comme ci-devant ; enſuite jettez la matiere en lingot.

Ou bien prenez demi - livre d'eau de vie, autant d'huile d'olive, quatre ou cinq poignées de ſon de froment, & laiſſez le tout en diſſolution pendant vingt-quatre heures. Faites fondre enſuite dix livres d'étain crud, & jettez - les dans le vaſe où eſt cette diſſolution, puis remuez avec une baguette de fer rouge, juſqu'à ce qu'il n'y ait plus de flamme. Après cela refondez l'étain, & quand il ſera bien en fuſion, jettez-y un quarteron de régule d'antimoine & autant d'étain de glace.

Si l'on veut donner à l'étain la couleur de cuivre rouge , il n'y a qu'à le
faire bouillir dans du vinaigre & du verd-
de-gris.

Pour rendre l'étain doux & sonnant.

Faites dissoudre de l'étain dans de l'eau
forte , mettez - le ensuite dans de l'eau ,
avec du plomb , dans un vaisseau que vous
ferez bouillir à petit feu , jusqu'à ce que
toute l'eau en soit évaporée. Lorsque cette
matiere sera séche , tirez-la & changez-
la de vaisseau , y mettant encore de l'eau
forte , jusqu'à ce que le tout soit bien incorporé ensemble & réduit en eau. Vous
le ferez fondre ensuite dans un creuset ,
& vous aurez un étain doux , sonnant &
d'une très-belle couleur. S'il arrivoit que
l'éclat de l'étain se fût terni dans cette
opération , il n'y auroit qu'à le jetter ,
quand il est en fusion , dans du jus de
l'herbe appellée *Ciclamen* ou pain de pour-
ceau , il reprendra aussi-tôt sa couleur.

R E M A R Q U E.

M. Boutet présenta à l'Académie des
Sciences de Paris , en 1729 , un étain
allié , de sa composition , qui est plus dur

K iiij

& plus fonnant que l'étain ordinaire,
fans rien perdre cependant de la blancheur qu'il poffede au fortir de la mine.
L'Académie l'a trouvé auffi beau , & même
plus blanc & plus fonnant que tout ce
qu'on avoit eu jufqu'alors en ce genre.
Hift. de l'Acad. 1729.

Pour convertir l'étain en argent.

Faites une forte leffive avec de la chaux
de cryftal de roche ou de cailloux tranf-
parens, & une livre de fel commun : mettez-la évaporer fur le feu , jufqu'à diminution des deux tiers. Fondez enfuite
deux livres d'étain dans un creufet , &
jettez-y une livre de ferret d'Efpagne ou
de pierre de fanguine. Le tout étant en
bonne fonte & bien incorporé , vous le
jetterez dans une partie de votre leffive.
Etant refroidi , vous le refondrez & le
verferez encore étant en fufion dans une
autre partie de la même leffive : réiterez
jufqu'à fept fois , changeant toujours de
leffive à chaque fois. Alors ayant mis en
poudre fubtile une once de borax , autant de fel ammoniac , un tiers d'once
d'orpiment, vous mêlerez ces poudres &
les incorporerez avec deux blancs d'œufs
frais , & les mettrez dans un creufet

avec votre étain préparé comme on vient
de le dire. Le tout étant en fusion , il
faut continuer le feu pendant une bonne
heure , puis retirer le creuset ; vous y
trouverez votre étain converti en argent à
toute épreuve.

*Pour affiner l'étain , & le rendre blanc
comme de l'argent.*

Faites fondre de l'étain fin dans un
creuset , & jettez dessus du nitre à plusieurs reprises , jusqu'à ce qu'il soit calciné. Mettez-le en poudre , & le mêlez
avec du charbon pulverisé : faites-le refondre , il reprendra son corps , & deviendra de l'étain très-fin.

Ou bien mettez fondre de l'étain fin ,
& quand il sera en fusion , versez - le
dans du vinaigre , puis dans de l'eau de
mercure. Remettez-le au feu , & éteignez-
le souvent dans ces liqueurs , il deviendra aussi dur & aussi blanc que de l'argent ; on aura même de la peine à l'en
distinguer.

Autrement. Faites une lessive de cendres de sarment avec du vinaigre , éteignez par sept fois votre étain dans cette
lessive , puis douze fois dans du lait de
chèvre récemment tiré , y ajoutant de la

K v

poudre d'arſenic blanc ou cryſtallin; l'étain deviendra blanc & dur comme de l'argent.

Pour rendre l'étain dur & difficile à fondre.

Ayant fait fondre une livre d'étain, jettez-la, étant en fuſion, dans un tas de cendres : refondez-la, & rejettez-la encore dans des cendres : réiterez quatre fois la même opération. Coupez cet étain en petits morceaux, & mettez-le dans un creuſet avec une once de ſel de ſoude, autant de ſalpêtre bien rafiné, & une once de limaille de fer bien nette & ſans pouſſiere. Mêlez le tout enſemble & faites-le fondre dans un bon fourneau à vent, ou à la forge d'un maréchal. Etant en bonne fuſion, jettez la matiere dans du ſuc de porreaux ou d'oignons, qui puiſſe ſurnager la matiere de deux ou trois travers de doigt : laiſſez-le refroidir; refondez-le encore, & le jettez dans du vinaigre où vous aurez fait diſſoudre de beau miel blanc, vous aurez un étain ſi dur à fondre, étant ainſi préparé, que vous pourriez dans une écuelle de cet étain en faire fondre d'autre ſans rien riſquer : c'eſt un très-beau ſecret pour faire de la vaisselle & de la batterie de cuisine.

On remarquera qu'il faut mettre le suc de porreau & le vinaigre dans un pot de fer bien fort ; car si on le mettoit dans quelque vaisseau de cuivre, la force & la pénétration de la matiere fondue pourroit le percer sur le champ & avec une violente détonation, en y jettant le métal en fusion, comme on l'a vû arriver plusieurs fois.

On peut encore y procéder de cette façon. Purgez l'étain, en le fondant avec parties égales de tartre, alun de roche & sel ammoniac : étant fondu jettez-le dans de fort vinaigre ; réitérez plusieurs fois la même opération. Fondez-le encore, & éteignez-le dans du suc de *cicla-men* : enfin fondez-le pour la derniere fois, en y ajoutant de la limaille de fer, ou de bandes milanoises, il deviendra dur & blanc comme de l'argent.

Ou bien mettez dissoudre dans du vinaigre blanc parties égales de sel commun, sel ammoniac, sel gemme, & alun de roche : faites bouillir votre vaisselle dans cette liqueur ; retirez-la, & l'essuiez avec un linge sec, elle deviendra aussi belle que de l'argent.

Autrement. Jettez votre étain fondu dans des jaunes d'œufs, par quatre diffe-

K vj

rentes fois, & vous aurez un étain excellent, qui communiquera sa qualité à un
autre étain que vous fondrez avec celui-ci.

Calcination de l'étain.

Fondez dans un creuset au feu de roue
deux livres d'étain fin & purifié : étant
en fusion jettez par-dessus une once de
savon rapé avec un couteau, & remuez
sans cesse l'étain avec une cuiller de
fer, il se formera sur la superficie de
l'étain une petite pellicule ou croute qu'il
faut lever adroitement avec la cuiller,
& la mettre dans un plat de terre. Continuez de remuer toujours ce qui reste
dans le creuset, & levez toujours cette
pellicule, à mesure qu'il s'en formera de
nouvelle, pour la remettre sur le plat de
terre avec la premiere : continuez ainsi
jusqu'à ce que tout l'étain soit consumé. Vous broyerez ces pellicules sur le
porphyre, ou bien vous les pilerez dans
un mortier de verre. Mettez après cela
cette poudre dans de l'eau bouillante
très-claire, & lavez-la jusqu'à ce que l'eau
n'en sorte plus noire : versez l'eau par
inclination, & remettez-y-en de nouvelle ; votre étain restera enfin au fond
du vaisseau en une poudre blanche com-

ne neige. C'eſt ce qu'on appelle de la
ſpotée ou *Chaux d'étain*.

Pour tirer l'eſprit de l'étain.

Prenez une livre d'étain crud, mettez-
le dans un creuſet, ſoufflant continuellement juſqu'à ce que vous voyéz qu'il
bouille & ſaute dans le creuſet. Alors
ayez une petite plaque de fer ronde qui
puiſſe couvrir exactement le creuſet, &
vous la mettrez deſſus le plus près que
vous pourrez de l'étain fondu, ſans néanmoins le toucher : tenez cette plaque
ainſi ſuſpendue l'eſpace d'un *Credo*, l'eſprit s'y attachera, & vous l'en détacherez
en la lavant dans de l'eau nette. Remettez derechef cette plaque au-deſſus de l'é-
tain, & continuez la même opération
tant que vous verrez que l'eſprit d'étain
s'y attache. Verſez par inclination l'eau
dans laquelle vous avez lavé votre eſprit,
& il demeurera au fond du plat. Joignez-
y autant de mercure que vous avez d'eſprit d'étain, diſſolvez-les enſemble dans
de l'eau forte faite de ſalpêtre, vitriol &
ſel ammoniac, *Ana*. Faites enſuite évaporer l'eau à un feu lent ; ce qui reſte au
fond eſt fixe ; une petite partie de cette
matiere jettée ſur dix fois autant de cui-

vre fondu , le teint en blanc , & le convertit en vrai & bon argent à l'épreuve.

Usage de l'étain en feuilles pour étamer.

Etamer c'est enduire quelque chose que
ce soit avec de l'étain fondu, ou en feuilles. Les glaces de miroir s'étament, par
exemple, avec des feuilles d'étain battu,
de toute la grandeur de la glace : les ser-
rures , les mords , les éperons , &c. s'é-
tament aussi avec des feuilles d'étain, mais
par le moyen du feu. Enfin les plombiers
étament ou blanchissent certains ouvrages
de plomb, en les faisant chauffer & les couvrant ensuite de feuilles de plomb. Ils
nomment *Fourneau à étamer* une espèce
de large foyer fait de briques sur lequel
ils allument un feu de braise au - dessous
des ouvrages qu'ils veulent blanchir. Les
marmites , casseroles & autres ustensiles
servant à la cuisine , s'étament avec de
l'étain fondu. On les étame pour ôter la
mauvaise qualité du cuivre , & afin que
le goût & l'odeur du cuivre ne se commu-
niquent point aux liqueurs ou autres choses qu'on y fait cuire ; car étant ainsi éta-
més , l'étain qui couvre le cuivre forme
une croute ou surface au travers de laquelle le goût de ce métal a de la peine

à tranſpirer, & le verd de gris s'y forme
plus difficilement. Pour étamer les vaiſſeaux de cuivre, il faut les gratter en dedans avec un grattoir, & les bien nétoyer de façon qu'il n'y reſte aucune craſſe
ni graiſſe ; & les ayant frottés de ſel ammoniac, on y verſe de l'étain fondu, que
l'on fait aller & venir par tout le vaiſſeau,
pour l'étendre plus également.

Bonne ſoudure d'étain.

Mettez fondre une livre d'étain fin, & y
ayant ajouté un quart de plomb, jettez la
matiere ſur le plancher ; ſi elle reſſemble
à de l'argent mat, il faut y ajouter du
plomb, la refondre & faire la même choſe, y ajoutant toujours du plomb, juſqu'à ce que votre ſoudure ſe trouve claire,
& qu'il s'y forme comme des yeux de
perdrix ; c'eſt une marque qu'elle eſt alors
au dégré de bonté que vous pouvez de-
ſirer.

Pour ſouder, il faut raper de cette
ſoudure, & ayant mis en poudre égale
quantité de ſel ammoniac, le mêler avec
la ſoudure : nétoyez bien & ratiſſez les
parties que vous voulez ſouder enſemble,
& les ayant rapprochées l'une de l'autre,
vous les lierez avec un fil de fer, s'il eſt

nécessaire : frottez avec un peu d'huile
d'olive l'endroit à souder, & mettrez-
autour de votre poudre. Suspendez l'ouvrage au-dessus d'un feu médiocre, vous
verrez votre soudure couler comme il
faut, & votre ouvrage sera bien soudé.
Voyez ce que nous avons dit ci-devant à
l'article des Soudures, chapitre III. de ce
Livre, page 61 & suivantes.

CHAPITRE X.

DU PLOMB.

LE plomb est un métal très-grossier,
le plus mol & le plus facile à fondre de tous les métaux, quand il est purifié. Les chymistes l'appellent *Saturne*;
ils ont trouvé, par l'analyse qu'ils en ont
faite, qu'il est composé d'un peu de mercure, d'un peu de soufre, & de beaucoup de terre bitumineuse.

La mine ou le *minerai* du plomb, qu'on
nomme aussi *plomb minéral*, est noire. Cependant en cassant cette mine, elle paroît
pleine de ces aiguilles ou filets brillans
qu'on apperçoit dans l'antimoine. Elle
se tire de la terre en assez gros morceaux,
quelquefois purs & nets, mais le plus

souvent mêlés avec de la roche. Pour la fondre on la met dans un fourneau fait exprès, avec beaucoup de charbons allumés par-deſſus : le plomb fondu coule par un canal ménagé à côté ; la terre, les pierres & les ſcories reſtent avec les cendres du charbon.

On purifie le plomb en l'écumant avant qu'il ſoit refroidi, ou en y jettant du ſuif ou quelqu'autre matiere graſſe. Les moules où on le reçoit ont la forme de ſaumons ou de navettes, ce qui fait donner les mêmes noms aux maſſes de plomb qu'on en retire. De là vient que les marchands les nomment ordinairement ſaumons, & que les plombiers les appellent navettes.

Le plomb ſert à l'affinage & à la fonte de quelques métaux, comme l'or, l'argent & le cuivre, à qui l'on croit qu'il communique ſon humidité. Il s'emploie outre cela à divers autres uſages, & ſurtout pour la couverture des grandes égliſes, des dômes & des terraſſes en plate-forme, & pour les gouttieres & conduites des eaux. On en fait auſſi des ſtatues, des vaſes & des ornemens de ſculpture.

Preſque tout le plomb qui ſe voit en France vient d'Angleterre : on en tire pourtant d'Allemagne par la voie de Hambourg, & les Hollandois en apportent de

Pologne ; mais celui d'Angleterre est le meilleur. La France a aussi quelques manieres de plomb ; cependant on ne parle guères que de celles du Limosin, encore sont-elles peu abondantes. Celles de Linarès en Espagne sont à peu près sur le même pied. Combarton, Newcastel & Derby sont les endroits d'Angleterre d'où il se tire davantage de ce métal, & sur-tout le Peak en a des mines très-abondantes, & la pierre minérale s'y trouve presque sur la superficie de la terre ; ce qui fait qu'on les exploite facilement, & presque toujours comme de plain-pied & à decouvert.

Le plomb de vitrier est du plomb réduit en petites bandes plates & étroites avec des feuillures des deux côtés : les vitriers s'en servent pour monter & assembler leurs panneaux. Ils en font aussi de plus étroites & sans feuillures, desquelles ils se servent pour attacher les panneaux de vitrage sur les verges de fer qui les soutiennent.

Le plomb en table est du plomb fondu & coulé de plat sur une longue table couverte de sable bien unie. Sa largeur ordinaire est depuis quinze pouces jusqu'à soixante-douze, & son épaisseur est plus ou moins forte, suivant les usages aux-

quels il est destiné. On fait aussi du plomb
en tables très-minces, appellé *plomb la-
miné*, par le moyen d'une machine préparée pour cette opération, & à laquelle
on a donné le nom de *laminoir*.

Le plomb en culot est du vieux plomb
qui a déja servi, & qu'on a fait refondre & épurer dans une poële de fer. On
lui donne ce nom par rapport à la forme ronde ou en culot qu'il prend dans le
cul de la poële où il a été fondu, & pour
le distinguer du plomb neuf qui est en
saumons & navettes.

La mine de plomb, qu'on appelle aussi
plomb mineral, *plomb de mine*, & *crayon*,
est une espece de pierre minérale d'un
noir argenté & luisant. Elle se trouve
dans les mines de plomb, & semble du
plomb qui n'est point encore arrivé à sa
maturité. Les anciens la nommoient *plom-
bagine* ou *plomb de mer*, & quelques étrangers la nomment *potelot*. C'est de cette
pierre dont on fait les crayons qui servent aux peintres & aux dessinateurs pour
faire leurs desseins ; quelques ouvriers en
employent aussi dans leurs ouvrages.

Il y a de deux sortes de mines de plomb,
la fine & la commune. *La mine de plomb fine*
est très-rare & très-chere ; on la tire d'Angleterre. Il faut la choisir bien brillante,

& bien argentée, ni trop dure, ni trop molle, point graveleuse, d'un grain fin & serré, se sciant aisément, & facile à réduire en bons & longs crayons.

La plus grande partie de la mine de plomb commune se tire de Hollande. Elle ne peut se couper en crayons, & n'est propre qu'à mettre en couleur des planchers & autres choses grossieres. On s'en sert à parer certaines marchandises de fer, comme poëles, plaques de cheminées, &c. Il y a encore de *la mine de plomb en poudre*; ce n'est autre chose que de la mine de plomb de l'une ou l'autre espece, broyée & réduite en poudre impalpable. Enfin il y a de *la mine de plomb rouge*, que quelques droguistes appellent improprement *minium*, & qui n'est autre chose que du sandix ou massicot rouge, dont nous parlerons ci-après. Elle vient de Hollande, & est de quelque utilité en médécine, à cause de sa qualité siccative. Les potiers de terre en font la plus grande consommation pour vernir leur poterie en couleur rougeâtre. Ce n'est point un minéral naturel ; cette sorte de mine est faite avec de l'alquifoux ou plomb minéral mis en poudre, & calciné au feu.

L'*Alquifoux* ou *vernis* est aussi une espece de plomb minéral très-pesant, facile à mettre en poudre , & très-difficile à fondre. Quand on le casse , il paroît en écailles luisantes , & d'un blanc tirant sur le noir. Les potiers de terre s'en servent pour vernir leurs ouvrages en verd , en le pulverisant & le mêlant avec la chaux de divers métaux , ils en composent différentes couleurs : ils lui donnent le nom de *vernis*. L'alquifoux vient d'Angleterre en saumons de diverse grosseur : il faut le choisir en gros morceaux , bien pesant , en écailles brillantes , gras & doux à manier , & approchant de l'étain de glace.

Le plomb en poudre se fait en jettant du charbon pilé dans du plomb bien fondu , & en remuant long-tems ce mêlange. Pour faire plus aisément cette opération , après avoir fait fondre le plomb , il faut le jetter dans une boîte de bois , d'une seule piece , s'il est possible , & qui soit fermée juste par le moyen de son couvercle : on doit avoir mis auparavant au fond de cette boîte suffisante quantité de charbon pulverisé. Aussi-tôt qu'on y a jetté le plomb , il faut bien fermer la boîte , & la remuer le plus qu'il sera possible , pour mieux agiter le plomb : plus on remue la boîte , & plus le plomb se réduit en poudre fine. Après cela , pour séparer le plomb du charbon , il faut jetter le tout

dans une terrine pleine d'eau, le plomb
ira au fond, & le charbon ira fur la fuperficie de l'eau. Cette poudre étant ainfi
bien lavée, on la fait fécher, & on la
paffe au tamis ; elle fert à faire des horloges comme en fait de fable. Les potiers
de terre en font ufage, au lieu d'alquifoux, pour vernir leurs ouvrages. Ils employent auffi la cendre ou l'écume de
plomb, qui n'eft autre chofe que les
fcories du plomb qu'on a purifié pour
quelque ufage, ou qu'on a fondu pour
faire du menu plomb & de la dragée.

Le plomb brûlé fe fait avec des lames
de plomb, que l'on ftratifie dans un creufet avec du foufre pulverifé, & que l'on
fait calciner jufqu'à ce qu'il foit réduit
en une poudre brune : c'eft le plomb brûlé
dont fe fervent les chymiftes.

Pour faire le blanc de plomb.

Le blanc de plomb eft du plomb diffous
avec du vinaigre. Il fe fait de deux manieres qui reviennent au même. Les uns
réduifent le plomb en lames très-minces
& déliées, qu'ils mettent tremper dans
de fort vinaigre : tous les dix jours ils
ratiffent & enlevent une efpece de craffe
qui fe forme fur ces lames, & recom-

mencent jusqu'à ce que le plomb soit entierement diſſous & transformé en cette
craſſe, qui eſt le blanc de plomb, qu'on
broye enſuite, & qu'on fait ſécher à
l'ombre. Les autres ſe ſervent auſſi de
plomb battu & en feuilles minces ; mais
ils roulent ces feuilles en forme de cylindre, comme on pourroit rouler une
feuille de carton mince, faiſant enſorte
néanmoins que le plomb ne ſe touche
point, & qu'il reſte une eſpace vuide
entre chaque révolution de la feuille.
Ils ſuſpendent les feuilles ainſi roulées
dans certains pots de terre, au fond deſ-
quels il y a de fort vinaigre, pour en
recevoir la vapeur ſans y tremper. On
bouche enſuite ces pots exactement, &
on les enterre dans du fumier : au bout
de trente jours l'opération eſt faite, & à
l'ouverture des pots le plomb ſe trouve
comme calciné, & réduit en ce qu'on
appelle *blanc de plomb*. On le briſe en
morceaux, & on l'expoſe à l'air pour le
faire ſécher. Ceux qui broyent ce blanc
doivent prendre beaucoup de précautions
pour n'en être point incommodés, car
c'eſt un poiſon des plus ſubtils. On le
broye ſur un porphyre avec un peu d'eau,
& l'on en fait une pâte, dont on forme,
dans des moules faits exprès, de petits

pains pyramidaux , que l'on met féch[er]
pour les pouvoir tranfporter. Les m[ar]-
chands ont foin de l'envelopper dâns [de]
papier bleu , pour faire paroître la p[...]
plus blanche.

Il faut choifir le blanc de plomb t[en]-
dre , blanc deffus & deffous , en b[...]
écailles , le moins rempli de veines n[...]-
râtres & d'ordures qu'il fe pourra. C[...]
la matiere qui fert à faire la ceruf[e...]
le fard dont les dames fe fervent.

Pour rendre le blanc de plomb extraor[di]-
nairement fin.

Choififfez du plus beau blanc de pl[omb]
en écailles , broyez - le bien fur le p[or]-
phyre avec du vinaigre , & il devien[t]
noir. Alors ayez une terrine pleine d'e[au]
jettez - y votre blanc , & le lavez bi[en]
laiffez - le raffeoir au fond de la terri[ne]
& verfez l'eau par inclination. Broyez[-le]
encore avec du vinaigre , & le relave[z]
faites la même chofe une troifiéme [&]
une quatriéme fois , & vous aurez [un]
blanc qui fera parfaitement beau , [tant]
pour la miniature que pour la peintur[e à]
l'huile.

Pour faire le blanc de ceruse.

La *ceruse* ou *blanc de ceruse*, qu'on appelle aussi *chaux de plomb*, est du blanc de plomb réduit en poudre & broyé à l'eau, que l'on jette dans des moules, pour en former des petits pains, qu'on fait sécher. Les Peintres se servent de la ceruse, soit à l'huile, soit en détrempe ou à la gomme : elle fait un très-beau blanc. Elle est aussi la principale drogue qui entre dans la composition du fard des Dames. C'est cependant un poison très-dangereux quand elle opere en dedans ; elle fait même sentir sa malignité n'étant appliquée qu'extérieurement, puisqu'elle gâte la vûe & les dents des personnes qui en font un usage continuel ; enfin elle semble avancer la vieillesse, en faisant venir des rides sur la peau, plutôt qu'on ne devroit en avoir.

La meilleure ceruse, ou pour mieux dire la seule véritable, est celle de Venise : c'est cependant celle dont on fait le moins de consommation, sans doute à cause de la cherté. On n'emploie gueres à Paris, & dans toute la France, aussi bien que dans les pays étrangers, que des ceruses de Hollande & d'Angleterre. La premiere est la moins mauvaise, mais celle d'Angleterre est encore bien au-dessous. Elles

Tome I. L

font toutes deux composées de très-peu
de blanc de plomb, & de quantité de
marne ou de craie blanche : or comme la
craie d'Angleterre est moins blanche, &
que les Anglois en mettent cependant davantage que les Hollandois, c'est ce qui
cause leur différent dégré de bonté. Néanmoins puisque l'on est réduit à ne se servir que de cette drogue falsifiée, il faut
du moins la choisir très-blanche, douce,
friable & seche, point brisée ni remplie
de menus morceaux ; on rejettera sur tout
celle qui est trop tendre, qui se brise aisément, & qui ne fait point corps.

Pour faire le massicot.

Le *massicot* se fait avec de la ceruse que
l'on met calciner à un feu modéré. Il y en
a de trois sortes ; du *blanc*, du *jaune pâle*,
& du *doré*. Cette différence de couleur
ne provient que des divers dégrés de feu
qu'on leur a donné. Le massicot blanc est
d'un blanc jaunâtre ; c'est celui qui a reçu
le moins de chaleur. Le massicot jaune en
a reçu davantage ; & le doré encore plus.
Les uns & les autres doivent être en poudre très-fine, pesans & hauts en couleur.
Les plus beaux massicots se tirent de la
Hollande : leur usage est pour la peinture.

Le *fandix* eſt encore une eſpéce de maſ-
ſicot qui eſt rouge, & que quelques Dro-
guiſtes appellent *minium*, quoique mal à
propos, puiſque le véritable *minium* ou
vermillon eſt fait avec du cinabre (comme on l'a vû ci-devant au chap. I.), au
lieu que celui-ci n'eſt que de la ceruſe pouſſée au feu & rubifiée. On ſe ſert fort peu
de *fandix* pour la peinture, le véritable
vermillon auquel on pourroit le ſubſti-
tuer faiſant une couleur bien meilleure,
plus durable & plus brillante.

De la Litharge.

Il y a deux ſortes de *litharge*, la naturelle & l'artificielle. La *litharge naturelle*
eſt un minéral que l'on trouve quelquefois dans les mines de plomb : il eſt rougeâtre, par écailles, facile à caſſer, & il a
quelque choſe de la figure & de la nature
du blanc de plomb. Cette eſpéce de litharge eſt ſi rare que les Marchands ne
vendent & que les ouvriers n'emploient
que de l'artificielle.

La *litharge artificielle* ſe diſtingue en deux
ſortes ; la *litharge d'or* & la *litharge d'argent*. Ce n'eſt cependant que la même
eſpéce, à qui la diverſité des dégrés du feu
par où elle paſſe, donne différens tons de

couleur. Au reste, les auteurs, & même les artistes ne conviennent pas trop de la nature de cette litharge artificielle.

Les uns disent que c'est une écume métallique qu'on leve de dessus le plomb fondu, après qu'il a servi à purifier l'or, l'argent, & même le cuivre. Les autres prétendent que c'est une fumée métallique qui sort de ces métaux mêlés avec le plomb dont on se sert pour le purifier; ils ajoutent que cette fumée s'attache au haut de la cheminée, où sont placés les fourneaux, & s'y forme en espéces d'écailles. D'autres enfin veulent que ce soit le plomb même qui a servi à l'affinage de ces métaux, & sur-tout du cuivre, lorsqu'au sortir de la mine on veut le mettre en rosette.

Cette derniere opinion paroît la plus vraisemblable, sur-tout si l'on fait attention que la plus grande partie de ces sortes de litharge vient de Pologne, de Suéde, & de Dannemarck, où tout le monde sçait que les mines de cuivre sont plus communes que celles d'or ou d'argent.

La litharge artificielle est d'un grand usage, soit dans la Médecine, soit parmi quantité d'ouvriers, comme Potiers de terre, Teinturiers, Pelletiers, &c. Les Peintres en emploient aussi pour sécher leurs couleurs, & il n'y a pas jusqu'aux Cabaretiers qui se servent, à ce qu'on dit, de cette drogue, pour travailler leurs vins, quoique ses qualités soient très-malignes, & qu'on la mette au nombre des poisons.

Outre les litharges qui viennent de Pologne, de Suede & de Dannemarck, on en tire aussi d'Allemagne & d'Angleterre, mais celles de Pologne sont les plus estimées. Il faut les choisir véritables de Dantzick; elles sont pour l'ordinaire moins terreuses, & d'une plus belle couleur. La litharge menue est préférable à la grosse, parce que c'est une marque qu'elle est plus calcinée, & par conséquent elle est plus facile à dissoudre dans les liqueurs grasses & onctueuses, dans lesquelles on a coutume de l'employer.

Pour blanchir le plomb comme l'argent.

Mettez dissoudre dans de fort vinaigre parties égales de sel ammoniac & de sel commun : versez cette dissolution dans une bouteille de verre pour la garder. Lorsque vous voudrez vous en servir, il faut bien remuer la bouteille, & renverser la liqueur dans une terrine vernissée. Faites fondre du plomb dans un creuset ou dans une

cuiller de fer, & après l'avoir bien
écumé, jettez deſſus de la poix-réſine en
ſorte que le plomb en ſoit entierement
couvert, vous le tiendrez toujours ſur le
feu juſqu'à ce que la poix ſoit toute conſumée. Alors jettez votre plomb par deſſus
la diſſolution qui eſt dans cette terrine
verniſſée, & l'y laiſſez refroidir. Si vous
ne le trouvez pas aſſez blanc ni aſſez dur,
il faut réïtérer votre fonte comme ci-deſſus, & ajouter à ce plomb un peu de *ba-
des milanoiſes* ou laiton. Alors votre plomb
ſera changé en étain fin : il ſera beau,
clair & dur comme de l'argent, doux,
malléable & ſans aigreur.

Autrement. Pour changer le plomb en
fin étain ſonnant, il faut le faire fondre,
& lorſqu'il eſt en fuſion y ajouter une
once de régule d'antimoine en poudre, &
une demi-once de limaille de bon cuivre
de roſette, & bien remuer le tout ſur le
feu. Après cela on jettera le plomb fondu
avec ces matieres dans du vinaigre & du ſel.

*Pour donner au plomb une couleur
de bronze.*

Mettez diſſoudre de la limaille de cuivre jaune ou rouge dans une once d'eau
forte tempérée par une pinte d'eau. Trem-

pez-y enfuite votre plomb , & il deviendra jaune ou rouge, felon la qualité de la
limaille que vous aurez mife dans l'eau
forte.

*Pour fondre l'alquifoux ou vernis, & en
tirer le plomb.*

Il faut réduire l'alquifoux en poudre
très-fine , & le mettre dans le creufet ou
fourneau , avec environ la moitié de fon
poids de plomb coupé par petits morceaux :
couvrez ce mêlange avec de la limaille de
fer , pour empêcher l'alquifoux de s'évaporer tout en fumée , & donnez-lui un
bon feu de fonte pendant trois ou quatre
heures. Si vous voyez que le creufet fume
beaucoup , il faut le retirer du feu , couvrir la matiere avec de nouvelle limaille,
& le remettre enfuite au feu , autrement
tout s'en iroit en fumée.

La mine d'alquifoux contient quelquefois beaucoup de fer : cela fe connoît lorfqu'elle eft plus compacte , & qu'elle a le
grain plus petit & moins luifant ; pour
lors il y faut mettre beaucoup moins de
fer. Au contraire , fi elle n'en contient gueres , & qu'elle tienne davantage de la nature de l'antimoine , il y faut mettre beaucoup plus de fer. Sur un quintal de plomb

tiré de l'alquifoux , on peut retirer cinq ou
six onces d'argent fin , plus ou moins , en
le faisant passer par la coupelle , & le
plomb reste toujours en même quantité.

Pour convertir le plomb en argent.

Faites calciner du plomb fin avec du sel
commun , ou bien avec du sel tiré des
féces ou tête morte du salpêtre & du vitriol calcinés ensemble. Imbibez cette chaux
de plomb avec de l'huile de vitriol jusqu'à consistance de pâte onctueuse , que
vous mettrez dans un pot ou creuset bien
lutté , & ce creuset dans une terrine pleine
de sable , dont vous le couvrirez entière-
ment. Mettez dessous cette terrine un feu
de digestion , & le laissez ainsi pendant dix
jours , puis retirez votre matiere du creuset , & la mettez à la coupelle. Sur cent
livres de plomb vous retirerez cinq marcs
d'argent de coupelle.

Pour faire de l'or avec du plomb.

Faites dissoudre une livre de couperose
de Chypre dans une livre d'eau de fontaine ; distillez cette liqueur au travers
d'un feutre , ensuite à l'alambic , & gardez
cette eau pour votre usage. Après cela

mettez une once de vif-argent dans un creuſet ſur le feu ; quand il commencera à bouillir vous y ajouterez une once de feuilles d'or fin , & vous le retirerez auſ-ſi-tôt du feu. Alors faites fondre une livre de plomb purifié comme on le dira ci-après , & laiſſant le creuſet proche du feu, jettez dedans l'or & le mercure , remuant bien avec une baguette de fer , pour mieux mêler ces matieres enſemble. Enfin ajou-tez à ce mêlange une once de l'eau ci-deſſus , & laiſſez refroidir le tout , vous aurez un or très-fin.

On purifie le plomb en le faiſant fon-dre & en le verſant, étant en fuſion, dans de fort vinaigre ; on le refond enſuite & on l'éteint dans du ſuc de chelidoine , puis en eau ſalée. On le refond encore , & on le jette dans du vinaigre où l'on a mis du ſel ammoniac. Enfin on le fond pour la derniere fois , & on le jette dans un tas de cendres ; alors il eſt parfaite-ment purifié.

Pour rendre le plomb ſonnant.

Pulvériſez ſéparément parties égales de ſalpêtre commun , de verd de gris , de tartre & d'antimoine, mêlez le tout en-ſemble. Faites fondre dans un creuſet qua-

tre fois autant de plomb que le poids total
de ces drogues, jettez y peu à peu cette
poudre, en recouvrant le creuset à chaque
fois. Laissez le tout encore un peu de tems
en fusion à un bon feu, & versez la matiere dans vos moules : ce plomb sera extrêmement dur, cassant, & rendra un son
clair quand on le frappera.

Pour faire le plomb brûlé.

Le plomb brûlé se fait en mettant fondre du plomb dans un creuset : on y jette
ensuite une pincée de soufre en poudre
& autant de sel commun, & on le laisse
bouillir jusqu'à ce qu'il s'éleve une espéce
de crasse ou d'écume, que l'on ramasse
avec un morceau de fer. Le tout étant
bien écumé, il faut rejetter des mêmes
poudres sur le plomb en fusion, & en recueillir l'écume; ce que l'on continuera
de faire jusqu'à ce qu'on en ait suffisamment. C'est cette écume que l'on appelle
du *plomb brûlé* ou des *cendres de plomb.*

Calcination du plomb.

Faites fondre votre plomb dans un pot
de terre qui ne soit point vernissé, & remuez toujours avec une spatule, le plomb

se reduira en poudre. Pour le rendre encore plus ouvert & plus propre à être pénétré par les acides, il faut donner un feu plus fort, remettre la poudre de plomb sur ce feu, & l'agiter de même avec la spatule pendant une heure ou deux. Si l'on veut lui donner une couleur rouge pour la peinture, & en faire une espéce de *minium*, il faut la mettre pendant trois ou quatre heures au feu de reverbere. Enfin pour faire le plomb brûlé, on ajoute une partie de soufre sur deux parties de plomb, on met le tout dans un creuset ou dans un pot de terre non vernissé, on y met le feu, & le plomb reste changé en poudre noire, comme nous l'avons dit ci-devant.

Ou bien, faites bouillir de très-fort vinaigre, & suspendez du plomb au-dessus pour en recevoir la vapeur ; il se formera une rouillure blanche qu'il faut ramasser, & en former de petits pains. On peut encore verser le vinaigre peu à peu sur une pelle rougie au feu. Voyez ce que nous avons rapporté ci-devant, pour le *blanc de plomb* & la *ceruse*.

CHAPITRE XI.

Du Vif-argent ou Mercure

LE *vif argent* ou *mercure* est un demi-métal liquide & très-pesant, qui a ses mines particulieres comme les autres métaux ; on le trouve aussi mêlé avec d'autres métaux, avec des pierres, des terres & des minéraux, corporifié en cinabre naturel, d'où on le sépare par l'action du feu. Au reste, comme il n'est ni dur ni malléable, il semble qu'il ne mériteroit pas d'être placé au rang des métaux. Les Chymistes l'ont cependant appellé mercure, & lui ont donné une infinité de noms relatifs aux propriétés qu'ils lui ont trouvé, comme Hydrargire, Prothée, &c. Ils ont aussi cherché la maniere de le fixer, & ceux qui ont travaillé sérieusement à la recherche de la pierre philosophale se sont attachés sur-tout à cette espéce de métal, pour en faire la base de leur *grand-œuvre*. On trouvera ci-après quelques-unes de leurs opérations.

Des mines de vif-argent.

Le vif-argent se tire ou de ses propres

mines, ou de celles des autres métaux &
minéraux avec lesquels il se trouve mêlé.
Il y en a de deux espéces ; du *vif-argent
vierge*, & du *vif-argent commun*. Le premier est celui qui n'a point souffert le
feu, l'autre est celui qu'on a tiré de la
mine par *ignition*.

On distingue encore le vif-argent vierge en deux espéces : celui qui coule naturellement par les cavités du rocher où est
la mine, & qui y forme de petits ruisseaux de demi-pouce de grosseur ou même
davantage, mais qui tarissent au bout de
quelques jours ; & celui qu'on ne sépare
de la terre qui le contient que par le
moyen de plusieurs lotions, & après l'a-
voir fait passer par divers tamis. Ces deux
mercures sont très bons ; mais le premier
l'est encore plus que le second.

Le vif-argent commun & qui passe par
le feu, se tire de la mine lavée & réduite
en poudre, qu'on met dans de grandes
cornues de fer, auxquelles on adapte des
récipiens pour recevoir le mercure que la
violence du feu y fait monter. Le *caput
mortuum* qui reste au fond des cornues,
se pile une seconde & une troisiéme fois,
& est toujours remis au feu jusqu'à ce que
le vif-argent en soit entierement exhalté.
C'est de cette maniere qu'on travaille la

mine dans le Frioul & dans la Hongrie. La ville d'Almaden en Espagne, est très renommée par l'abondance & la richesse de ses mines de vif-argent : la fonte & exhaltation du mercure s'y fait avec plus d'industrie & de préparatifs que par-tout ailleurs. Nous donnerons dans ce chapitre la maniere d'y procéder, d'après le récit de M. de Jussieu, tel qu'il est inséré dans les Mémoires de l'Académie, année 1719.

A l'égard de la terre ou *minerai* où se trouve mêlé le mercure, celle des mines d'Espagne est différente de celle de Hongrie, & celle-ci est différente de la matiere d'où on le tire dans le Frioul. A Almaden la mine est rouge, à cause de la quantité de *minium* ou vermillon qu'elle contient, tachetée de blanc & de noir, & si dure qu'on ne peut l'arracher qu'avec le secours de la poudre à canon. En Hongrie elle est quelquefois en pierre assez dure ; mais le plus souvent en terre brune & un peu rouge. Dans le Frioul il y a de la terre molle où le vif-argent vierge se trouve par petites lames, & de la pierre dure dont on tire le vif-argent commun. La mine d'Idria, dans le Frioul, est si riche qu'elle rend toujours moitié de vif-argent, & quelquefois davantage.

Il y a encore dans le Pérou, assez près

du Potofi, une montagne nommée *Juan-
cabeluca* ou *Guancavelica*, dont la mine
profonde de cinq à fix cens pieds, fournit
de très-bon mercure ; elle a environ cent
pieds d'ouverture. Sa profondeur augmente
tous les jours par la quantité de matiere
minérale qu'on en tire continuellement,
fans qu'on s'apperçoive que le *minerai* diminue en aucune façon.

La terre qui contient ce demi-métal eft
d'un rouge blanchâtre, tirant fur la couleur de briques mal cuites ; on la concaffe
d'abord, enfuite on lui donne le feu. Cela
fe fait en l'étendant fur un enduit de
terre commune, qui couvre la grille d'un
fourneau de terre, dont le chapiteau a la
figure d'un fpheroïde. Au-deffous de cette
grille, on allume un feu médiocre avec de
l'herbe feche, que les Efpagnols appellent
icho, & qui eft fi néceffaire pour ce travail, qu'il eft expreffément défendu d'en
couper à vingt lieues à la ronde de cette
célébre miniere. A mefure que le *minerai*
s'échauffe, le vif-argent s'éleve volatilifé
en fumée. Mais comme cette fumée ne
trouve point d'iffue par le chapiteau, qui
eft exactement lutté, elle s'échappe par
un trou fait exprès, qui communique à
plufieurs cucurbites de terre qui fe fui-
vent, & font emboîtées l'une dans l'autre.

L'eau qui est au fond de chaque cucurbite
condensant cette fumée, le vif-argent
tombe, & on l'en retire après que l'opération est achevée.

Maniere dont on tire le mercure des mines d'Almaden, en Espagne.

La mine d'Almaden, qui fournit tant
de mercure à toute l'Espagne & aux Indes
pour la purification de l'or & de l'argent,
est la plus ancienne & la plus riche des
mines de l'Europe; elle prend son nom
d'un bourg qui se trouve dans une petite
province appellée *la Manche*, en Espagne;
ce bourg est situé au haut & sur le penchant d'une montagne, au pied de laquelle
il y a cinq ouvertures différentes qui conduisent par des chemins souterreins aux
endroits où se tire le cinabre. Ce que cette
mine a de particulier est le ménagement
des lieux, ensorte que les boyaux qui conduisent aux endroits abandonnés, se remplissent insensiblement des terres que l'on
tire de ceux où l'on travaille actuellement;
par ce moyen l'on évite un transport de
terre éloigné, & on se met à couvert des
écroulemens, qui n'arrivent que trop souvent dans les lieux souterreins. A l'égard
des boyaux qui conduisent aux travaux,

...eur structure est d'une grande propreté : on les perce à la hauteur de sept pieds sur quatre à cinq de largeur, & on a la pré-caution d'en soutenir les voûtes par des solives de chêne posées sur deux montans de même bois, appuyés contre les deux parois du boyau.

Les veines de métal qui paroissent au fond de l'endroit où travaillent les mineurs, sont de trois sortes. La plus commune est de pure roche, de couleur grisâtre à l'extérieur, & mêlée dans son intérieur de nuances rouges, blanches & crystallines. Cette premiere en contient une seconde qui se choisit dans les parties intérieures les plus rouges qu'elle renferme, & dont la couleur approche fort de celle du *minium*. La troisiéme enfin, dont la substance est compacte, très-pesante, dure & grenue comme celle du grès, est d'un rouge mat de briques, parsemé d'une infinité de petits brillans argentins.

Le choix des fragmens des trois sortes de veines de mine étant fait, on les porte dans un parc, à l'extrêmité du bourg, sur la hauteur de la montagne du côté du couchant, dans lequel sont construits plusieurs fours destinés à la séparation du mercure.

Ces fours, qui sont joints deux à deux,

forment à leur extérieur un bâtiment quarré long, de la hauteur d'environ douze pieds ; leur intérieur, qui n'est large que de quatre pieds & demi, ressemble assez à nos fours à chaux. Leur foyer est à cinq pieds de hauteur, & l'espace qui reste depuis la grille jusqu'au dôme, est d'environ sept pieds ; il sert à contenir les fragmens des trois sortes de mine dont on vient de parler. Ceux de la premiere sorte sont de la grosseur de nos moilons ; ils se placent immédiatement sur la grille qui est de briques, par une porte ouverte sur le côté du four, au niveau de cette grille. Ceux de la troisiéme sorte sont d'une moindre grosseur, & s'ajustent dans l'intervalle & au dessus des premiers. Ceux de la seconde, qui ne peuvent être placés par la porte de la grille, se rangent par l'ouverture du dôme. Comme ces derniers fragmens sont les plus menus, parce que leur veine se graine facilement, on les mêle avec de la terre grasse, & l'on en forme des mottes ou pains quarrés, que l'on n'arange dans la partie supérieure du four que lorsqu'ils sont secs.

Le four étant ainsi rempli à un pied & demi près, que l'on laisse vuide pour la circulation des vapeurs, la porte qui conduit à la grille, de même que le dôme, tant fermés avec de la brique, on allume au foyer un feu de bois, dont la fumée s'échappe par un tuyau pratiqué dans l'épaisseur du mur où est pratiquée la porte du foyer, & qui continue en maniere de cheminée jusqu'à deux ou trois pieds au-delà du comble du bâtiment.

Le derriere du four, c'est-à-dire le côté opposé à l'ouverture du foyer, est appuyé jusqu'à un pied & demi de toute sa hauteur contre une terrasse, & ce pied & demi excédant la terrasse, est percé dans la longueur de seize soupiraux quarrés, chacun de sept pouces de diametre, rangés sur une même ligne horizontale. Cette terrasse n'a pas plus de cinq toises de longueur; elle est terminée par un autre petit bâtiment qui fait face au derriere de ces cours, son terrein est pavé, & il descend depuis chaque bâtiment jusqu'au milieu de la terrasse par une pente douce qui forme une rigole au milieu de cet espace.

L'utilité de cette terrasse est de soutenir plusieurs *aludels* ou espéces de tuyaux de terre percés par les deux bouts, qui ont un demi-pied de diametre sur deux de longueur. Ces aludels étant enfilés l'un dans l'autre, depuis les soupiraux des deux fours jusqu'aux ouvertures pratiquées dans le petit bâtiment vis-à-vis, forment des li-

gnes de communication assez sembla[ble]
de loin à de gros chapelets. C'est pa[r le]
moyen de ces aludels que les vapeurs [sou]-
frées & mercurielles de la mine écha[uf]-
fées par un feu violent, pendant treize [&]
quatorze heures, se portent jusqu'à ce p[etit]
bâtiment opposé, & ne s'échappent [à la]
faveur des quatre tuyaux de cheminée [qui]
y sont ouverts, qu'après avoir déposé d[ans]
ces aludels leurs parties les plus pesan[tes]
qui sont du mercure revivifié.

On laisse refroidir ces fours pend[ant]
trois jours, après lesquels on dé[fait]
les aludels, & l'on en va verser le m[er]-
cure dans une chambre quarrée dont [les]
côtés sont en talut, & dans le milieu [de]
laquelle est pratiqué un petit puisard po[ur]
y recevoir le mercure. C'est en coulant [des]
extrêmités de la chambre jusqu'à ce p[ui]-
sard, que le mercure se purifie encore d'[une]
poussiere noire qui s'attache au sol de ce[tte]
chambre, & que des femmes ont soin [de]
balayer.

L'usage de la rigole de la terrasse e[st de]
rassembler tout le mercure qui auroit p[u]
s'échapper par les aludels mal luttés, [ou]
lorsqu'on les remue ; & les quatre cham[m]-
bres dont est composé ce petit bâtime[nt]
qui termine la terrasse, sont comme autant de récipiens où la fumée, par le séjour

qu'elle y fait, ne laiſſe pas que de dépoſer encore une partie de mercure que l'on y trouve, de même que dans les aludels. On entre dans chacune de ces chambres par une fenêtre, que l'on a ſoin de fermer exactement avec des briques pendant l'opération.

La quantité de mercure qu'une fournée de fragmens des trois ſortes de pierres de cette mine eſt capable de donner dans une ſeule cuite, eſt ſi conſidérable qu'elle va au moins à vingt-cinq quintaux de ce métal revivifié, quelquefois à trente; on l'a vû même aller quelquefois juſqu'à ſoixante quintaux, mais elle n'a jamais paſſé au-delà de cette quantité. On porte le mercure que chaque cuite a produit, dans un magaſin conſtruit dans le parc; il y eſt conſervé dans des poches de peau de mouton ſuſpendues ſur des vaiſſeaux de terre, juſqu'à ce qu'on l'envoye au Mexique. En 1717 on comptoit dans ce magaſin juſqu'à vingt-cinq mille quintaux de ce demi-métal, & c'étoit le reſtant d'une quantité beaucoup plus conſidérable que l'on venoit d'envoyer à Séville.

Remarques ſur les mines de mercure à Almaden.

M. de Juſſieu, à la fin du mémoire dont

on vient de voir un extrait, remarque
qu'après avoir examiné avec bien de l'attention le terrein que les mineurs ouvrent
pour arracher la roche, & même dans les
endroits de la mine la plus riche, il ne s'est
point apperçu que l'on y trouvât cette quantité de mercure vif que plusieurs s'imaginent y couler, & que s'il y en paroît quelquefois quelques onces, ce n'est qu'un effet
de la violence des coups que les mineurs
donnent sur le rocher avec leurs instrumens de fer, ou de la chaleur & des écarts
de la poudre dont on s'est servi pour pétar-
der ces mines.

Une autre observation de M. de Jussieu
est sur la maniere dont on sépare le mercure du cinabre à Almaden; elle a quelque chose de différent de celle dont les
Espagnols se servent au Pérou, & ne tient
absolument rien de celle qui se pratique
par les Italiens aux mines de Frioul. En
effet à Guancavelica, mine fameuse de
vif-argent au Pérou, cette opération ne
se faisant que dans de petits fourneaux,
elle n'est qu'une espéce de raccourci de
celle d'Almaden : c'est ce qui oblige les
artistes de ce pays-là de rafraichir les aludels ou cucurbites par une certaine quantité d'eau dont ils les remplissent, & par
celle dont ils les arrosent extérieurement

pendant l'opération du feu, pour mieux condenser les vapeurs mercurielles ; au lieu qu'à Almaden l'alongement de la ligne de ses aludels continués d'un bout de la terrasse à l'autre, & leur grand nombre, donne le même rafraîchissement. A l'égard des mines de Frioul, l'opération est beaucoup plus pénible, elle rend moins, & occupe plus de tems & un plus grand nombre d'ouvriers, par la quantité de *lavages* qu'on fait du cinabre naturel trituré pour en séparer le mercure par sa pesanteur, avant que de mettre ce cinabre dans des cornues, comme on fait dans ce pays-là. A Almaden, au contraire, trois hommes suffisent pour faire en trois jours, & à peu de frais, une cuite qui produit trente quintaux de mercure.

Enfin une autre facilité que l'on remarque dans l'opération d'Almaden est son succès, sans aucun intermede extraordinaire, pas même de la limaille de fer, dont on a coutume de servir par-tout ailleurs pour faire une revivification du mercure sans perte de ce minéral. Les Espagnols y parviennent à Almaden, par le mélange de la pierre & de la terre dans lesquelles est enveloppée la mine : ce mélange sert à retenir ou à embarrasser les parties soufrées du mercure à moins de frais que la limaille ne le fait dans la cornue. *Mémoires de l'Académie*, année 1719.

Purification du vif-argent.

Le mercure se purifie par le moyen d'une lessive de chaux vive ou de cendres gravelées, sur laquelle on le repasse six ou sept fois, ensuite on le lave avec du vinaigre & du sel commun, jusqu'à ce qu'il devienne de couleur céleste ; dans cet état il est pur & prêt à sublimer. Quelquefois le mercure se trouve mêlé avec une espéce de graisse qui s'y trouve attachée. Pour l'en débarrasser, il faut verser dessus un peu d'eau forte mêlée avec de l'eau commune ; après avoir bien agité le tout, on y remet de l'eau à plusieurs reprises pour le laver, l'agitant à chaque fois qu'on y verse de l'eau, & la versant par inclination lorsqu'elle est devenue noirâtre. Après cela on fait passer le vif-argent plusieurs fois par un linge, pour le sécher.

Autrement.

Après avoir fait passer plusieurs fois le vif-argent par un linge, s'il reste à chaque fois beaucoup de saleté dans le linge, & si l'on apperçoit une espéce de peau sur la superficie du vif-argent, c'est une marque qu'il

y a

y a du plomb ou quelque autre matiere minérale qui y eſt mêlée ; alors il faut le mettre dans une cornue de grès ou de verre,
avec un poids égal de limaille de fer, ou
avec trois fois autant de chaux vive, & y
appliquer un récipient rempli d'eau, ayant
ſoin que la cornue ſoit aſſez grande pour
qu'il y reſte toujours un tiers de vuide. Le
tout étant bien lutté & ſéché, on en fera
la diſtillation au bout de vingt - quatre
heures, donnant le feu par dégrés & l'augmentant beaucoup vers la fin ; le mercure coulera goutte à goutte dans le récipient : continuez le feu juſqu'à ce qu'il
ne ſorte plus rien de la cornue ; ordinairement l'opération eſt achevée en ſix ou ſept
heures. Jettez l'eau du récipient en la verſant par inclination, & ayant lavé le mercure qui eſt au fond, pour le nettoyer de
quelque partie terreſtre qui peut y être
reſtée, vous le ferez ſécher avec des linges, ou bien avec de la mie de pain raſſis.

Pour purifier parfaitement le mercure.

Ayant mis cinq ou ſix onces de mercure dans une phiole, verſez par-deſſus de
l'eau commune, juſqu'à ce qu'elle couvre
le mercure, au moins de l'épaiſſeur de
deux doigts. Secouez long-tems & forte-

ment la phiole, comme pour la rincer; l'eau devient noire & fort sale; ôtez-la de dessus le mercure, & remettez-y en de fraîche; recommencez à secouer la phiole jusqu'à ce que cette eau devienne encore sale, alors changez l'eau pour la seconde fois, & réitérez toujours la même opération, jusqu'à ce que l'eau ne se noircisse plus que fort peu, ou point du tout; séchez le mercure, en le faisant passer plusieurs fois par un linge blanc & net. Si l'on se sert d'esprit de vin en place d'eau, le mercure en sera plutôt nettoyé. De cette maniere on parvient à lui ôter toutes ses impuretés; mais il faut l'employer aussitôt à l'usage auquel on le destine, de crainte que l'attouchement de l'air ne le salisse de nouveau.

Pour réduire le mercure en cinabre.

Prenez une partie de fleurs de soufre, que vous ferez fondre dans une terrine non vernissée; prenez ensuite trois parties de mercure que vous ferez tomber goutte à goutte, à travers le chamois, dans le soufre fondu, mêlant avec une spatule de fer les gouttes tombées, jusqu'à ce qu'elles paroissent éteintes : continuez ainsi de faire tomber tout votre mercure dans le soure, le tout deviendra un régule qui noircit à l'air : mettez enfin sublimer cette matiere dans des pots à un feu gradué & couvert, vous aurez une masse rougeâtre qui est le cinabre.

Pour revivifier le mercure du cinabre.

Prenez une partie de cinabre pulvérisé, mêlez-le exactement avec trois parties de chaux éteinte à l'air, ou avec deux parties de limaille de fer : mettez le tout dans une cornue au fourneau de reverbere ; adaptez-y un récipient rempli d'eau, après quoi vous donnerez un feu lent, jusqu'à ce que vous voyez sortir les fumées blanches par le bec de la cornue, puis donnez un feu fort jusqu'à rougir la matiere ; quand il ne sortira plus rien, jettez l'eau du récipient, & versez-y-en d'autre pour laver le mercure, continuant toujours ainsi, jusqu'à ce que l'eau soit claire.

Préparation du mercure sublimé.

Il y a de deux sortes de mercure sublimé, le doux, & le corrosif. Pour faire le sublimé corrosif, il faut mettre égal poids de mercure bien purifié & d'esprit de salnître dans un vaisseau de verre ou de grès,

M ij

Après que le mercure fera diffous & que la liqueur fera devenue claire, il faut la mettre dans une terrine de grès pour en faire évaporer toute l'humidité au feu de fable : enfuite ayant retiré la maffe blanche qui fera reftée au fond de cette terrine, on la mettra en poudre dans un mortier de verre, & on la mêlera avec poids égal de vitriol calciné à blancheur, & autant de fel marin décrepité ou calciné dans un pot rougi au feu. On mettra le tout dans un matras affez grand pour qu'environ les deux tiers reftent vuides. Il faut plonger ce matras dans le fable jufqu'à la hauteur de la matiere qu'il contient ; & l'ayant échauffé par un petit feu pendant quelques heures, on l'augmentera enfuite affez fortement l'efpace de fix heures ou environ ; enfin on caffe le matras & l'on trouve le fublimé corrofif attaché au haut de fa capacité en une efpece de maffe blanche.

A l'égard du fublimé doux, ce n'eft que le même fublimé corrofif, adouci & corrigé par quelques préparations chymiques : mais comme il n'eft d'aucun ufage dans les arts, nous renvoyons, pour la maniere de le faire, à la *Chymie de Lemery*, & aux autres livres qui traitent de la Chymie médicinale.

Pour congeler le vif-argent.

Pilez bien du soufre, faites le bouillir
dans de l'eau, & jettez votre vif-argent
dans cette eau ; dès qu'il sera précipité au
fond du vaisseau, retirez le mercure promptement de l'eau, & vous le trouverez congelé en une masse que vous pourrez étendre avec le marteau comme du plomb.

Autrement. Mettez du mercure dans une
coquille d'œuf, bouchez - la bien ensuite ;
mettez cet œuf dans un plat, & versez
dessus du plomb fondu ; laissez-le refroidir,
après quoi vous casserez la coquille, &
vous y trouverez le mercure coagulé.

Pour fixer le mercure.

Mettez du mercure à volonté dans un
mortier de marbre ou de verre, & mêlez-y
un peu de la bonne terebenthine ; continuez
de les mêler ensemble pendant cinq ou six
heures, jusqu'à ce qu'on ne voie plus le
mercure ; il est fixé pour toujours.

Ou bien, pilez du soufre, & mettez-le
sur une tuile ; mêlez du vif-argent avec cette poudre, & mettez-y le feu dans une cour
ou autre endroit à l'écart : quand le soufre
sera brûlé & consumé, vous trouverez le

M iij

mercure fixé : s'il en reſte quelque peu qui
ne le ſoit pas , mêlez-le de nouveau avec
d'autre ſoufre , & le feu achevera de le
rendre fixe.

On peut encore fixer le mercure en mettant du verd de gris en poudre au fond
d'un creuſet & faiſant un creux au milieu
de cette poudre , pour y placer un nouet de
mercure imbibé d'un blanc d'œuf ; couvrez
ce nouet avec du borax en poudre , remettez encore du verd de gris & enſuite l'é-
paiſſeur de deux doigts de verre pilé ;
alors ayant bien lutté le couvercle du
creuſet , donnez par dégrés un feu aſſez
fort pendant deux heures , & vous verrez
l'effet.

Pour fixer le mercure en or.

Mettez de l'eau de forge dans une poële
ou marmite de fer , faites-y fondre ſix onces de ſel commun ſur le feu , puis mettez-y autant de verd de gris en poudre ;
remuez continuellement avec une verge
de fer , prenant garde d'en reſpirer la fumée ; faites cuire & bouillir le tout doucement , ajoûtez-y enſuite quatre onces
de vif-argent , & continuez de faire cuire le
tout pendant une demi-heure. Après cela,
ayant ſéparé l'eau qui ſera rouge , vous laverez le mercure & le congelerez pluſieurs

...fois dans de l'eau fraîche ; & l'ayant mis
...ur une assiette ou écuelle de bois, vous
...l'exposerez à l'air froid pour le faire dur-
...cir. Joignez à ce mercure durci parties
...gales de tutie & de racine de *curcuma* ou
...fouchet des Indes ; faites un lit de chacu-
...ne de ces matieres l'un sur l'autre, mettez
...le tout sur un fourneau, d'abord à un feu
...doux, le creuset étant clos & bien lutté ;
...donnez ensuite bon feu pendant une heu-
...re avec le soufflet, ensorte que la matiere
...soit en bonne fonte ; après cela laissez-le
...refroidir, & vous aurez un métal doré qui
...sert à plusieurs usages.

Maniere de fixer le mercure en métal couleur d'or.

Prenez demi-livre de verd de gris &
...autant de couperose ; pulverisez l'un &
...l'autre à part, & mettez ces poudres dans
...une poële ou marmite de fer qui n'ait ja-
...mais servi : faites bouillir le tout environ
...douze bouillons dans de fort vinaigre ; jet-
...tez ensuite dans la poële demi-livre de
...mercure crud, que vous remuerez conti-
...nuellement avec une spatule de bois, fai-
...sant bouillir à petit feu au commencement,
...& agitant & remuant le tout sans cesse,
...de crainte que le mercure ne s'attache à la
...poële. A mesure que le vinaigre diminue,

on peut y en remettre d'autre , jufqu'à la
confomption d'un demi-fetier ou enviro
Après avoir bouilli deux heures , la mati
demeurera au fond du pot de fer en u
maffe , que vous laifferez refroidir avec u
peu de vinaigre qui fera refté au fo
jettez le tout dans une grande baffine pl
ne d'eau froide, & maniez cette maffe p
en ôter l'impur par le moyen de l'ea
verfez cette eau & recommencez avec
la nouvelle jufqu'à ce qu'elle demeure n
te : alors retirez votre mercure bien fi
que vous prefferez dans un morceau
linge net pour en faire fortir le fuperf
enfuite ayant étendu fur une feuille
papier blanc , la matiere qui fera ré
dans le linge , & l'ayant applatie , vou
couperez par petits morceaux bien pro
tement , de crainte qu'elle ne devienne t
ferme ; laiffez ces morceaux du foir
matin fur une fenêtre , expofés au fere
& vous les trouverez durs comme du fe

Voici la maniere de fondre ce mercu
pour en faire des bagues , cachets ,
autres petits ouvrages. Pulvérifez à part d
mi-livre de tutie d'Alexandrie & autant
*terra merita** , mêlez enfemble ces deu

---

* D'autres , au lieu de parties égales de *terra*
merita & de tutie d'Alexandrie , ftratifient le mercure avec la compofition fuivante. Douze once

poudres, & ſtratifiez-en vos morceaux de mercure dans un creuſet, faiſant le premier & le dernier lit de ces poudres un peu plus épais que les autres. Couvrez votre creuſet d'un autre, luttez-les exactement, comme nous le dirons ci-après, en ſorte qu'il n'y ait aucune ouverture à leur jonction ; ce que vous examinerez ſoigneuſement, après avoir fait ſécher le lut au four. Les creuſets étant ſecs & bien luttés, mettez-les dans un fourneau d'Orfevre ou de Serrurier, entourez-les de charbons deſſus & deſſous, laiſſez-les allumer l'eſpace d'une demi heure ; animez enſuite le feu pendant deux heures par la force des ſoufflets ; laiſſez refroidir, & le lendemain ayant ouvert les creuſets, vous trouverez votre matiere de couleur d'or. Jettez le tout dans une terrine, lavez-le juſqu'à ce que l'eau en ſorte claire. Après cela mettez la matiere dans un petit creuſet, en y ajoutant demi-once de borax & un peu de ſalpêtre ; faites-la fondre & reduire en grenailles :

de *terra merita*, jaune, pulveriſée & paſſée au tamis de ſoie, deux onces & demie de tutie d'Alexandrie, demi once de ſoufre vif, comme il vient de la mine, deux onces de vitriol romain, une once d'alun de roche, une once de ſel ammoniac, deux onces de verd de gris, un gros de ſalpêtre : il faut bien pulvériſer ces drogues & les mêler parfaitement enſemble.

M v

mettez fondre cette grenaille comme on
fait l'or & l'argent , & jettez votre métal
dans une lingotiere pour en faire des bagues , en le tirant sur la filiere , ou tel
autre ouvrage que vous voudrez : ce métal est aussi beau que l'or & à l'épreuve de
la coupelle.

Maniere de lutter les creusets.

Il faut prendre une bouzée de vache,
pareille quantité de crotin de cheval, une
livre de terre rouge grasse ou de terre
d'argile , & autant de limaille de fer ; pétrissez le tout ensemble jusqu'à ce qu'il
soit bien mêlangé , puis vous en mettrez
l'épaisseur d'un doigt tout autour de vos
deux creusets , tant celui qui est dessous
que celui qui le couvre , c'est-à dire généralement par-tout : faites secher doucement
ce lut au soleil , ou à un petit feu , observant , s'il se fait quelques fentes en sechant,
de les reboucher à mesure qu'elles se feront , avec la même composition. Le tout
étant bien sec , ensorte qu'il n'y puisse entrer aucun air extérieur , vous mettrez le
creuset au fourneau d'Orfévre , comme
nous venons de le dire.

Sel alembrot pour la fixation du mercure.

Prenez parties égales de suc de *tapsus barbatus*, suc de chelidoine, suc de *cariophilata*, suc de branche ursine, suc de *capilli Veneris*, sel commun purgé & préparé, sel ammoniac & urine d'enfant ; mettez dissoudre les sels dans les sucs mêlés avec l'urine ; étant dissous, distillez les, filtrez-les, & les congelez à petit feu. Ce sel est le maître de tous les sels ; il congele le mercure, & il le fixe.

Pour fixer le mercure, & lui donner
teinture d'or.

Prenez vitriol desseché & salpêtre raffiné, de chacun deux livres ; sel ammoniac, verdet & cinabre, de chacun quatre onces : pilez bien le tout, & l'ayant mêlé ensemble vous en ferez une eau forte. Dans une livre de cette eau vous mettrez trois onces de sel commun décrepité & fondu dans un creuset, & trois onces d'orpiment, le tout bien pulverisé : mettez le tout digérer dans du fumier pendant vingt-quatre heures, ensuite vous le distillerez dans une cornue, donnant sur la fin un grand feu pour faire sortir tous les esprits. Faites dissoudre à part neuf gros d'or fin dans trois onces de ladite eau forte : mettez auſſi diſſoudre à part dans de pareille eau vingt-trois gros de mercure ; joignez enſemble les diſſolutions , & les laiſſez digerer vingt-quatre heures. Retirez l'eau forte par diſtillation juſqu'à ſiccité , reverſez-la deſſus , & cohobez (c'eſt-à-dire faites digerer à feu lent) par ſix fois , donnant grand feu à la derniere pour faire ſortir tous les eſprits. Paſſez cette matiere par la coupelle avec ſix parties de plomb , & vous trouverez votre or à toute épreuve. La premiere fois qu'on fit cette opération , on mêla neuf grains de cet or avec vingt-quatre grains de cuivre , & l'on en retira vingt-quatre grains d'or fin : la ſeconde fois en mit neuf gros de ce même or avec vingt-trois de cuivre , & le tout ſe convertit en or pur.

Pour tirer de l'or du mercure.

Recueillez au mois de Mai le plus que vous pourrez de roſée , mettez-en ſuffiſante quantité dans un vaiſſeau de terre qui aille au feu , jettez dans le même pot une livre ou deux de mercure. Il faut choiſir le mercure qui participe le plus de l'or, ce que l'on reconnoît en en faiſant évaporer un peu dans une cuiller d'argent , au fond de laquelle il doit reſter une tache jaune : mettez le vaiſſeau ſur le feu , & faites - le bouillir , en remuant toujours avec un bâ- ton ; lorſque vous verrez que la roſée ſera preſque conſumée , vous y en remettrez de nouvelle , remuant toujours avec le bâ- ton tant que ce mélange bouillira. Réïté- rez cette opération tant que vous jugerez à propos , & à la derniere fois vous laiſ- ſerez conſumer preſque toute la roſée. Alors vuidez tout ce qui eſt reſté dans le pot ſur un morceau de toile neuve avec une terrine au-deſſous , & preſſez la ma- tiere pour en faire ſortir tout ce qui pour- ra paſſer : ce qui reſtera ſur la toile ſera de l'or très-pur.

Tranſmutation du mercure en lune.

Mettez diſſoudre une partie de lune de coupelle grenaillée dans quatre parties d'eſprit de nitre bien rectifié ; cohobez tant que la lune ſe convertiſſe en cryſtaux. Pulverifez ces cryſtaux & les diſſolvez en vinaigre diſtillé & deflegmé dans un vaiſ- ſeau de verre ſur des cendres chaudes. La diſſolution étant faite , évaporez-la au bain juſqu'à ce qu'elle ſe réduiſe en ſel ; verſez ſur ce ſel de la roſée de Mai , ou eau de pluie diſtillée par quatre fois ; bouchez bien le vafe avec la chappe aveugle ; faites bouillir le tout au bain-marie pendant huit heures pour diffoudre la matiere : évaporez enfuite cette eau au bain-marie, & la matiere fera claire & nette ; vous la fecherez à petit feu de cendres, ou bien au foleil. Séparez cette matiere en deux parties, dont vous garderez l'une à part, & vous mettrez l'autre moitié dans un vaiffeau de verre ; ayant verfé deffus de très-fubtil efprit de vin en fuffifante quantité, vous mettrez le mêlange digérer au bain-marie pendant huit jours, puis vous le diftillerez au feu de cendres. L'eau de vie paffera la premiere, & l'efprit de lune enfuite ; remettez le enfemble dans l'alembic au bain-marie, & diftillez de nouveau, l'huile de lune reftera au fond du vafe.

Mettez cette huile de lune avec ce que vous avez gardé de votre matiere, & verfez le tout dans un vaiffeau de verre, que vous placerez fur les cendres chaudes tant que le tout foit fuffifamment cuit, ce qui fe connoîtra en mettant un peu de cette matiere fur une lame de cuivre rougie au feu. Si elle coule comme de la cire & qu'elle demeure blanche comme de l'argent, elle eft dans fa perfection. On fait projection de cette matiere en poudre, dont on jette une partie fur cent de mercure

chauffé, & il deviendra fixe & comme
de l'argent réel.

Prenez ensuite trois onces de tartre,
autant de salpêtre, six onces de verre ; pulverisez ensemble ces matieres & les fondez dans un creuset, puis les dissolvez
dans de l'eau. Faites évaporer cette eau, &
vous aurez un sel que vous jetterez sur le
mercure, incontinent après y avoir mis
de la poudre de projection ci-dessus. Ce
secret nous a été communiqué par un gen-
tilhomme à qui il avoit sauvé la vie. Il est
le même que celui qu'une personne pieuse
avoit révelé à un Réligieux Bénédictin de
l'Abbaye S. Germain des Prés, dans le des-
sein d'en faire faire une lampe pour mettre devant le Saint Sacrement.

Autre fixation du mercure en argent.

Faites sublimer de l'arsenic au feu de
sable avec poids égal de sel décrépité : prenez la matiere moyenne & crystalline qui
se sublime, rejettant la farine subtile qui
s'éleve au haut de la chappe borgne & les
féces qui demeurent au fond. Resublimez
le crystallin, ce que vous réitérerez jusqu'à ce qu'il ne se sublime plus aucune
farine. Faites aussi calciner à part de l'argent amalgamé avec du mercure, & cela

tant de fois que l'eau dans laquelle v
laverez l'argent après en avoir fait éva
rer le mercure par le feu, en sorte a
belle & aussi nette qu'elle l'étoit aup
-vant.

Prenez une once de lune calciné
quatre onces d'arsenic ainsi sublimé,
lez-les ensemble, & faites sublimer le
jusqu'à ce que rien ne puisse s'en él
Cette sublimation se fait commodé
dans un matras couché sur le côté, en
mettant toujours dessous ce qui s'est s
mé dessus; par ce moyen l'on évite
rompre les vaisseaux, comme on se
obligé de le faire sans cette invention
la fin la matiere devient comme une p
que l'on broye, & que l'on met ensui
digestion au bain-marie, jusqu'à ce qu'
soit entierement convertie en une h
fixe; ce que l'on connoît à la transpare
du vaisseau.

Mettez dans un creuset quatre par
de mercure & une partie de cette hu
fixe; donnez le feu par dégrés, jusqu'à
que le tout soit réduit en une masse
s'attache au creuset: retirez-en ce ling
& mettez-le à la coupelle, vous aurez
très-bon argent & à toute épreuve.

Pour tirer le mercure du cinabre.

Mêlez enfemble parties égales de cinabre pulverifé & de limaille de fer ; rempliffez-en la moitié d'une cornue , ou même les deux tiers : placez-la dans un fourneau de reverbere , & adaptez- y un récipient de verre plein d'eau fans lutter les jointures. Conduifez le feu fous la cornue petit à petit , & par dégrés , jufqu'au quatrieme , vous verrez alors le vif argent diftiller & tomber au fond du récipient qui eft plein d'eau ; pouffez le feu jufqu'à ce qu'il ne fe diftille plus rien. Chaque livre de cinabre doit fournir treize onces de mercure coulant ; lavez-le , & l'ayant paffé & effuyé dans des linges , paffez-le par une peau de chamois : c'eft le plus fûr & le meilleur moyen pour avoir du mercure pur autant qu'il peut l'être.

Pour tirer le mercure de l'antimoine.

Mêlez enfemble une livre d'antimoine avec une livre de fel décrepité , & mettez-les dans une cornue de deux pintes. Mettez cette cornue à feu nud ou fur un feu de cendres par dégrés , enforte que le bout de la cornue trempe dans de l'eau fraîche ;

vous trouverez au fond de ce vaisseau plein
d'eau le mercure coulant sorti de l'antimoine.

Maniere de tirer le mercure de tous les métaux.

Il faut mettre le plomb, l'antimoine ou
tel autre métal que l'on voudra dans de
bonne eau forte; quand elle aura dissous
ce qu'elle aura pu, on la versera par inclination; & sur ce qui n'est pas encore
dissous, mais corrodé seulement en poudre blanche, il faut jetter de l'eau chaude, puis remuer le matras où est le métal,
& cette eau dissoudra ce que l'eau forte
n'aura pu faire. Filtrez cette eau par le
papier gris, & vous dissoudrez encore avec
de l'eau forte ce qui n'aura pu passer par
le filtre, puis avec de l'eau chaude. Continuez ces dissolutions jusqu'à ce que toute la poudre soit dissoute & passée par le
filtre; alors mettez ensemble ces dissolutions, tant avec l'eau forte qu'avec l'eau
commune : précipitez-les en caillé blanc
avec de l'eau salée, édulcorez par deux
fois avec de l'eau froide, ensuite avec de
l'eau chaude, & dessechez la matiere qui
restera.

Mêlez ensemble une once de cette dissolution édulcorée & dessechée en poudre

avec demi-once de sel volatil d'urine, demi-once de sel de tartre & demi - once de
sel ammoniac sublimé ; broyez le tout sur
le marbre fort long-tems avec une molette
pour le mieux incorporer, comme les Peintres broyent leurs couleurs, imbibant les
matieres avec du vinaigre distillé pour leur
faire prendre corps. Mettez ce mêlange
dans une terrine, & versez dessus de l'eau
fraîche qui surnage la matiere, remuez-la
tous les jours deux fois avec une spatule
de bois pendant trois semaines. Prenez
de la chaux vive, détrempez - la avec de
la liqueur qui surnage votre matiere ; &
ayant fait de petites pelottes avec cette
chaux délayée & les poudres qui sont restées au fond de la terrine, vous les mettrez dans une cornue luttée que vous pousserez au grand feu : le mercure passera
dans le récipient, qui doit être plein d'eau,
& vous l'y trouverez au fond. C'est par un
pareil procédé que l'on peut tirer le mercure de tous les métaux & minéraux.

Pour réduire les métaux en mercure.

Prenez une livre de sel ammoniac que
vous mêlerez avec dix onces d'écailles de fer ;
faites sublimer ces matieres dans un matras
à feu violent. Le vaisseau étant refroidi,

separez le sublimé & le mêlez avec cinq
ou six onces de sel décrepité, faites-le re-
sublimer cinq ou six fois, y ajoutant toujours de nouveau sel. Faites fondre les
métaux avec cette composition, & vous
aurez ce que vous cherchez.

Maniere de tirer le mercure du plomb.

Prenez du plomb vitrifié sans addition,
ou de la litharge, ou même du plomb calciné avec quelques sels, de l'un ou de l'autre deux onces, sel de tartre une once &
demie, chaux vive une once ; chargez-en
une cornue & distillez par un bon feu.
Après l'opération ramassez sur du papier
bleu une poussiere blanche qui se trouve
dans le col de la cornue, & vous y ap-
percevrez de petits globules de mercure
coulant. Mais pour mieux vous assurer
que cette poudre est mercurielle, frottez-
en une piece d'or, & vous verrez qu'elle
la blanchira. On peut faire la même chose avec le saturne corné, c'est-à-dire avec
du plomb dissous dans l'esprit de nitre &
précipité ensuite par l'esprit de sel : *Kunc-
kel Laborat. chymic.* On peut encore mêler
ensemble du sel de tartre & de la crême
de tartre, comme pour faire du sel végé-
tal, & dans le tems de la fermentation que
ce mêlange excite, jetter dans la liqueur

des lamines de plomb , ou de quelque autre métal , qui s'y diſſoudront : le ſel arſe-
nical ſera diviſé , le mercure ſe ſéparera
& pourra être enlevé par la diſtillation
avec un eſprit très pénétrant & igné , &
enſuite être précipité par quelques ſels ,
ou même être attiré par l'or. *Becher Phy-*
ſic. ſubterren. ſupplem. II.

Pour extraire le mercure du plomb.

Mettez diſſoudre dans un matras huit
onces de mercure commun avec une livre
d'eau forte ; étant diſſous , mettez le matras ſur des cendres chaudes , & jettez-y
peu-à-peu ſept ou huit onces de plomb
rapé ou limé ; ajoutez-y une once de ſoufre vif bien broyé , auſſi - tôt après vous
verrez le mercure du plomb couler au fond
du matras : alors verſez cette diſſolution
dans une cornue , & ajoutez-y deux onces
de chaux. Diſtillez le tout à petit feu dans
un récipient , l'eau paſſera d'abord , enſuite
le mercure que vous y aviez mis , lequel
doit s'y trouver poids pour poids.

Autre maniere.

Mettez diſſoudre une livre de mercure
dans deux livres d'eau forte ; la diſſolution
étant faite , mettez le matras ſur des cen-

dres chaudes , puis vous prendrez une livre de plomb limé & la jetterez dans le matras peu-à-peu , vous verrez votre plomb
couler au fond du matras changé en mercure : versez l'eau forte par inclination , &
vous trouverez votre mercure de plomb la
quantité d'environ une demi-livre ou davantage.

Pour retirer l'autre mercure que vous
avez mis d'abord , il faut laisser reposer
l'eau forte & la verser par inclination , laver le reste & le mettre en un endroit humide , soit à la cave ou ailleurs , dans une
vessie de bœuf bien close , que vous laisserez tremper dans un baquet plein d'eau ;
le premier mercure reviendra en sa nature.

Autre façon de changer le plomb en mercure.

Prenez une livre de plomb en limaille
ou en lames très-minces , & autant de sel
marin , vous mettrez le tout lit sur lit dans
un pot de terre vernissé , & non autre. Couvrez ce pot avec son couvercle , & le mettez à la cave pendant quinze jours , ou
dans un endroit humide. Après ce tems
retirez le pot , & vous trouverez le plomb
changé en mercure , que vous laverez bien
dans du vinaigre pour le purifier. Si à la
premiere lotion il ne se trouvoit pas assez

nettoyé , il faut en réitérer une seconde.

Autrement.

Prenez du *minium* ou de la litharge d'or,
que vous ferez diſſoudre petit à petit dans
du vinaigre ; verſez toutes les diſſolutions
enſemble dans une cornue , diſtillez le vinaigre au bain-marie , puis mettez la cornue ſur le ſable , & ayez un grand récipient
où il y ait de l'huile de tartre ; votre *minium*
ſe diſtillera en beurre dans ladite huile , &
au bout de vingt-quatre heures il ſe précipitera en mercure coulant , que vous diftillerez une ſeconde fois pour le purifier.

Ou bien , broyez trois livres de *minium*
ou de litharge , diſſolvez-les dans du vinaigre diſtillé ; filtrez la diſſolution , verſez-
y deux pintes d'urine, & la litharge ſe changera en caillé blanc , que vous ferez deſſe-
cher doucement. Prenez une livre de ce
ſaturne ainſi calciné , & joignez-y une livre de ſel ammoniac ſublimé avec du ſel
décrepité ; ſublimez le tout enſemble , le
ſel ammoniac s'élevera , & le plomb reſtera
en maſſe comme un régule : rebroyez-le
avec le même ſel ammoniac, & reſublimez
comme ci-devant par trois fois , & le ſaturne ſera bien ouvert ; broyez-le bien fin
& mettez-le dans un matras. Verſez par-
deſſus un demi-travers de doigt d'huile

de tartre tirée par défaillance, la chaux
s'en imbibera avec avidité : mettez ce mélange en digestion dans le fumier, tirez
ensuite la chaux, lavez-la avec de l'eau
chaude pour en séparer le sel, sechez-la
à petit feu ; mettez cette chaux ainsi seche
avec son poids de pierre-ponce bien broyée
dans une cornue de verre luttée exactement, & distillez-la pendant une heure à
un feu du premier dégré ; vous verrez le
mercure monter & passer dans un grand
récipient plein d'eau, que vous y aurez
adapté.

Pour tirer le mercure du plomb.

Mettez du plomb en feuilles ou en lames très-minces dans un vaisseau de verre
avec le double de sel commun, & le couvrez bien exactement ; mettez ce vaisseau
dans la terre, & laissez-l'y au moins neuf
jours : au bout de ce tems vous trouverez
le plomb presque entierement converti en
mercure coulant qui se trouvera au fond
du vaisseau.

Pour séparer le sel, le soufre & le mercure du plomb.

Joignez à huit onces de bonne eau forte cinq ou six fois autant d'eau commune ; mettez le tout dans une ventouse au
feu ni

feu de fable doux, avec huit onces de plomb
flimé ; remuez fouvent avec un bâton , &
remettez-y de l'eau à proportion qu'elle
diminuera ; peu-à-peu votre plomb fe convertira tout en chaux. Il faut environ deux
jours pour cette opération. Lavez bien cette chaux dans un peu d'eau chaude, jufqu'à
ce qu'elle devienne infipide ; faites - la
bouillir enfuite plufieurs heures dans d'autre eau ; filtrez & faites évaporer , il vous
reftera le vrai fel de faturne doux & fans
âcreté , mais en petite quantité. Après cela
vous retirerez ce qui fera refté fur le filtre , & le mettrez dans une grande ventoufe pleine d'eau tiéde ; & après avoir
remué avec un bâton , vous vuiderez tout
à coup l'eau trouble fans verfer le fond ;
repétez quatre ou cinq fois la même opération , vuidant toujours l'eau troublée
jufqu'à ce qu'elle demeure claire, vous
trouverez le vrai foufre jaune & brûlant
du plomb au fond de la ventoufe , quoiqu'en très - petite quantité : enfin mettez
enfemble toutes vos eaux troubles , laif-
fez-les repofer , & féparez-en la poudre
blanche & pefante qui fe fera précipitée
au fond du vaiffeau ; vous ranimerez cette
poudre en mercure coulant , de la même
maniere que l'on revivifie le mercure du
cinabre.

Tome I.   N

Pour séparer le mercure du plomb.

Mettez une once de mercure commun dans deux ou trois onces d'eau forte ; quand il sera dissous, jettez-y une once de plomb subtilement rapé. Après un *miserere* séparez-en toute l'humidité, & vous trouverez le plomb en masse que vous laverez sans la diviser : pressez bien cette masse, & vous lui ferez rendre le mercure qu'elle contient. Si l'on fait évaporer l'eau forte qui reste, on en retirera le mercure qu'on y a mis, converti en sublimé corrosif.

Maniere d'extraire le mercure du plomb.

Mêlez ensemble une livre de cendres gravelées, quatre livres de cendres de sarment, une livre de chaux, deux livres de cailloux calcinés : faites du tout une forte lessive avec du vinaigre distillé ; mettez-y dissoudre deux livres de plomb, & quand la lessive sera blanche, vous y jetterez dix onces de borax, lequel étant dissous mettez la liqueur dans une cornue, & distillez par dégrés. Il passera dans le récipient au moins dix onces de mercure coulant.

Autre mercure de plomb.

Limez une livre de plomb, ajoutez-y quatre onces de sel armoniac & trois livres de poudre de briques pilées ; diftillez le tout par la retorte à un feu gradué fuivant l'art. Il eft néceffaire que le récipient foit grand & à demi-plein d'eau ; on continuera le feu pendant douze heures, le pouffant jufqu'au dernier dégré.

Extraction du mercure de faturne, comme elle fe fait à La Rochelle.

Il faut avoir deux pots de terre d'inégale grandeur, qui puiffent entrer l'un dans l'autre. Percez le plus petit de plufieurs trous dans fon fond, & mettez-y d'abord un lit de fel commun pilé groffiement, que vous arroferez du meilleur & du plus fort vinaigre. Arrangez fur ce fel une couche de plomb en lamines très-minces ; fur celle-ci vous en ferez une autre de fel arrofé de vinaigre, puis une autre de plomb, & ainfi de fuite jufqu'à ce que le pot foit plein. Mettez ce pot dans le plus grand, pour lui fervir comme de récipient, couvrez-les tous deux, & les luttez enfemble avec de bonne argile. Il faut enfuite les enterrer tout-à-fait dans une cave, & les laisser ainsi à l'humidité pendant six mois. Au bout de ce tems déterrez vos pots & ouvrez-les, vous trouverez au fond du plus grand le plomb converti en mercure. Cette recette est très-assurée, & c'est de cette maniere qu'on s'y prend à La Rochelle pour extraire le mercure du plomb.

CHAPITRE XII.
Du Fer.

LE fer est un métal naturellement imparfait, dur, sec & difficile à fondre, mais cependant ductile, & qui sert à faire presque tous les outils des artisans pour battre & couper : aussi est-il le plus utile de tous les métaux ; & l'or & l'argent, tout précieux qu'ils paroissent, ne lui sont point comparables pour les besoins & les commodités de la vie. Heureusement ce métal si nécessaire est très-commun, sur-tout en Europe, & la France en particulier en renferme quantité de mines fort abondantes. Les provinces de ce Royaume qui fournissent le plus de fer, sont la Champagne, la Lorraine, la Normandie, la Bourgogne, le Maine, le Nivernois, le Berry, la Navarre & le Béarn.

Maniere de fondre le fer & de l'affiner.

La matiere d'où se tire le fer , ou pour mieux dire , *la mine de fer* , se trouve dans la terre à une profondeur médiocre , comme de quatre ou cinq pieds , & quelquefois moins. Cette mine est tantôt en pierre, que l'on écrase sous des pilons , pour la laver & la fondre ensuite , tantôt elle est composée de terre ou de gros sable , qu'on jette dans une cuve plate dans laquelle on fait passer une eau courante , en remuant le tout continuellement. Cette eau lave & emporte le limon & les parties terreuses , tandis que le métal , qui est plus pesant que ces matieres , tombe au fond du lavoir.

Après qu'on a amassé la quantité de mine qu'on veut fondre , & qu'elle est bien lavée , pour en séparer la terre , on la met dans de grands fourneaux avec du charbon , & on couvre le tout d'un lit de *castine* , espece de minéral ou de terre pierreuse que l'on trouve ordinairement mêlée avec la mine de fer : au défaut de castine on se sert de cailloux de riviere ou de pierre à faire de la chaux. Après que le feu a été mis au fourneau, on augmente sa violence de plus en plus , en l'excitant par le moyen de plusieurs gros soufflets mis en

N iij

mouvement par la chûte de quelque ruiſ-
ſeau. En vingt-quatre heures on conſomme environ ſoixante poinçons de charbon,
& près de quinze tonneaux de mine lavée,
pour l'entretien d'un fourneau ; ce qui
peut rendre depuis 2500 juſqu'à 3500 de
fer de fonte par jour. Une fonte eſt environ ſept quarts-d'heure à s'échauffer &
fondre. Quand la mine eſt fondue, on a
ſoin de la bien écumer, après quoi on la
fait couler par un trou réſervé exprès ſur
le devant du fourneau, d'où ſortant avec
rapidité, & formant comme un torrent de
feu, elle coule dans des canaux qui ont la
figure d'un priſme, ou bien elle va ſe ré-
pandre dans différens moules que l'on a
préparés pour la recevoir, ſuivant la diverſité des ouvrages que l'on veut faire.
La matiere qui coule dans les canaux priſ-
matiques, s'y étend également & acquiert
une forme triangulaire ; cette eſpece de lingot s'appelle *une gueuſe* : c'eſt une groſſe
barre de fer qui peſe douze, quinze & même dix-huit cens livres. A l'égard de la matiere fondue qui ſe répand dans les moules, elle forme divers ouvrages de fonte,
comme des contre-cœurs de cheminées,
des tuyaux de fontaine, des poëles, des
marmites, des chaudieres, ainſi que des
canons, mortiers, bombes, boulets, gre-

nades, &c. Le fer qui n'a que cette premiere façon s'appelle *de la fonte.*

Pour rendre le fer en état d'être travaillé par les Maréchaux, Taillandiers, Serruriers, &c, il faut le fondre de nouveau & *l'affiner.* A cette fin on fait avancer la *gueuse,* qui est un gros lingot, long & étroit, sur des rouleaux de bois ; on en présente un bout à un fourneau, qu'on nomme *l'affinerie.* Ce bout se refond & tombe, non en liqueur, mais en une espece de pâte molle. Les ouvriers l'amassent avec de forts outils de fer, & en tirent une piece d'environ soixante livres, qu'ils battent doucement avec de petits marteaux pour en rapprocher toutes les parties & lui donner de la consistance : ensuite, après l'avoir réchauffée dans l'affinerie, on la porte sur un traîneau de fer, pour être posée sous un énorme marteau, du poids de plus de six cens livres. Une roue mue par un courant d'eau, éleve ce marteau & le fait retomber sur la masse de fer qu'on tourne & retourne en différens sens, pour lui faire prendre la forme d'un quarré long. Après cette opération on remet la masse de fer au fourneau de l'affinerie, & elle y reprend une chaleur si violente qu'elle aide à fondre ensuite un autre morceau de la gueuse dont elle se trouve proche : enfin l'on conduit cette piece quarrée à un autre fourneau nommé *la Chaufferie*, c'eſt là que le maître marteleur, aidé de trois ouvriers qu'il a ſous ſa direction, la porte ſur l'enclume pour la réduire, ou en pieces plates triangulaires, deſtinées à faire des ſocs de charrues, ou en barres de fer, & en fer quarré pour toutes ſortes d'ouvrages de ſerrurerie, ou enfin en tôle ou feuilles de fer applaties ſuivant différentes largeurs & épaiſſeurs; alors ce fer eſt en état de ſouffrir la lime & le marteau, mais il ne peut plus ſe refondre.

Diſtinction du fer ſuivant ſes différentes formes, & ſelon ſes bonnes ou mauvaiſes qualités.

Le fer prend différens noms ſuivant les différentes formes qu'il a reçues. On l'appelle *Tôle*, lorſqu'il eſt réduit en plaques fort minces: ces plaques ſont appellées du *fer-blanc*, lorſqu'elles ont été étamées; on choiſit pour cela le fer le plus pur & le plus doux. Les *verges de fer* ſont formées avec du fer en barre, qu'on a refendu avec des roues d'acier. Ces verges prennent le nom de *fil de fer* ou *fil d'archal*, lorſqu'on les a allongées & qu'on les a rendues auſſi minces qu'il eſt néceſſaire, par

le moyen des différentes filieres par où on
les fait paſſer. Enfin *l'acier* eſt un fer épuré & à qui l'on a reſtitué , par l'addition de
quelques matieres étrangeres , une partie
des ſels & des ſoufres dont il s'étoit dénué
en le fabriquant.

Comme il y a du fer de différent échan-
tillon , on le diſtingue par ſes différentes
longueurs & épaiſſeurs. *Le fer plat* a neuf
à dix pieds de long , ou même davantage ,
& environ quatre lignes d'épaiſſeur ſur
deux pouces & demi de large. *Le fer* qu'on
nomme *quarré* , a deux pouces en quarré ,
ſur diverſes longueurs. Le *quarré bâtard* a
neuf pieds de long & ſeize à dix-huit lignes
en quarré. Le *fer cornette* a huit à neuf pieds
de long ſur trois pouces de large , & quatre à cinq lignes d'épaiſſeur. Le *fer rond*
a ſix à ſept pieds de long ſur neuf lignes
de diametre. Le *carillon* eſt un petit fer qui
n'a que huit à neuf lignes en quarré. Le
courçon , ainſi nommé parce qu'il eſt court ,
a deux pouces & demi en quarré , & ſeulement trois ou quatre pieds de long ; enfin
le *petit fer en bottes* , qu'on emploie ordinairement pour faire les vergettes qui
ſoutiennent les vitrages , n'eſt guères plus
gros que le petit doigt.

La bonne ou mauvaiſe qualité du fer
ſe connoît de deux manieres , par la caſſe

& à la forge. Tout fer qui à la forge eft doux fous le marteau, fera caffant à froid, au contraire celui qui eft ferme étant chaud, fera pliant à froid. A l'égard de la caffe, le fer qui eft noir dans la caffure, eft bon, doux, maniable à froid & à la lime; mais il eft ordinairement cendreux. Celui dont la caffure paroît grife - noire & tirant fur le blanc, fera plus dur, & par conféquent plus propre aux gros ouvrages, comme font ceux des Maréchaux & Taillandiers. Le fer dont le grain eft médiocrement gros, & dont une partie de la caffure eft blanche, l'autre grife & l'autre noire, eft également bon pour la forge & pour la lime. Le grain très gros & clair à la caffe comme de l'étain de glace, eft le plus mauvais de tous, étant également difficile à employer, foit à la lime ou à la forge : enfin le fer qui a le grain petit & ferré comme celui de l'acier, eft ployant à froid, mais il fe lime & fe foude mal ; il eft propre à faire des outils pour travailler à la terre.

Le meilleur fer eft celui où l'on ne remarque ni fentes ni gerfures. On appelle *fer rouverain* celui qui eft caffant à chaud; *fer aigre* celui qui fe caffe aifément à froid; *fer cendreux* celui qu'on a de la peine à éclaircir à la lime ; *fer pailleux* celui qui, lorfqu'on le bat ou qu'on le ploye, fe par-

...rage en diverses pailles ou éclats.

Pour fondre le fer.

Prenez parties égales de chaux, de tartre & de sel alkali ; versez dessus assez d'urine de vache pour en faire une bouillie épaisse, que vous ferez secher au soleil ou sur un feu lent : mettez du fer rougir au feu, & éteignez-le dans cette matiere, il deviendra capable de se fondre comme de l'argent, & de s'étendre à froid sous le marteau.

Pour amollir le fer.

Si l'on veut amollir le fer ou l'acier, il faut prendre de la chaux vive avec autant d'alun, les piler dans un mortier & les bien mêler ensemble. On étendra ce mêlange sur un linge dans lequel on enveloppera le fer qu'on veut amollir, & on le jettera dans un feu médiocre, où il doit rester l'espace d'une heure. Au bout de ce tems laissez éteindre le feu, & laissez-y le fer jusqu'à ce qu'il soit refroidi totalement. Il est certain que le fer ou l'acier deviendront mols comme du cuivre.

Autrement. Prenez de l'eau qui nage au-dessus du sang d'un homme que l'on vient de saigner ; faites rougir votre morceau de fer dans le feu, & avec une plume trem-

pée dans cette eau vous l'en frotterez tant
qu'il vous en restera : c'est un secret infail-
lible pour amollir le fer.

Ou bien. Prenez des fleurs de camomille
avec autant d'herbe Robert & de verveine;
mettez le tout dans un pot plein d'eau,
bouchez-le bien & le faites bouillir : il
faut ensuite faire rougir votre fer, & l'é-
teindre plusieurs fois dans cette liqueur.

On peut encore amollir le fer en l'éteignant dans du suc d'écorces de feves ou
de mauves. Si l'on veut rendre le fer doux
& aisé à manier, il faut au sortir de la
mine en exposer la matiere au soleil dans
quelqu'endroit découvert.

Pour adoucir le fer.

Prenez demi-once de tartre, deux onces de sel commun & deux onces & demie
de verd de gris ; mêlez le tout & le mettez
dans une écuelle de terre au serein pendant neuf nuits, il se réduira en une eau
dans laquelle vous éteindrez le fer, & il
sera adouci.

Pour fondre le fer & le rendre blanc.

Mettez en poudre deux livres d'orpiment, versez-y petit à petit quatre livres

d'huile de tartre en faifant deffecher à mefure l'orpiment fur un feu doux , jufqu'à
ce qu'il ait bû toute l'huile. Faites rougir
enfuite votre fer dans un creufet ; & quand
il fera bien rouge , jettez-y peu à peu une
demi - livre de cette compofition , & le fer
deviendra doux & blanc.

Autrement. Mêlez du fel armoniac en
poudre avec pareille quantité de chaux
vive , & délayez l'un & l'autre dans de
l'eau froide ; faites rougir votre fer à la
forge , & trempez-le dans cette eau , il deviendra blanc comme de l'argent.

Pour tranfmuer le fer en argent.

Après avoir fait fondre de la limaille de
fer avec de la poudre de réalgal , prenez
une once de cette matiere , une once d'é-
tain & une once de cuivre ; fondez le tout
enfemble , & le mettez à la coupelle , vous
en retirerez environ une once d'argent vif.

Pour rendre le fer fragile comme du verre.

Faites diftiller de l'alun de roche dans de
l'eau , éteignez par fept fois dans cette eau
des lames de fer ou d'acier , elles deviendront fi caffantes que vous pourrez les piler comme du verre.

Pour rompre facilement le fer.

Prenez une livre de cire jaune, parties égales de terebenthine, salpêtre bien raffiné, vitriol rubefié, réalgal, arfenic, enforte que le tout faffe auffi une livre de compofition, deux onces d'huile de petrole & une once de camphre. La cire étant fondue on y met d'abord la terebenthine & l'huile de petrole, puis le camphre, enfuite les autres drogues, le tout en poudre bien fubtile. Quant à la maniere de s'en fervir, ces matieres étant bien incorporées, on en fait une efpece de chandelle, dont la méche doit être de coton filé & imbibé d'huile de petrole. Il faut entourer avec cette chandelle le fer que l'on veut caffer, & auffi-tôt qu'elle fera confumée, vous romprez le fer d'un coup de poing.

Pour rompre un fer gros comme le bras.

Oignez le fer par le milieu avec du favon fondu, puis avec un fil nettoyez l'endroit où vous voulez le rompre, & ayant imbibé une éponge *d'eau ardente* de trois cuites, vous en environnerez le fer, & il fe rompra au bout de fix heures.

Composition de l'eau ardente pour rompre le fer.

Prenez deux livres d'eau forte, faites-y diſſoudre pendant vingt - quatre heures une once d'orpiment, autant de ſoufre, autant de réalgal & autant de verd de gris; ajoutez-y une once de chaux vive éteinte dans du vinaigre diſtillé par trois fois : mettez le tout dans un alambic avec une once de ſalpêtre & deux onces de ſel armoniac. Donnez le feu par dégrés, & ayant retiré les eſprits qui ſe ſeront diſtillés, vous les remettrez ſur le marc ou les féces avec deux onces d'arſenic en poudre, & diſtillerez de nouveau, prenant bien garde aux fumées, qui ſont mortelles. Gardez cette liqueur dans une bouteille de verre bien bouchée avec de la cire : quand vous voudrez vous en ſervir, vous y tremperez un linge que vous entortillerez autour de la barre de fer, & elle ſe rompra facilement au bout de quelques heures. C'eſt *l'eau ardente* dont nous venons de parler.

Chandelle pour rompre un barreau de fer.

Prenez gomme de pin, terebenthine de Veniſe, huile commune, de chacun une once; cire vierge trois onces, arſenic &

fublimé corrofif autant. Pilez bien ces matieres, mêlez-les & faites-en une chandelle avec une méche de coton. Pour en
faire l'épreuve, il faut allumer la chandelle, en appliquer la flamme à un feul
endroit de la barre de fer, jufqu'à ce qu'il
foit rouge ; laiffez-le refroidir, & un coup
de pierre ou de bâton rompra la barre de
fer à l'endroit où elle aura été échauffée.

Pour caffer un fer à cheval.

Il faut faire diftiller des oignons blancs,
& lorfque le Maréchal forgera le fer &
qu'il fera bien rouge, faites une ligne avec
cette eau diftillée en travers du fer ; lorfqu'il fera froid, vous le cafferez facilement
avec les mains à cet endroit.

Vitriol de mars, ou fulmination dans un liquide.

Mettez trois onces d'huile de vitriol &
douze onces d'eau commune dans un matras de moyenne grandeur, dont le col foit
médiocrement long ; faites chauffer un peu
ce mêlange, & jettez-y à plufieurs reprifes
une once & demie de limaille de fer. La
diffolution du fer caufera d'abord une
ébullition, & pouffera jufqu'au haut du col
du matras des vapeurs blanches, qui s'en-

flammeront à l'approche d'une bougie allumée , & il se fera une détonation violente , après quoi le tout s'éteindra. On
peut réitérer cette expérience douze ou
quinze fois. Il arrive souvent que le matras se remplit d'une lumiere qui circule
& pénétre jusqu'au fond de la liqueur ;
elle se tient même quelquefois au haut du
col du matras , & fait l'effet d'un flam-
beau allumé pendant un quart - d'heure.
Pour éteindre cette lumiere il ne faut que
boucher le col du matras , & pour exciter
une nouvelle fulmination il faut y jetter
de nouvelle limaille.

Cette opération peut servir de préparation à la maniere de faire le vitriol de
mars. A cette fin on fait bouillir ce qui
reste après la fulmination, on la filtre &
on la fait évaporer jusqu'à diminution
des deux tiers ou même des trois quarts.
On met ensuite ce qui reste de cette liqueur dans un lieu frais & humide, & elle
se change en crystaux ; c'est ce qu'on appelle du *vitriol de Mars.*

Pour faire le safran de mars , appellé Crocus
Martis.

Il faut prendre deux onces d'esprit de
vitriol que vous mettrez dans un vaisseau
de verre à long col , appellé en allemand

das Colben , & vous verserez par - dessus une once de limaille de fer , observant de ne point boucher la bouteille , car elle creveroit. Laissez-y tomber goutte à goutte une once d'huile de tartre , après quoi la limaille se trouvera au haut du col de la bouteille en une poudre rouge. Versez le tout dans une écuellée d'eau fraîche , remettez encore de l'eau fraîche dans la bouteille pour la rincer , & la jettez dans l'écuelle ; la matiere se trouvera au fond de l'écuelle : versez-en l'eau par inclination , & remettez-y en de nouvelle , jusqu'à ce que votre matiere ne soit plus salée : alors jettez l'eau pour la derniere fois , & retirez votre poudre que vous ferez secher à l'ombre pour vous en servir dans le besoin.

Autre préparation du safran de mars.

Mêlez ensemble parties égales de limaille de fer & de soufre en poudre , & après en avoir fait une espece de pâte avec de l'eau commune, vous la laisserez fermenter dans une terrine l'espace de quatre ou cinq heures. Placez ensuite cette terrine sur un grand feu , agitez la matiere avec une spatule de fer pour qu'elle s'enflamme plus facilement: laissez bien brûler le soufre jusqu'à ce que la matiere devienne toute noire , & con-

...tinuez un grand feu pendant deux heures, ayant soin de toujours remuer la matiere; à la fin elle changera de couleur, &
prendra celle d'un rouge foncé, alors l'o-
pération est finie. Il faut laisser refroidir
votre safran de Mars, & le garder pour les
usages auxquels il est propre.

Pour faire le sel ou vitriol de mars.

Prenez poids égal d'esprit de vin &
d'huile de vitriol d'Angleterre, mettez-les
dans une poële de fer, & les ayant expo-
sés au soleil pendant quelque tems, & ensuite à l'ombre sans les agiter, la liqueur
s'incorporera avec le mars, & vous aurez
un sel que vous laisserez secher : alors vous
le séparerez de la poële, & vous le con-
serverez dans une phiole bien bouchée pour
vous en servir.

Maniere d'adoucir le fer fondu pour en faire des ouvrages finis.

Nous avons dit au commencement de
ce chapitre, que l'on appelle *de la fonte*, la
matiere qui coule du fourneau immédiatement après que la mine de fer a été fondue, & que cette fonte n'est point malléable, sa propriété étant d'être dure &
cassante. Quand cette matiere, au sortir du

fourneau, a été moulée en divers ouvrages, elle porte le nom de *fer fondu* ; ainsi les canons de fer, les contre-cœurs de cheminées, les poëles, les tuyaux de conduite sont dits être de fer fondu. La matiere ne retient le nom de *fonte* que quand elle a été coulée *en gueuse*, ou sous quelque autre forme qu'elle ne doit point conserver.

L'art de faire des ouvrages de fer fondu aussi finis que ceux de fer forgé, demande donc d'abord que l'on fonde ce métal & qu'on le jette en moule, ensuite qu'on l'adoucisse au sortir du moule, afin de mettre ces ouvrages en état d'être réparés & de céder aux outils qui doivent les perfectionner. Ce dernier travail regarde les Ciseleurs, qui s'exerceront sur le fer, comme ils font sur le cuivre & sur les autres metaux, dès que leurs outils auront prise sur ce métal.

Il est à propos de faire chauffer la fonte blanche ou rouge sur les charbons avant que de la jetter dans le creuset, & de n'y en point mettre de nouvelle qu'elle n'ait été pareillement chauffée, autrement elle refroidiroit trop celle qui est déja en bain. Quand toute la matiere paroît suffisamment fondue, on déterre le creuset & on le porte au-dessus des moules préparés pour la renverser dedans ; mais il est nécessaire, avant que de jetter cette fonte dans les moules, de la bien nettoyer des matieres hétérogenes qui nâgent deſſus ; car on ſçait que dès que le creuſet eſt enlevé de deſſus le fourneau, le fer fondu paroît tout couvert de charbons & de ſcories fluides, ou de matiere vitrifiée produite par le fer même à meſure qu'il s'affine & par les cendres du charbon qui ſe réduiſent en verre. Pour les charbons il n'eſt pas mal-aiſé de les ôter d'abord avec quelque outil ; mais comme la matiere vitrifiée qui ſurnage le fer eſt fluide, il ſeroit bien difficile de l'enlever ſans ôter en même tems du fer fondu. Voici comme il faut s'y prendre pour éviter cet inconvénient.

Il faut qu'un ouvrier arroſe la matiere du creuſet avec un linge mouillé attaché au bout d'un bâton, tandis qu'un autre avec un bâton pouſſe par-deſſus les bords du creuſet tout ce qui ſe trouve avoir quelque conſiſtance. Il eſt viſible qu'il n'y a que la matiere vitrifiée qui peut en avoir pris ; car outre qu'elle eſt plus aiſée que le fer à ſe refroidir, c'eſt que l'eau eſt tombée immédiatement ſur elle : on continuera de même d'arroſer la matiere à ſept ou huit différentes repriſes, & l'on retirera à chaque fois avec le bâton toute la matiere qu'il peut entraîner : alors la ſur-

face du fer eſt nette & bien découverte , &
il ne reſte plus qu'à couler ce métal dans
les moules. On aura ſeulement attention
à ce que la matiere ne ſe refroidiſſe point
trop pendant cette opération , de crainte
qu'elle ne perde de ſa fluidité.

Quand le fer fondu a été jetté en moule ,
il eſt devenu ſi fragile que ſouvent on le
trouve caſſé en retirant les ouvrages du
moule. Pour empêcher cet accident , il faut
avoir un four où l'on puiſſe mettre recuire
les ouvrages , comme cela ſe pratique dans
les verreries. On aura ſoin de chauffer ce
four quelque tems auparavant ; & dès que
la matiere aura été coulée , on en retirera
l'ouvrage tout rouge, & ſans perdre un
inſtant on le mettra dans le four à recuire ,
où il ſe refroidira peu-à-peu.

Il n'eſt plus queſtion à préſent que d'a-
doucir ces ouvrages fondus , enſorte qu'ils
puiſſent ſouffrir la lime & le ciſeau. A
cette fin, il faut les renfermer dans un creuſet bien clos , & les entourer d'une compoſition faite d'une partie de poudre de
charbon , & de deux parties de chaux d'os
brûlés & réduits en poudre ; les os de toutes ſortes d'animaux y ſont également
propres. A l'égard de la façon de les préparer , il ne faut que les brûler juſqu'à ce
qu'ils deviennent blancs & friables , & les

réduire en poudre très-fine. La quantité de composition est assez arbitraire, il suffit qu'il y en ait assez pour empêcher les ouvrages renfermés dans le creuset de se toucher, & pour les tenir un peu séparés les uns des autres : le trop n'y peut rien gâter ; & si le creuset est bien clos, il n'y aura presque point de déchet, & les mêmes poudres pourront servir d'autres fois. Les coquilles d'huîtres, celles de moules, de limaçons, &c. les os de séche font le même effet étant calcinés comme on vient de dire. La poudre appellée par les Chymistes *crocus Martis*, qui s'attache aux plaques de fer fondu qui recouvrent les fourneaux, est aussi excellente pour adoucir le fer fondu, & cela bien plus promptement que la chaux d'os; mais comme elle coûteroit beaucoup plus, il seroit bon de ne l'employer que pour l'adoucissement de certains petits ouvrages plus précieux. On avertit ici qu'il est de conséquence de bien nettoyer & d'ôter avec soin le sable qui pourroit être resté sur les piéces au sortir du moule, car il gâteroit l'ouvrage, & le rendroit très-difficile à réparer. Pour le dégré de feu, il ne sçauroit être trop grand, pourvû qu'il ne soit pas poussé jusqu'à fondre les ouvrages.

CHAPITRE XIII.

De la maniere de faire le fer-blanc, & de l'art de transmuer le fer en cuivre.

Du fer en feuilles.

LE fer en feuilles est de la tôle extrême- ment battue par le moyen de petits martelets, & réduite en feuilles très-min- ces, grandes environ d'un pied en quarré, & un peu plus longues que larges. Ce fer est de deux sortes, le noir & le blanc ; ils ne different que par la couleur. Le fer blanc se blanchit avec l'étain & l'eau for- te : on y employe, dit-on, l'eau forte, parce que le fer étant trop poli, ne re- tiendroit point la teinture de l'étain. Tout étain n'est pas propre pour étamer le fer, il faut qu'il soit très-pur. Quand il a servi quelque tems & diminué de moitié, le reste n'ayant plus de qualité suffisante, ne peut plus bien étamer. Alors on le remet en lingots pour le revendre aux marchands, qui l'employent à d'autres ouvrages.

Les feuilles de fer-blanc sont ou doubles ou simples, c'est-à-dire qu'il y en a de plus fortes & de plus foibles. Celles-ci sont em- ployées

ployées par les ferreurs d'aiguillettes & autres ouvriers ; les fortes servent aux Ferblantiers qui en font des lanternes , des
lampes, des rapes à sucre , &c. & de la vaiffelle d'armée. Il vient beaucoup de fer noir
& blanc d'Allemagne, particulierement de
Nuremberg & de Hambourg. Il s'en fait
aussi en France, à Beaumont dans le Nivernois , qui n'est pas de moindre qualité que
celui d'Allemagne.

Pour parvenir à faire le fer-blanc , il faut
avoir des fours & des étuves dans lesquelles les matieres soient tenues chaudement
pour y tremper les feuilles de fer noir :
ensuite on les trempe dans l'étain , qui est
mis en liqueur dans des creusets , & on ne
l'y laisse qu'autant de tems qu'il lui en
faut pour le tremper : on le reporte enfin
aux étuves pour le faire refroidir doucement , & que l'étain s'unisse mieux sur sa
superficie.

Pour faire le fer-blanc.

Prenez du son de seigle à discrétion ,
faites le bouillir un bouillon ou deux dans
du vinaigre , y ajoutant un peu d'eau , &
au même instant mettez-y les feuilles de
fer noir , puis ôtez le vaisseau de dessus le
feu , & le bouchez bien. Il faut y laisser

tremper les feuilles de fer pendant trois fois vingt-quatre heures. Au bout de ce tems retirez les feuilles, écurez-les bien avec le même son dans lequel elles ont trempé, puis passez encore par-dessus un peu de grès : après cela il faut les mettre tremper dans de l'eau dans laquelle on aura fait dissoudre du sel armoniac, & les ayant retirés les tremper dans de l'étain fondu ; retirez-les aussi-tôt, & les laissez égoutter ; enfin frottez-les avec du son de seigle, & l'opération sera faite. Il est nécessaire que le vaisseau dans lequel on trempe les feuilles soit assez large pour qu'elles y trempent entierement.

Maniere de faire le fer-blanc.

De la façon de battre les feuilles.

Prenez du fer le plus doux que vous pourrez trouver, étendez-le sous le martinet jusqu'à ce qu'il soit réduit à l'épaisseur du petit doigt ; pliez-le en deux, & garnissez l'entre-deux avec des cendres détrempées dans de l'urine, afin qu'il ne se prenne pas ensemble : remettez-le encore sous le martinet, & repliez-le une seconde fois, le fer se trouvera alors plié en quatre. Remettez des cendres entre chaque pli, & rebattez le tout comme ci-

devant. Coupez enfuite votre fer par morceaux de la grandeur que vous jugerez
néceffaire pour faire une feuille ; ramaffez
tous ces morceaux que vous entafferez les
uns fur les autres, avec des cendres entre-
deux : faites-les chauffer, & les battez fous
le martinet, jufqu'à ce qu'ils foient réduits
en plaques minces, & à peu-près de la
largeur dont on defire que foit la feuille :
continuez d'en battre de même une grande quantité. Lorfque vous voudrez les
rendre unies à la derniere main, il faut
prendre de ces plaques, en mettre vingt-
cinq ou trente l'une fur l'autre, & toujours les garnir de cendres entre-deux, &
les battre fous le gros martinet jufqu'à ce
qu'elles foient auffi minces qu'il eft néceffaire, ayant foin de les remuer & de les
changer de tems en tems, tirant celles du
milieu pour les remettre deffus & deffous,
afin qu'elles fe battent toutes également,
& qu'elles ne foient pas plus épaiffes d'un
côté que de l'autre : il faut auffi qu'il n'y
paroiffe plus aucun coup de marteau.

Le martinet, pour la derniere main,
doit avoir la tête de huit pouces de largeur en quarré, & l'enclume un pied en
quarré, l'un & l'autre extrêmement bien
polis. Le marteau doit pefer trois quintaux : pour le martinet des premieres opé-

rations, il est comme les autres martinets ordinaires. Le fer étant bien battu en plaques, on le coupe avec des ciseaux, de la grandeur qu'il doit avoir.

Maniere de faire les étuves.

Prenez de l'oignon & de l'arsenic, pilez-les bien ensemble avec du tartre. A l'égard de la quantité, plus il y en aura, & plus les feuilles deviendront belles. Mêlez cette composition avec de la lie de vin qui soit claire comme de la bouillie; si elle est trop épaisse, il faut l'humecter avec du vin. Ayez une caisse quarrée faite exprès, de la hauteur d'un pied quatre pouces, la grandeur sera à volonté; plus elle sera longue, plus il y tiendra de feuilles. On remplit cette caisse à la hauteur de deux ou trois pouces de la composition ci-dessus, & l'on arrange ses feuilles par-dessus, l'une sur l'autre, mettant entre chacune deux petites régles de bois minces & étroites comme des lames de couteau, pour empêcher les feuilles de se toucher, & l'on met par-dessus le tout l'épaisseur de deux pouces de la même mixtion. Cela fait, on ferme la caisse avec un couvercle de bois, de maniere qu'il n'y puisse point entrer d'air, & on la met dans un lieu

humide pendant quinze jours ou davantage ; elle ne sçauroit y être trop long-tems.
On observera que pendant ce tems il n'y
faut point toucher ni ouvrir la caisse.
Après cela retirez vos feuilles , nettoyez-
les avec un bouchon de paille & du sable,
& jettez - les ensuite dans de l'eau claire :
retirez-les de cette eau , & jettez-les dans
une grande chaudiere de cuivre , où vous
aurez mis du tartre & du sel à discrétion
dans une suffisante quantité d'eau ; laissez-
les bouillir pendant deux heures. Après
avoir retiré vos feuilles de la chaudiere ,
vous les nettoyerez , comme auparavant ,
avec un bouchon de paille & du sable ;
& à mesure qu'elles seront nettoyées , vous
les jetterez dans de l'eau claire , elles seront blanches comme de l'argent.

Composition de l'eau forte.

Versez de l'eau commune dans une petite cuve , contenant deux ou trois sceaux
d'eau ; mettez-y quatre onces de verd de
gris , autant de sel armoniac , deux onces
d'arsenic , le tout en poudre ; remuez ces
matieres à mesure que vous les jettez dans
le baquet , jusqu'à ce que le tout soit dissous , c'est - à - dire pendant environ une
heure. Jettez ensuite dans le même baquet

ou cuvier quatre livres de fort vinaigre, en remuant toujours un peu ; fermez bien le tout avec un couvercle, de maniere qu'il ne prenne point d'air, & laissez-le reposer pendant vingt - quatre heures avant que de vous en servir.

Préparatif pour étamer les feuilles.

Prenez les feuilles que vous avez laissées dans l'eau claire, & jettez - les dans votre eau forte, les y laissant l'espace de quatre heures, jusqu'à ce qu'elles deviennent rouges comme du cuivre. Au sortir de l'eau forte vous les saupoudrerez avec de la poix-résine en poudre subtile & du sel armoniac pulvérisé, mêlés ensemble. Il faut mettre la feuille de fer dans une caisse de bois faite exprès, & jetter sur chaque feuille de cette poudre dessus & dessous, jusqu'à ce qu'elle couvre entierement le fer. Prenez - les ensuite avec des pinces ou tenailles, & vous les tremperez l'une après l'autre debout dans l'étain fondu, qui doit être préparé comme on va le dire.

Maniere de préparer l'étain.

Ayez un chaudron ou un pot de fer ; faites y fondre de l'étain fin, qui ne soit

ni trop gras ni aigre ; jettez-y de tems en
tems de l'oignon & du sel pilé , ayant soin
de remuer continuellement avec un bâton ,
& de bien écumer l'étain de sa crasse qui
nâge dessus le métal en fusion. Continuez
d'y jetter de demi-heure en demi-heure
un oignon haché & du sel pendant cinq
heures , & d'écumer toujours à mesure
qu'il s'y forme de nouvelle crasse. Faites la
même chose en même tems à du plomb
fondu dans un pareil vaisseau de fer ou de
cuivre ; & quand l'un & l'autre seront bien
purgés de leur crasse , vous mettrez dans
votre étain fondu le quart de plomb fondu , c'est - à - dire que sur quatre livres
d'étain il faut une livre de plomb. Remuez
encore avec un bâton ce mêlange pendant
une heure sur le feu , en écumant toujours
s'il s'y forme encore de la crasse , & y jettant de tems en tems une poignée de poix-
résine en poudre : alors il faut avoir une
caisse de fer quarrée , qui soit soudée de
maniere que rien ne puisse en sortir ; elle
doit avoir un pied trois pouces de hauteur,
un pied & demi de longueur , & sept à
huit pouces de largeur , c'est-à-dire qu'elle
doit être un peu plus grande que la feuille,
afin qu'elle puisse y flotter librement. Posez cette caisse dans un fourneau à vent
fait exprès , ensorte que l'on puisse mettre

le charbon par-deſſus. Il faut frotter la caiſſe avec des oignons pour tirer la crudité du fer, ce qui ne ſe fait que la premiere fois qu'elle ſert. La caiſſe étant chaude, vous y jetterez votre étain fondu juſqu'à ce qu'elle ſoit pleine, & qu'il y en ait aſſez pour tremper la feuille de ſa hauteur.

Quand on veut étamer les feuilles, on en prend une avec les tenailles, après l'avoir ſaupoudrée de poix-réſine, ainſi qu'on vient de le voir, & on les trempe l'une après l'autre dans l'étain, les remuant toujours quand elles ſont dedans. En les retirant, on les ſecoue, & on les fourre ſéparément dans un monceau de ſciure de bois ou dans un tas de ſon.

Sur l'art de faire le fer-blanc ; par M. de Réaumur.

L'art de faire le fer-blanc eſt regardé comme un ſecret dont l'Allemagne eſt en poſſeſſion depuis très - long-tems. Ce n'eſt pas que nous n'en ayons eu pluſieurs manufactures en France, du tems de M. Colbert, en Franche - Comté & dans le Nivernois, mais elles ſont tombées depuis, faute de ſecours & de protection, quoiqu'elles ayent fourni de très-beau fer-blanc pendant pluſieurs années. M. de Réaumur

a fait toutes les recherches néceſſaires pour
dérober, en quelque façon, cet art aux
Etrangers, dans le deſſein d'en dévoiler les
myſteres au public, & voici le fruit de
ſes travaux & de ſes méditations.

Le fer-blanc, tel qu'on l'emploie pour
faire des caffetieres, boîtes de différente
eſpéce, entonnoirs, &c. n'eſt autre choſe
que du fer ordinaire, réduit en feuilles
aſſez minces, & blanchi avec de l'étain.
Pour cela il faut du fer de la meilleure
qualité, qui ſoit extrêmement doux &
flexible. On en prend des barres d'un pouce d'équarriſſage ou environ ; on les applatit un peu, & on les coupe en morceaux, qu'on appelle *des ſemelles*. On plie
ces ſemelles en deux, & l'on en fait des
paquets compoſés de trente ou quarante
feuilles, que l'on bat tout à la fois avec
un marteau qui peſe ſix à ſept cens livres.
Cette opération étant faite, & les feuilles
de *fer noir* étant coupées quatrément & de
grandeur convenable, il n'eſt plus queſtion que de les blanchir.

Ces feuilles de fer noir ſe blanchiſſent,
non ſeulement pour rendre les ouvrages
plus agréables à la vûe, mais encore principalement pour les préſerver de la rouille,
à laquelle le fer eſt extrêmement ſujet:
Cette rouille y eſt produite par la moindre

O v

humidité, & un fer si mince en seroit rongé & détruit en très-peu de tems.

S'il ne s'agissoit que d'étamer un nombre de feuilles de fer noir sans s'embarrasser de ce qu'il en coûteroit, rien ne seroit plus facile. L'étain a une merveilleuse disposition à s'attacher à tout autre métal; il y a même si peu de mystere à étamer le fer, qu'il suffit de le frotter d'un peu de sel armoniac, & de le plonger ensuite dans de l'étain fondu; mais une condition essentielle que demande l'adhésion de l'étain au fer, est que la surface du fer soit bien nette, exempte de la moindre crasse & de la rouille la plus legere & la moins sensible. Il est vrai qu'on pourroit le nettoyer parfaitement avec la lime, mais ce seroit un travail long & pénible & par conséquent cher; les arts sont contraints d'aller à l'épargne. Il a donc fallu trouver un moyen de nettoyer ou *décaper* la surface du fer, équivalent à un grand nombre de limes qui agiroient à la fois: c'est de la tremper dans quelque eau préparée qui soit propre à enlever toutes les impuretés de la surface. Après cela, pour la rendre encore plus nette, il ne s'agit que d'écurer ces feuilles avec du sable fin: mais quelle est la composition de cette eau préparée? c'est ce que les ouvriers cachent avec beaucoup de myſtere.

L'art dont il eſt ici queſtion ſe réduit donc à deux parties principales ; l'une de rendre à peu de frais les feuilles de fer propres à être étamées , l'autre de les bien étamer. Ce premier travail conſiſte dans le *décapement* du fer dans des eaux acides ; mais le ſecret eſt de trouver des eaux qui coûtent le moins qu'il eſt poſſible , & qui ſoient incapables en même tems de lui communiquer aucune mauvaiſe qualité.

Après diverſes recherches , M. de Réaumur a découvert qu'en Allemagne on ſe ſert de l'eau dans laquelle on a mis fermenter du ſeigle légerement broyé. De là vient que dans les diſettes on fait ceſſer les manufactures de fer-blanc. Ce décapement, ſi facile en apparence , ne laiſſe pas d'ailleurs que d'être très-pénible. On met les baquets où trempent les feuilles dans des caveaux & des lieux ſouterreins : on y allume du feu pour exciter les fermentations du ſeigle , & la chaleur y devient ſi violente qu'elle ne peut être ſupportée que par des ouvriers qui ſont tous nuds , encore faut-il qu'ils s'y ſoient accoutumés peu-à-peu.

M. de Réaumur a compris de là que cette difficulté du décapement venoit de ce que le fer noir ayant été vivement chauffé , s'eſt

en quelque forte vitrifié fur fa fuperficie,
& que les principes du fer qui font mal
liés , ont laiffé évaporer fon huile en plus
grande quantité ; ce qui forme fur fa furface une efpece de vernis affez dur pour
que les acides n'y mordent qu'avec peine.
Pour l'emporter , ce vernis , il eft néceffaire d'exciter dans les parties du fer qui en
font couvertes , une fermentation , qui en
les foulevant & en les gonflant , les détachera néceffairement. C'eft ce que M. de
Réaumur a fait avec fuccès , en faifant
rouiller ce fer par le moyen des eaux aigres. Pour cet effet , il n'a fallu que tremper les feuilles de fer noir dans ces eaux
deux ou trois fois pendant quelques jours ,
& les en retirer auffi-tôt pour les expofer
à l'air.

Il n'y auroit rien de plus fimple & de
moins cher que de décaper les feuilles par
le moyen de l'eau commune ; avec de la
patience on en viendroit à bout , puifque
le fer arrofé d'eau fe rouille facilement.
On n'auroit pas à craindre pour lors que ce
décapement leur donnât de mauvaifes qualités ; il eft vrai que cette opération feroit
un peu longue.

Il y a mille autres manieres très-fimples
de faire rouiller les feuilles. On pourroit
les tenir dans des caves humides , ou les

exposer à la rosée, comme les toiles neuves qu'on veut blanchir, ou bien encore les arroser plusieurs fois par jour : enfin si l'on vouloit faire agir l'eau encore plus promptement, on pourroit faire dissoudre dans plusieurs poinçons d'eau commune quelques livres de sel armoniac, & y tremper ces feuilles, qu'on retireroit aussi - tôt pour les mettre secher à l'air.

Si l'on vouloit décaper avec le vinaigre, l'eau donneroit encore un moyen de l'épargner. Il suffiroit d'y tremper les feuilles une fois ou deux, tout au plus, ce qui n'en feroit pas une grande consommation ; & quand le vinaigre se feroit seché sur la surface du fer, on arroseroit les feuilles avec de l'eau commune, ou bien on les plongeroit dans l'eau, & on les en retireroit sur le champ.

Mais de toutes les eaux que M. de Réaumur a éprouvées, celle qui cause la plus prompte fermentation, ou la rouille nécessaire pour enlever le vernis, c'est l'eau dans laquelle on a mis dissoudre du sel armoniac. Ce sel produit encore un bon effet, c'est que l'étain s'étend plus facilement & plus également sur la superficie du fer qui en est impregné : ce décapement seroit bien moins pénible, & se feroit à moins de frais que celui qui se fait en Allemagne.

Quel que soit le décapement dont on jugera à propos de se servir, soit qu'on suive l'ancienne méthode, ou qu'on veuille essayer quelqu'une de celles qu'on vient d'indiquer, cette premiere façon ne doit plus arrêter ceux qui voudront y travailler. Après que ces feuilles auront été ainsi décapées, on les fera écurer avec le sable, & quand il ne paroîtra plus de taches noires sur leur surface, on les jettera dans l'eau jusqu'à l'instant où l'on voudra les étamer, ou en terme de l'art, les *blanchir*.

Pour cela il ne suffiroit pas de tremper ces feuilles dans de l'étain fondu, il faut encore les disposer à le bien prendre, à s'en enduire bien également, & à se l'attacher d'une maniere durable, c'est ce dont on ne vient à bout que par l'addition de quelque matiere. Le sel armoniac en poudre jetté sur ces feuilles, seroit fort bon pour en rendre l'enduit bien égal, quant à la maniere que l'étain seroit étendu ; mais il donneroit d'ailleurs à l'étain des couleurs ou teintes différentes, & souvent desagréables. De plus, comme il est fort propre à faire rouiller le fer, il arriveroit souvent qu'ayant trop pénétré dans sa substance il le rouilleroit en effet, & le rongeroit intérieurement. Aussi les bons ouvriers se donnent-ils bien de garde d'employer le

fel armoniac pour blanchir : ils mettent
dans le creufet fur l'étain, quand il eft fondu , une couche de fuif , au travers de laquelle paffent les feuilles que l'on y plonge debout pour les étamer ; mais ce fuif
ne paroît point du fuif ordinaire , il devroit être blanc, au lieu que celui - ci eft
noir ; les ouvriers l'appellent un *fuif compofé*, & ne manquent pas d'en faire myf-
tere : tâchons de le pénétrer & de l'éclaircir.

L'étain fondu fe dépouille aifément de
la partie huileufe qui lie fes autres principes ; & quand il en eft dépouillé, il fe
réduit en une chaux qui furnage le métal ;
cette chaux n'eft plus ni fufible ni malléable, par conféquent elle n'eft plus un métal. Comme le feu lui a fait perdre facilement cette partie huileufe , il eft auffi aifé
de la lui faire reprendre ; il n'y qu'à y
ajoûter du fuif , la chaux reprendra un
corps & redeviendra métal. Si l'on plon-
geoit la feuille de fer dans l'étain fondu
tout pur , elle pafferoit d'abord au travers
de cette chaux , qui nâgeroit fur la fuperficie de l'étain , & l'enduit dont elle fe re-
vêtiroit, feroit inégal & graveleux. Le fuif
qu'on met dans l'étain empêche cet inconvénient , en entretenant toujours la furface fupérieure de l'étain dans l'état de mé-

tal. Voilà donc l'usage de ce suif, il ne s'agit plus que d'en découvrir la compo-sition.

Après plusieurs tentatives, M. de Réau-mur trouva qu'on pouvoit y ajoûter de la suie de cheminée, qui a quelque rapport avec le sel armoniac, ou du noir de fumée, ce qui donne au suif cette couleur noire, & effectivement il réuffit parfaitement par cette invention ; mais il s'apperçut ensuite qu'il étoit inutile d'y rien mettre du tout, & qu'il suffisoit de noircir ce suif en le brûlant un peu, comme on fait rouffir du beurre dans une poële : il éprouva que ce suif ainfi brûlé, mettoit le fer en état de prendre l'étain très également.

Le dégré de chaleur de l'étain fondu est encore une circonftance importante : eft il trop chaud ? il ne couvre le fer que d'un enduit fort mince : s'il ne l'eft pas affez, il s'y attachera mal & par groffes gouttes fé-parées. Le point de perfection eft de faire entrer l'étain dans les plus petits interfti-ces des parties du fer, & qu'il s'y fige auffi-tôt. Pour le premier cas, il eft néceffaire que l'étain foit très-fluide ; pour le second, il faudroit qu'il fût le moins chaud qu'il eft poffible : mais comment concilier ces deux points qui femblent fi oppofés ? Car la fluidité du métal étant l'effet de la cha-

...leur, elle lui eſt proportionnée. Le moyen de voir ſi l'étain a le dégré de chaleur néceſſaire, eſt d'y plonger de tems en tems des eſſais, ou de petites lames de fer décapé, elles indiqueront ſi l'étain eſt au point où on le deſire. On peut auſſi rendre l'étain plus fluide qu'il ne l'eſt naturellement, par l'addition de quelque matiere inflammable, afin qu'avec un moindre dégré de chaleur il ait le plus de fluidité qu'il eſt poſſible. Le ſuif noirci au feu, la cire, la réſine en poudre, &c, ſont fort propres pour faire attacher l'étain au fer plus facilement & à un moindre dégré de chaleur.

Enfin il eſt à propos de tremper les feuilles dans l'étain plus ou moins chaud, ſelon l'épaiſſeur de la couche que l'on veut leur faire prendre. Il y a des feuilles à qui l'on ne donne qu'une ſeule couche, elles ſe plongent dans un étain qui a un moindre dégré de chaleur que celui où l'on plonge pour la premiere fois celles à qui l'on veut faire prendre deux couches. Lorſqu'on donne la ſeconde couche à celles-ci, on le plonge dans un étain qui n'a pas un dégré de chaleur ſi fort que celui où elles ont trempé pour la premiere fois : en un mot, quand on trempe le fer deux fois, il faut le tremper d'abord dans un étain plus chaud que celui où on le trempe enfuite, autrement on n'augmenteroit point la premiere couche, au contraire on courroit rifque de la diminuer. *Mémoires de l'Académie des Sciences, année 1725.*

Pour changer le fer en cuivre.

Il faut prendre le *caput mortuum* de l'huile de vitriol, en tirer le fel, & le mettre avec du fer, lit fur lit dans un creufet, fçavoir, une livre de fel pour quatre livres de fer. Le creufet étant rempli, mettez-le dans un fourneau à un feu de fonte, & jettez la matiere en lingots. Si vous n'avez point de *caput mortuum*, prenez du vitriol, déphlegmez-le dans un pot de fer, & tirez-en le fel.

Pour convertir le fer en cuivre.

Le fer fe change aifément en cuivre par le moyen du vitriol. On le met lit fur lit en un defcenfoir, à un fort feu de foufflets, jufqu'à ce que le fer coule & fe convertiffe en cuivre. Il faut, lorfque l'on a couché les lits de fer & de poudre de vitriol, les arrofer d'un peu de vinaigre empreint de falpêtre, de fel alkali, de fel de tartre, & de verd de gris.

Autrement. Mettez du vitriol en poudre, & distillez - en l'esprit par la cornue ; reversez les esprits sur le *caput mortuum* , & plongez - y des lames de fer rougies au feu pour les éteindre , ou bien de la limaille de fer ; peu à peu elles se convertiront en cuivre.

Ou bien. Mettez dissoudre du vitriol dans de l'eau commune ; filtrez la dissolution par le papier gris , puis ayant fait évaporer l'eau jusqu'à pellicule , mettez-la à la cave pendant une nuit , & vous aurez des glaçons verds. Rougissez-les au feu , & faites - les dissoudre trois ou quatre fois dans du vinaigre distillé , les desséchant à chaque fois ; ces glaçons deviendront rouges. Dissolvez-les encore dans le même vinaigre , & éteignez - y des lames de fer ou des morceaux de ferraille mince , qui se convertiront en cuivre.

Sur le changement du fer en cuivre.

On lit dans les Mémoires de Trévoux, qu'il y avoit en 1728 , à Villeneuve-Saint-Georges , proche Paris , une manufacture établie pour changer le fer en cuivre , dont M. le Comte de Salvagnac étoit le chef. Quoique l'on cachât alors avec beaucoup de mystere la composition des poudres qui

opéroient ce changement , nous en donnerons ci-après la recette, fuivant M. Geoffroy , qui a fait la même expérience. En
attendant nous expoferons dans cet article
le détail de cette opération ; le récit en fera d'autant moins fufpect qu'il eft fait par
un Phyficien qui parle *ex vifu* , & qui en
doit être crû avec plus de confiance. Voici
fes propres termes.

J'allai dernierement à Villeneuve voir
la nouvelle manufacture où l'on change le
fer en cuivre. M. le Comte de Salvagnac
en a le fecret ; il eft à la tête de la compagnie. A peine étois-je arrivé que l'on
commença à travailler. L'opération fe fait
dans une chaudiere qui eft de plomb ; elle
a environ deux pieds & demi de diametre.
D'abord on y met de l'eau , enfuite on y
jette divers fels , & l'on allume le feu ; le
mêlange s'échauffe & bout l'efpace de vingt
minutes. Pendant ce tems on met dans un
panier de figure elliptique , qui fe ferme
& s'ouvre par le milieu , environ quatre-
vingt livres de fer , divifé en lames affez
minces , afin de préfenter plus de furface
aux fels dont l'eau eft impregnée. Sur les
lames de fer on répand une pincée d'une
poudre particuliere , fans laquelle on affure
que l'opération manqueroit. On ferme le
panier , & avec une poulie on l'éleve &

on le descend dans la chaudiere. Bientôt
après il se fait un bouillonnement extraordinaire, causé sans doute par la fermentation des sels avec le fer, mais plus certainement par la raréfaction de l'air qui
se trouve entre les lames de fer. On laisse
le panier quinze minutes dans la chaudiere, puis on le retire avec la poulie ; on ouvre le panier, & l'on voit toutes les lames
de fer couvertes, & comme incrustées d'une
matiere métallique rougeâtre, assez semblable à de la limaille de cuivre rouge ; on
referme le panier.

Assez proche de la chaudiere est un
vaisseau long & profond, plus d'à moitié
plein d'eau claire ; au-dessus est une planche large, située horizontalement, percée
en deux endroits, où l'on attache le panier par les deux extrêmités de son plus
long diametre. On descend ensuite avec
une poulie la planche & le panier, qui se
trouve plongé dans l'eau, la planche par-
dessus. Alors, avec un levier dont la force
communique aux deux extrêmités du panier, on l'agite violemment. Dans l'agitation, la poussiere métallique se détache
des lames de fer, & tombe par les intersti-
ces du panier dans le fond de l'eau ; on
retire le panier. Le fond du vaisseau est
couvert d'une couche de poussiere rouge,

& le fer paroît considérablement diminué
dans le panier ; j'ai vû quantité de lames
presque rongées.

On remet de nouveau fer dans le panier, à proportion que le premier paroît
diminué, & l'on remet dans la chaudiere
un picotin de différens sels. J'ai eu la cu-
riosité de faire peser ce picotin plein de
sels, le poids des sels s'est trouvé d'environ quatre livres & demie. La seconde
opération se fait comme la premiere. A
chaque opération j'ai vû jetter un picotin
de sel dans la chaudiere ; j'ai toujours vû
remettre à chaque fois beaucoup de fer
dans le panier sans en voir ôter : enfin
j'ai vû cinq ou six opérations, c'est toujours la même manœuvre.

Après la derniere opération on vuida
l'eau qui couvroit la poussiere métallique,
on mit cette poussiere dans un baquet,
que j'essayai en vain de soulever : il y en
avoit plus de cent livres. Je n'avois cependant vû mettre dans la chaudiere
qu'environ vingt-cinq livres des sels, &
à la fin l'eau de la chaudiere en étoit restée
très-chargée.

On fit fondre en ma présence de cette
poussiere métallique dans un creuset à un
feu violent, on versa le métal rouge &
fondu dans un moule, & l'on tira du moule

un lingot d'environ quarante à quarante-
cinq livres. On frappa l'un des côtés du
lingot refroidi avec le tranchant d'un couteau, il y pénétra affez avant, & la fubftance intérieure du lingot parut d'un fort
beau rouge.

Il eft évident que l'opération donne un
métal réel, & que par cet endroit-là feul
elle eft très-curieufe & digne d'attention.
Ce métal paroît une efpece de cuivre rouge.
M. de Salvagnac prétend même que c'eft
un métal plus précieux que le cuivre, &
qu'il en a les meilleures qualités fans par-
ticiper d'aucun de fes défauts, il le nomme *tranfmétal.* Mémoires de Trévoux. Sept.
1728, page 1775.

Maniere de convertir le fer en cuivre. Par M. Geoffroy.

Une marmite de plomb eft préférable à
toute autre vaiffeau pour cette opération,
parce qu'elle ne fournit rien de fufpect.
J'ai fait bouillir dix pintes d'eau dans une
marmite de cette efpece, & j'y ai jetté quatre livres de vitriol bleu en poudre. Quand
la diffolution en a été faite, j'y ai plongé
un panier d'ofier que j'ai tenu fufpendu
dans la liqueur, & dans lequel j'avois mis
vingt onces de tôle de fer neuve, coupée
par morceaux. Après un quart - d'heure

d'ébu llition & de fermentation , j'ai retiré
le premier , & j'ai trouvé les morceaux de
tôle rougis par le cuivre qui s'étoit déposé
dessus. J'ai plongé ce panier dans une terrine vernissée , pleine d'eau fraîche ; en
l'agitant , les lames de fer ont déposé dans
l'eau une poudre rougeâtre chargée de
paillettes de cuivre , qui étoient assez pesantes pour se précipiter au fond de la
terrine. J'ai reporté le panier dans la marmite ; les lames de fer se sont rechargées,
au bout de quelque tems , d'un nouveau
dépôt de cuivre. J'ai continué de laver
ces lames dans l'eau fraîche , & de replon-
ger le panier dans la marmite , jusqu'à ce
que la dissolution n'ait plus fourni de dépôt de cuivre. Alors pour m'assurer que
la liqueur vitriolique étoit totalement dépouillée du cuivre qu'elle contenoit , j'ai
trempé une lame de fer poli dans cette liqueur contenue dans la marmite , & je
l'en ai retiré après quelques minutes , sans
qu'elle eût reçu aucune altération de cette
liqueur.

Ayant versé doucement l'eau claire qui
surnageoit le cuivre précipité au fond de
la terrine , j'ai fait sécher cette poudre
à petit feu ; elle pesoit seize onces six gros.
J'ai joint ensuite à cette poudre , qui étoit
devenue brune ou de couleur de caffé ,

quatre

quatre livres de tartre rouge, que j'avois
détoné avec deux livres de salpêtre. Ce
mélange fait exactement, a été jetté peu à
peu dans un creuset placé dans un fourneau à grand feu de fonte. La matiere étant
bien en fusion, a été jettée en un lingot de
pur cuivre rouge, qui s'est trouvé peser
quatorze onces trois gros.

Je fis secher ensuite le fer qui étoit resté dans le panier après toute l'extraction
du cuivre, & je trouvai qu'il ne pesoit
plus que trois onces deux gros, ce qui
joint aux seize onces six gros de précipité
cuivreux trouvé au fond de la terrine &
séché, on retrouva précisément, soit en
poudre de cuivre, soit en fer, le poids de
vingt onces que j'avois mis dans le panier.

Les seize onces six gros de poudre cui-
vreuse réduites par la fonte, n'ont rendu
que quatorze onces trois gros de cuivre
rouge; il y a donc eu dans cette fonte deux
onces trois gros de déchet, ce qui ne sçauroit venir que d'une portion du fer qui
s'est précipitée avec le cuivre, & qui s'en
étant séparée ensuite à la fonte, est restée
enveloppée dans les scories qui surna-
geoient le cuivre en fonte.

Voici quelques exemples de cette transmutation, qui feront voir que ce n'est vé-
ritablement qu'une précipitation ou sépa-

ration d'un métal diſſous par un acide &
précipité par un autre métal plus aiſé à
ſe diſſoudre.

En Hongrie, auprès de Newſol, on jette
des morceaux de fer dans une fontaine vitriolique cuivreuſe, le fer ſe couvre de
cuivre, & ce cuivre conſerve la même figure des morceaux de fer.

A Cheſſy, dans le Lyonnois, où il y a
une ſource vitriolique cuivreuſe comme
la précédente, on en reçoit l'eau dans
quelque vaiſſeau, & l'on y jette de la ferail-
le qui eſt quelque tems à s'y conſumer. Le
cuivre qui s'en ſépare, tombe au fond de
l'eau, d'où on le ramaſſe pour l'envoyer
fondre à Vienne en Dauphiné.

Au reſte la Chymie ne ſe borne pas à
cette ſeule ſéparation du cuivre diſſous
dans l'acide vitriolique & précipité par le
fer, elle s'étend à pluſieurs matieres & à
des acides de différente eſpece. On précipite l'or par l'étain, le cuivre & le fer,
l'argent par le cuivre, le cuivre par le fer,
& le fer par le zinck. C'eſt de cette façon
que les Affineurs des monnoies ſéparent
l'argent diſſous par l'eau-forte, en y mettant des plaques de cuivre. *Mémoires de
l'Académie*, année 1728.

CHAPITRE XIV.

De la maniere de faire l'acier naturel.

Distinction du fer & de l'acier.

NOus avons dit au commencement du chapitre XII, que le fer est un métal naturellement imparfait, composé de parties métalliques, de soufre, de sels & de parties terrestres. La *mine de fer*, au sortir de la terre, est jettée dans un fourneau, où on la fond; ce qui en provient s'appelle *la fonte*, & les lingots qui en sont formés se nomment *gueuses*. Cette fonte est dure, cassante & inflexible; la lime, le ciseau, les marteaux n'ont point de prise sur elle en ce premier état, & elle conserve la forme qu'elle a reçue en la fondant. Aussi ne se sert-on de cette fonte que pour des ouvrages grossiers, tels que des contre-cœurs de cheminées, des poêles, des plombes, des boulets de canons, &c. La cause de sa dureté, & en même tems de sa fragilité, vient de l'excès des parties sulfureuses, salines & terrestres dont elle est pénétrée. En est-elle dépouillée? elle devient malléable, & propre à recevoir toutes sortes de formes, non par la fusion, mais par le moyen du marteau & de la lime.

C'est donc à épurer le fer de ces matieres étrangeres que consiste l'art de faire l'*acier naturel*, ainsi que celui de faire le *fer forgé*. Il n'y a qu'un seul agent qui soit capable de séparer les parties métalliques d'avec les sulphureuses, salines & terrestres; c'est le feu. Par son moyen les parties terrestres se fondent, se vitrifient & surnageant le métal elles donnent la facilité de pouvoir les enlever. On appelle alors ces matieres *crasses* ou *scories*. En même tems le feu brûle & détruit les souffres & les sels. Mais l'art ne consiste point à détruire entierement toutes ces parties heterogenes, car on dépouilleroit en même tems le fer de ses parties métalliques; comme cela arrive au *machefer*, qui n'est autre chose qu'un fer dont le feu a consumé toutes les parties étrangeres, & qui devient pour lors inutile. Tout cet art se réduit donc à ne priver le fer de ces parties qu'autant qu'il est nécessaire, pour détruire le vice de l'excès, & à ne lui en laisser que ce qu'il lui en faut pour devenir *acier naturel* ou *fer forgé*, suivant la qualité de la mine. A cette fin on fait rougir le fer de fonte ou la *gueuse*, on la pétrit sous de

marteaux d'un poids énorme ; & à force
de la chauffer & de la tourmenter, on change la nature de cette fonte, & d'une matiere dure & cassante on en fait une matiere malléable & flexible.

Il y a deux especes différentes de mine de
fer, dont l'une devient *acier naturel*, & l'autre *fer forgé*, en suivant à peu-près le même
procédé, suivant qu'elles ont plus ou moins
de disposition à se dépouiller de leurs soufres & de leurs sels. Les mines de fer qu'on
trouve en France, sont de cette derniere
espece : celles qu'on appelle en Allemagne
mines ou *veines d'acier*, sont de la premiere. L'acier naturel est un état moyen entre
le fer de fonte & le fer forgé, c'est le passage de l'un à l'autre. Avec de la fonte on
fait de l'acier naturel ou du fer forgé,
selon que les mines y sont propres ; la
nature seule leur donne cette propriété &
en fait la différence.

De l'acier naturel & de l'acier artificiel.

On distingue donc deux sortes d'acier,
le *naturel* & l'*artificiel*. L'*acier naturel* est
celui où l'art n'a eu d'autre part que de
détruire par le feu l'excès des parties sulphureuses & salines, dont la fonte est trop
remplie. L'*acier artificiel* ou *factice* est du

fer forgé, qui n'étant point propre naturellement à devenir de l'acier, a acquis cette qualité par l'art, qui lui a restitué par le secours des matieres étrangeres les parties sulphureuses & salines dont il s'étoit dénué trop facilement.

On vient de dire que l'acier est un milieu entre le fer de fonte & le fer forgé, qu'il a moins de soufres que le fer de fonte & plus que le fer forgé : si donc on veut faire de l'acier avec du fer forgé, il faut lui rendre une partie des sels & des soufres dont il a été trop dépouillé. Pour y parvenir, on enferme des lames de fer forgé avec des matieres sulfureuses & salines dans un creuset bien lutté ; on environne ce creuset d'un grand feu, qui se continue pendant plusieurs jours. La masse entiere, c'est-à-dire le creuset & tout ce qui l'environne, est tenu rouge-blanc pendant tout ce tems. Par ce moyen le feu ramollit le fer, en écarte les parties, & introduit dans ses pores les soufres & les sels des matieres étrangeres qu'on y a joint. C'est de cette façon que se fait l'*acier artificiel* dont nous parlerons plus amplement dans le chapitre suivant : revenons à l'*acier naturel*, qui fait l'objet de celui-ci.

Manière de faire l'acier naturel avec du fer de fonte, comme on le pratique dans la manufacture d'Alsace.

Près de Dambach, à sept lieues de Strasbourg, on a découvert une mine de fer extrêmement abondante, elle rend à la fusion cinquante sur chaque cent pesant de mine. Ses filons sont larges de quatre ou cinq pieds, & ont plus de vingt ou trente toises de profondeur. Ils courent entre des rochers fort escarpés, & jettent de tous côtés des branches aussi grosses que le tronc : on les suit par des galeries souterreines. La mine est de couleur d'ardoise ; elle est composée d'un grain ferrugineux très-fin, enveloppé d'une terre grasse, laquelle étant dissoute dans l'eau, prend une assez belle couleur d'un brun violet.

On tire cette mine en la cassant avec des coins, comme on a fait les rochers qui la renferment ; on la voiture à une lieue de là, dans un endroit où est le fourneau à fondre. On la coule sur un lit de sable fin, qui lui donne la forme d'une planche de cinq à six pieds de long sur un pied ou un pied & demi de large, & deux ou trois doigts d'épaisseur : après cela on transporte ces planches de fonte dans une autre *usine*, appellée *acierie* ; c'est là qu'on doit

donner à la fonte sa premiere qualité
d'acier.

Pour cet effet on casse la planche à froid
en plusieurs gros morceaux de vingt-cinq
à trente livres : on rougit quelques-uns de
ces morceaux, & on les porte sous le martinet, qui les subdivise en fragmens gros
comme le poing. On pose ces fragmens
sur le bord d'un creuset que l'on remplit
de charbons de hêtre, & lorsque le feu est
assez vif on y jette ces morceaux les uns
après les autres, comme si l'on vouloit les
fondre. C'est ici une opération des plus
délicates. Il faut ménager de telle sorte le
dégré de feu, que ces morceaux de fonte
se tiennent simplement mols sans fusion,
pendant un tems considérable ; c'est ce que
les ouvriers appellent donner une *chaude*
suante. On a soin de les rassembler au milieu du foyer avec des *ringards*, afin qu'en
se touchant ils se soudent les uns aux autres ; cependant les matieres étrangeres se
consument ou se fondent, & l'on a soin
de leur procurer de l'écoulement de tems
en tems par un trou pratiqué exprès au bas
du creuset. Ces morceaux réunis & soudés
les uns aux autres, forment ensemble une
masse appellée *loupe*.

Le forgeron souleve cette masse de mo-
mens à autres avec son ringard, pour la

remettre au-dessus de la sphere du vent,
& pour l'empêcher de tomber au fond du
creuset. En la soulevant ainsi, il donne
aux charbons la facilité de remplir le fond
du creuset, & de soutenir la loupe élevée.
Elle reste au feu cinq ou six heures, tant
à se former qu'à se cuire ; quand on l'en
retire, elle paroît une masse de fer toute
boursoufflée, spongieuse, pleine de charbons & de matiere vitrifiée. On la porte
toute rouge sous le martinet, par le moyen
duquel on la coupe en quatre parties, grosses chacune comme la tête d'un enfant.

On reporte au même feu une de ces quatre parties, on la pose sur les charbons un
peu au-dessus de la tuyere, on la recouvre
d'autres charbons, & on la fait rougir fortement pendant trois quarts-d'heure ; on la
porte ensuite sous le martinet, où on la
frappe, & on lui donne une forme quarrée : on la remet encore au feu, assujettie
dans une tenaille qui sert à la gouverner
& à l'empêcher de prendre dans le creuset
quelque place qui ne lui conviendroit pas.
Au bout d'une demi-heure elle est toute
pénétrée de feu, on la pousse jusqu'au *rouge-blanc* ; on la retire, on la roule dans le
sable, on lui donne quelques coups de
marteau à main, puis on la porte sous le
martinet, où l'on forge toute la partie qui

est hors de la tenaille, & on lui donne une forme quarrée de deux pouces de diametre sur trois ou quatre de longueur. On la reprend par ce bout forgé avec les mêmes tenailles, pour faire une semblable opération sur la partie qui y étoit enfermée. Cette manœuvre se réitere trois ou quatre fois, jusqu'à ce que l'ouvrier sente que son fer se forge aisément sans se fendre ni se casser.

Après toutes ces opérations on le forge tout de bon sous le martinet ; il est alors en état de n'être plus ménagé. On l'alonge en une barre de deux pieds & demi ou trois pieds, qu'on coupe encore en deux parties, & qu'on remet ensemble au même feu, saisies cependant chacune dans une tenaille différente. On les pousse jusqu'au rouge-blanc, & on les alonge encore en barres plus longues & plus menues, que l'on jette aussi-tôt dans l'eau pour les tremper. Jusqu'ici ce n'est encore que de l'acier brut, qui n'est bon que pour des instrumens grossiers, comme des pioches, des bêches, des socs de charrue, &c. Voici comme l'on s'y prend pour le raffiner.

On porte ces barres d'acier brut dans une autre usine, qu'on appelle *affinerie*. On les casse en morceaux de cinq à six pouces de long : on remplit de charbon de terre le creuſet , juſqu'à la hauteur de la tuyere , qu'il faut prendre garde de ne point boucher. On tape le charbon pour le mieux entaſſer , & l'on en fait un lit ſolide , ſur lequel on puiſſe arranger ces derniers morceaux l'un ſur l'autre , en forme de grillage , en les poſant par leurs extrêmités , ſans que les côtés ſe touchent : on en met quatre ou cinq rangs de hauteur , en forme de pyramide tronquée ; enſuite on environne le tout de charbon de terre , pilé & mouillé , ce qui forme une croûte ou calotte autour de ce petit édifice. Cette croûte dure autant que l'exige l'opération , & l'on a ſoin de l'entretenir & de renouveller le charbon à meſure que le feu le conſume. Son uſage eſt de concentrer toute la chaleur en dedans autour de l'acier , & de donner un feu de reverbere.

Au bout de trois quarts-d'heure ces morceaux ſont ſuffiſamment chauffés ; on les porte l'un après l'autre ſous le martinet , on les y alonge en lames plates , que l'on trempe auſſi-tôt qu'elles ſortent de deſſous le marteau. On obſerve cependant d'en réſerver deux des plus fortes & des plus épaiſſes , à qui l'on donne une légere courbure , & que l'on ne trempe point. On briſe ces lames en morceaux de toutes. longueurs indifféremment , à la réſerve

des deux lames non trempées. On raffem-
ble tous ces fragmens, on les rejoint bout
à bout, plat contre plat, & on les recouvre avec les deux longues lames. On faifit
cet affemblage avec de fortes pinces, & on
les porte au feu de charbon de terre, conf-
truit comme le précédent.

On pouffe cette matiere à un feu violent,
& quand on juge qu'elle y a demeuré affez
long-tems, on la reporte fous le martinet : on ne lui fait fupporter d'abord que
des coups très-légers, que l'on a fait pré-
céder de quelques coups de marteau à
main, parce qu'il n'eft encore queftion que
de rapprocher les fragmens les uns des
autres, & de les fouder. On reporte cette
pince au feu, on la pouffe encore au rouge-blanc, & on la rapporte fous le martinet. On la frappe alors un peu plus fort
que la premiere fois, on alonge le volume des matieres qui faillent hors de la pince, & on leur fait prendre par le bout la
figure d'un prifme quarré : on retire cette
maffe des pinces, on la reprend avec de
plus petites tenailles par le bout taillé en
prifme, afin que la partie qui étoit enga-
gée dans la pince fouffre à fon tour le
même travail.

Après cela on fait du tout une longue
barre que l'on replie encore une fois fur

elle-même, pour la fouder de nouveau, &
d'un prifme quarré qui en provient, on en
tire des barres d'un pouce ou d'un demi-
pouce, que l'on trempe, & c'eft par ce
moyen qu'elles font converties en acier
parfait. La bonté de l'acier dépend de cette
derniere opération, qui confifte à tenir le
acier dans un feu violent, & à l'y conferver
en l'arrofant fouvent & à propos avec de
l'argille pulvérifée, pour empêcher qu'il ne
fe brûle, & à le porter fouvent du feu fous
le marteau, & de l'enclume au feu.

De la maniere ufitée en Suede pour convertir
le fer crud en acier.

Proche d'un bourg appellé *Hedmore*,
dans la Dalekarlie, province de Suede,
on trouve une très-belle forge, où l'on
convertit le fer crud en acier. Celui qui
eft le plus propre à cet ufage eft tiré d'une
mine qui eft dans le voifinage. Ce fer eft
d'une excellente qualité pour être changé
en acier ; la mine eft d'une couleur prefque noire : elle n'eft point compacte, elle
eft formée de grains ferrugineux ; on la
réduit aifément en poudre fous les doigts :
elle eft fort lourde, & donne un fer très-
tenace & plein de fibres.

Suppofons que la premiere fonte en eft
faite, on fe tranfporte dans une autre

uſine pour y recuire cette fonte que l'on a briſé auparavant par morceaux. Là ſe trouve une forge conſtruite à peu-près ſur le modele de celle des ouvriers en fer, mais plus grande ; on laiſſe une place ſur cette forge pour y tenir des charbons entaſſés, afin de les trouver ſous ſa main & de s'en ſervir dans le beſoin. Le foyer eſt un creuſet de la largeur d'environ quatorze doigts ſur un peu plus de hauteur ; le plus ou le moins de hauteur n'eſt pas eſſentiel. Les parois & le fond du creuſet ſont revêtus de lames de fer. A la partie antérieure il y a une ouverture de figure oblongue, par laquelle on retire les craſſes ou ſcories, & par où l'on introduit des ringards & des pinces de fer. Le cône ou la *tuyere*, dans laquelle les deux canaux des ſoufflets ſe réuniſſent, eſt de cuivre ; elle eſt poſée ſur une lame de fer. On donne à ce cône une petite inclinaiſon ſuffiſante pour faire couler l'eau ſur ſon plan, enſorte que la ligne droite décrite par le vent ne doit point toucher l'extrêmité de la lame du fond, comme on le fait ailleurs, mais le pied de la muraille oppoſée. Si ce cône étoit plus oblique qu'il ne faut, enſorte qu'une partie du vent fouettât ſur le fond du creuſet, cela y produiroit un dégré de feu ſi violent, que le fer s'y brûleroit d'autant plus facilement que l'on n'a point ici , comme dans les autres forges , une abondance de craffes ou fcories qui préfervent le fer d'être brûlé. Depuis la levre inférieure du cône jufqu'au fond du creufet , il doit y avoir une hauteur de fix doigts & demi : on obfervera très-fcrupuleufement les dimenfions de ce cône avec le creufet. La bouche du cône eft faite en demi-lune , fuivant l'ufage , avec cette différence cependant qu'ici le rayon vertical eft plus court que les horizontaux , & que les deux tuyaux des foufflets qui s'y raffemblent , font un peu plus élevés.

Une des chofes les plus effentielles , eft que le cône foit pofé fuivant les régles les plus exactes , ainfi que les tuyaux des foufflets dans le cône ; mais il eft encore plus néceffaire que le mouvement des foufflets foit égal , & qu'il fe faffe une jufte diftribution du vent. Si par hazard les foufflets , le cône , ou les tuyaux venoient à fe déranger , la converfion du fer en acier ne fe feroit jamais bien : c'eft pourquoi il faut que toutes ces pieces & tout ce qui concerne la conduite du vent fur le feu , foit tellement folide & arrêté , qu'aucun effort ne puiffe les déranger. L'eau qui fait tourner les roues pour mettre les foufflets en mouvement , doit tomber fur les vannes

hautes, & non sur les côtés, ni sur les
vannes basses ; elle en communiquera plus
de vîtesse aux roues, & le vent sera plus
fort & plus égal. Les lames du fond du
creuset étant bien conservées, durent deux
ou trois semaines, sans avoir besoin d'être
renouvellées. Mais comme le vent pousse
continuellement la plus grande violence
du feu sur le mur qui lui est opposé, il
consume & cave promptement cette partie, ce qui oblige de la réparer plus souvent que les autres : au reste, ce travail
se fait de jour & non point de nuit. On
peut faire trois ou quatre cuites par jour.

Le matin, en commençant l'ouvrage,
on jette dans le creuset des scories, du
charbon & de la poudre de charbon pêle-
mêle, puis on pose par-dessus de la fonte
divisée par morceaux, qu'on recouvre encore de charbons. Il faut tenir ces morceaux de fonte dans le feu jusqu'à ce qu'ils
deviennent d'un rouge-blanc, qu'on appelle *blanc de lune*, mais non pas jusqu'au
point de les laisser fondre. Lorsque tous
ces fragmens sont bien pénétrés de feu, on
arrête le vent, & cette masse de fer est
portée sous un marteau, par le moyen duquel on la divise en parties du poids de
trois ou quatre livres chacune.

Si le fer est fragile lorsqu'il est rouge,

ou s'il a trop de soufre, il se brise & écla-
te comme du verre ; au contraire, s'il est
tenace étant rouge & fragile quand il est
froid, on le tient plus long-tems sous les
coups du marteau avant que de le partager. Si le fer s'en va en gros fragmens sous
le marteau, ces morceaux doivent être
reportés sur l'enclume, & divisés comme
on vient de le dire. Après cette préparation, ils sont reportés à la forge sur le
foyer, & posés auprès du creuset, afin d'ê-
tre toujours sous l'œil & sous la main de
l'ouvrier, qui est prêt à les plonger dans
le feu à mesure qu'il en sera besoin.

D'abord on jette dans le creuset quelques-uns de ces morceaux, que le forgeron
enfonce à mesure & ensevelit sous les charbons ; alors on ralentit un peu le vent, &
l'on attend que ce fer soit fondu. Pendant
ce tems on tâte avec un fer pointu, &
l'on examine si le fer ne se répand point
dans les coins du creuset & hors de la
sphere du vent : si l'on s'en apperçoit, on
remet sous le vent les morceaux qui s'en
écartent. Enfin lorsqu'ils sont fondus &
qu'ils se tiennent en liqueur au fond du
creuset, on augmente la force du vent. Le
fer étant bien liquide est bon à convertir
en acier, il est alors dans un état moyen
entre le fer & l'acier. On reconnoît que le

fer est dans cet état en tâtant la fonte avec
un fer, ou quand les étincelles des scories & du fer s'élevent rapidement au travers des charbons, ou enfin par la flamme
qui au commencement de l'opération est
d'un rouge-noir, & qui blanchit ensuite
peu-à-peu, sur-tout lorsque les scories sont
enlevées.

Le fer ayant été tenu assez long-tems
en fonte, est nettoyé de ses crasses & de
son écume, aussi-tôt la chaleur se ralentit, & la masse fondue se coagule. On joint
ensuite les autres fragmens de fer à cette
fonte, ils se liquéfient de même jusqu'à ce
que le creuset soit plein, ce qui dure quatre heures, pendant lesquelles on jette
dans le creuset tous les fragmens de fer
crud à quatre différentes reprises. Cette
masse ayant suffisamment souffert le feu,
on la laisse se prendre ou se coaguler, puis
on enfonce un fer pointu pour la soulever :
lorsqu'elle est enlevée & retirée du creuset, on la porte sous un marteau pour en
diminuer le volume en la paîtrissant, &
pour la partager en trois ou quatre parties
avec un coin de fer. On n'a pas toujours
des parties égales & de même poids, tantôt elles sont plus fortes, tantôt elles sont
moindres ; car on divise quelquefois cette
masse en trois parties, & quelquefois en

cinq, suivant que le tems le permet. Cette masse d'acier, au sortir du feu, paroît plus rouge qu'une masse de fer chaud au même degré; il en sort des étincelles à l'ordinaire pendant qu'on la frappe, mais elles sont plus fines, & ne sont pas chassées si loin.

Quand on fond ainsi le fer pour le convertir en acier, si le vent est inégal, soit par la mauvaise position du cône, ou par quelque autre cause, on ne voit point de scories s'élever sur la surface de la fonte, & faute de ce menstrue le fer brûle, devient fragile & perd sa qualité, les lames du fond du creuset ne résistent pas, & les scories s'y attachent, ce qui ne peut causer qu'une perte considérable. Pour réparer promptement ce desordre, il faut jetter aussi tôt sur la fonte une pellerée ou deux de sable de riviere.

Les quatre ou cinq parties coupées, comme nous venons de le dire, sont mises derechef au feu en la maniere suivante. D'abord on en met deux, mais l'une plus près du vent que l'autre. Lorsque celle là est suffisamment rouge, on la porte sur l'enclume, & on l'alonge en barre; alors on met la seconde fois le vent à la place de la premiere, puis on l'étend de même. La même opération se fait pour les autres

parties : on leur donne à toutes une forme
quarrée d'un doigt & un quart d'épaisseur,
& de quatre ou cinq pieds de long. Cet
acier s'appelle *acier de forge* ou *acier de*
fonte.

Dans ces premieres opérations il n'est
pas nécessaire d'étendre l'acier en barre
avec beaucoup d'exactitude, il aura besoin d'être travaillé encore plus d'une fois
mais il faut le forger à coups plus pressés
que le fer ordinaire, & le jetter dans une
eau courante, où on le laisse éteindre.
Après qu'il est refroidi, on le casse de nouveau en plusieurs morceaux.

Cette matiere d'acier est encore grossiere & d'une qualité médiocre. Pour la perfectionner, on la transporte dans une autre usine, qui ne doit pas être éloignée
de la précédente, pour y passer par de nouvelles épreuves. Ici se trouve une forge
qui differe un peu de celle que nous venons de décrire.

Les soufflets sont de la même grandeur,
le cône qui conduit le vent est situé de
même, & avec une pareille obliquité ; il
est de la même grandeur & figure & d'un
orifice égal, mais il differe en ce que l'ouverture de cet orifice est un peu plus grande
que celle de l'autre qui représente un de-
mi-cercle, au lieu que celle-ci est le seg-

ment d'un ovale. Depuis le cône, qu'on appelle *forme*, jusqu'au fond du creuset, il n'y a que deux ou trois doigts de profondeur, dix ou onze de largeur, & quinze ou seize de longueur. De plus, on n'est point assujetti dans cette seconde opération à une exactitude aussi grande que dans la premiere sur la position du cône. Au reste il y a dans ce fourneau, comme aux autres, une ouverture sur le devant, pour tirer dehors les crasses & les scories.

Dans l'opération précédente, l'acier est, comme on vient de voir, recuit grossierement & ensuite étendu en barres : dans celle-ci on réduit ces barres en morceaux ; ces fragmens d'acier sont rangés dans le foyer lit par lit. Pour cet effet, on pose deux de ces fragmens plus longs que les autres, pour servir de support ; sur ces deux fragmens on arrange les autres que l'on veut recuire. On en met d'abord un rang de sept ou huit, par-dessus ceux-ci on en pose d'autres. Ils doivent être arrangés l'un sur l'autre, en forme de grillage, étant essentiel qu'ils ne se touchent point par les côtés. Sur ces morceaux d'acier ainsi arrangés, on jette un panier de charbon choisi, on met le feu & l'on souffle. Comme ce grillage est précisément sous le vent du soufflet, on entend un grand bruit, occasionné par le vent qui passe avec sifflement au travers de ces barres & des charbons. Après une demi - heure ou trois quarts - d'heure de feu, les morceaux d'acier étant d'un rouge - blanc ou de *lune*, on arrête le vent, & on les retire l'un après l'autre. Le premier, en commençant par le rang supérieur, est porté aussi-tôt sous le marteau pour y être forgé & allongé en barres. Deux ouvriers assis vis-à-vis l'un de l'autre, l'enclume entre-deux, & tenant ce fragment chacun par un bout, le font passer & repasser sous le marteau suivant toute sa longueur, abandonnant alternativement le bout qu'ils tiennent pour le faire passer par la même épreuve. C'est ainsi que ces fragmens sont applatis & convertis en lames. La même opération se fait sur tous les morceaux d'acier l'un après l'autre, & à mesure qu'ils sont achevés on les jette dans une eau courante & froide. Les deux grands fragmens qui soutenoient tous les autres, n'y sont point jettés; mais après avoir été battus, on les réserve pour l'usage suivant.

On reprend toutes ces lames, on les casse encore, on les rassemble, & on les enferme entre les deux grandes lames qui n'ont point été trempées: tout cela étant réuni & retenu fortement dans des pin-

[...]ce, est de nouveau remis au feu, où on le
laisse jusqu'à ce qu'il soit devenu d'un
rouge-blanc. La principale raison de cet
assemblage est afin que tout cet acier, de
quelque nature qu'il soit, ne fasse qu'un
corps ; & que s'il se trouvoit, comme il
arrive toujours, quelque morceau qui
n'eût pas encore acquis la qualité d'acier,
il soit mêlé avec celui qui est devenu acier
parfait. De plus, l'acier acquiert par ce
moyen une qualité tendineuse qui est essentielle dans bien des ouvrages.

Cette masse de lames rassemblées étant
parvenue au rouge-blanc, est roulée sur
toute sa longueur dans de l'argille seche &
pulvérisée, qui lui aide à se mieux souder.
Elle est ensuite remise au feu, où elle laisse
tomber une partie de ses scories, puis on
la retire & on la frappe avec un marteau
de main, pour obliger tous les fragmens à
se bien souder. On la remet encore au feu,
& l'on jette par-dessus de nouvelle poudre
d'argille & des scories : enfin, après avoir
souffert quelque tems ce dernier feu, on
la retire, & on la porte sous le martinet
pour y être étendue en barres quarrées,
que l'on expose à l'air pour se refroidir.

Comme le bout par lequel l'ouvrier la te-
noit dans ses pinces pendant qu'il la faisoit alonger, n'a pas pû recevoir la même

façon, on le remet au feu & on l'étend
comme le précédent ; ce qui fait que le
milieu est plus épais que les extrêmités. La
longueur de ces barres d'acier est ordinairement de neuf à dix pieds ; on les assem-
ble en paquets. Cette espece d'acier est de
même qualité, si elle n'est meilleure, que
l'acier de Carinthie & de Stirie.

*Remarques sur la conversion précédente du
fer en acier naturel.*

Il y a plusieurs choses à remarquer dans
l'art de convertir le fer en acier : comme
elles n'auroient pas pû trouver place dans
la description ci-dessus, sans déranger l'ordre de ce procédé, nous les donnerons ici
en forme de supplément.

1°. Le meilleur acier se fait immédiatement de fer crud, & il prend dans le feu
sa véritable qualité d'acier ; c'est de celui-
là que l'on fait les épées, les ressorts, &c.
L'acier que l'on fait avec le fer forgé ne
passe pas pour être d'aussi bonne qualité,
étant sujet à perdre sa qualité d'acier en
repassant souvent par le feu. Il semble qu'il
desire de redevenir fer, & qu'il ne cherche
qu'à se débarrasser des particules salines &
sulphureuses que l'on a introduit dans ses
pores, au lieu que l'acier de fer crud ne

redevient

redevient fer qu'avec beaucoup de peine
& d'industrie.

2°. Le fer dur & ferme est le meilleur
pour donner un acier tenace & d'une bonne qualité. Celui qui a de la mollesse y
paroît moins propre. L'acier que l'on fait
avec ce dernier, participe de sa nature ; il
est plus doux qu'il ne faut, & ne convient
point pour les instrumens qui demandent
beaucoup de dureté. L'acier fait de fer
crud trop dur, est sujet à se brûler & à
devenir *fragile & énervé*, ce qui le rend
incapable de résister aux efforts. Afin donc
d'avoir un acier d'une bonne qualité, il
faut choisir un fer qui soit aisé à fondre,
car ce genre de fer sera plus aisément pénétré par le feu. C'est pour cela qu'on distingue le fer en Allemagne sous le nom de
veine d'acier & de *veine de fer*. Enfin le
fer qui contient un soufre doux, est regardé comme excellent pour être converti en
acier, & il donne à ce métal toute la te-
nacité qu'on peut desirer ; mais aussi, à
cause de ce soufre, il a besoin d'être frappé
davantage & d'être reporté plus souvent
sous le marteau : c'est par cette percussion
réitérée qu'il acquiert sa qualité ; mais celui qui est fragile à froid, doit être absolument rejetté. Si cependant on n'avoit point
de veine de fer meilleure & qui pût donner

Tome I.   Q

un fer dur & tenace , on pourroit y mêler
quelque partie de veine sulphureuse ; mais
en ce cas il est nécessaire d'agir avec prudence pour avoir par ce mêlange un acier
d'une bonne qualité.

3°. Lorsque le fer qu'on veut convertir
en acier est suffisamment fondu , on le répand sur un lit formé de sable de riviere.
On prétend que cela contribue à améliorer
la qualité de l'acier , qu'il en est mieux purifié des parties ferrugineuses qui pou-
voient lui rester , & que la conversion s'en
fait plus aisément. Ce lit ne doit pas être
fait ni mêlé de scories pulvérisées , ni composé d'un sable trop gros , mais il doit être
de sable de riviere le plus pur & le plus
fin. Il convient encore que le fer crud que
l'on veut fondre , ne soit point en trop gros
morceaux ; étant réduit en petits morceaux,
la liquification en est plus aisée , & l'on
épargne du charbon.

4°. Le premier genre d'acier , c'est-à-dire celui qui n'a encore reçu qu'une premiere façon, s'appelle *acier de fonte* ; il n'est
propre que pour les instrumens de labou-
rage. Il peut aussi faire du feu étant frappé avec la pierre à fusil ; mais il n'est pas
encore bon pour les épées , les ressorts ,
&c ; car il est encore trop fragile & trop
dur.

5°. La masse d'acier qui est fondue pour la premiere fois, étant rétirée du feu, est recoulée aussi-tôt sur de l'argille pulvérisée, avant que d'être portée sous le marteau.

6°. Pour la conversion du fer crud en acier, il faut se servir de charbon de hêtre & de chêne. On peut aussi y employer avec avantage de celui de pin & de bouleau. Les charbons les plus récens & les plus secs sont les meilleurs ; ceux qui sont vieux & humides ne font aucun profit. Il faut prendre garde qu'ils ne soient mêlés ni de terre ni de pierre. La houille ou le charbon de terre est aussi d'un assez bon usage ; par son moyen on forge & on paîtrit bien le fer.

7°. Les soufflets doivent être d'une grandeur médiocre. Plus la matiere dont ils sont construits sera compacte & ferme, plus ils seront de service. Pour procurer l'élévation de leurs feuillets, il faut trois leviers, & non pas deux comme dans les forges ordinaires ; car on a besoin ici d'un vent très-violent. Quelques-uns préferent les soufflets faits d'un double cuir, à toute autre matiere. Le bout des tuyaux doit être aussi plus long & plus élevé dans le cône, & les feuilles des soufflets doivent être tenues par des dents recourbées, comme cela se pratique en Stirie & en Carinthie ;

Q ij

c'eſt ce qui rend le mouvement des ſoufflets plus prompt. Plus ces mouvemens ſont
précipités, plus le feu eſt fort & vif, & plus
il eſt propre auſſi à la converſion du fer
en acier : cependant lorſqu'il s'agit de
chauffer l'acier pour l'étendre en barres,
comme les ſoufflets n'ont pas beſoin d'être
agités ſi promptement, on ne ſe ſert alors
que de deux rangs de dents.

8°. Quant à ce qui regarde la diminution du fer avant que d'être converti en
acier, il a déja perdu preſque la moitié
de ſon poids ; car de vingt ſix livres de fer
crud, on n'en retire que treize en acier ; un
habile ouvrier en pourroit cependant tirer
juſqu'à quatorze livres. La perte que ſouffre le fer dans le premier feu, eſt de vingt-
quatre livres ſur ſoixante ou ſoixante &
dix ; dans le ſecond, elle eſt de huit livres ;
ou, ce qui revient au même, s'il ſe perd
un tiers dans le premier feu, il ſe perd
encore un tiers de ce tiers dans le ſecond.

9°. Lorſque l'acier eſt dans le ſecond
feu, on jette deſſus beaucoup de ſcories,
que l'on retire quand on le juge à propos.
Il faut obſerver de n'en pas laiſſer ſi peu
que le fer en ſoit entierement nettoyé,
car alors l'acier ſe brûleroit, & deviendroit
trop ſec, ce qui le rendroit de mauvaiſe
qualité.

10°. Un des points essentiels de l'art de transmuer le fer en acier, est de chauffer le fer & de le tenir en fonte un tems suffisant. S'il étoit trop chauffé, il se brûleroit (on peut s'appercevoir s'il brûle, parce qu'il rend, dit-on, alors une odeur désagréable) : mais aussi s'il n'a pas été assez pénétré par le feu, il ne deviendra jamais acier. Pour donc pouvoir parvenir précisément au point que cette opération exige, il ne faut charger le creuset que de trois ou quatre grandes livres de Suéde, ce qui revient à 75 ou 80 livres, poids de marc ; car une petite quantité de fer se liquifie plus aisément qu'une grande & est bien plus facilement pénétrée par le feu. Quelques ouvriers font de grosses masses pour avancer l'ouvrage plus promptement, mais l'acier qui en provient n'est jamais exempt de fer. En Stirie on ne travaille que sur de petites masses, aussi ont-ils de l'acier excellent.

Lorsque le fer est bien en fonte, il faut continuer de souffler jusqu'à ce que toutes les scories soient enlevées, ensorte qu'il n'y ait aucune partie de fer qui ne soit convertie en acier, & qu'il ne reste plus aucun fibre au fer. Si le fer ne se fond pas bien de lui-même, il faut jetter par-dessus du sable fin de riviere, qui soit sec & pur, ou de la cendre de bouleau ; cela produit une liquification chaude & fluide : la poudre de scories ne doit point y être substituée. Aussi-tôt que les scories s'amassent sur la surface de la matiere fondue , il faut les retirer , car elles empêcheroient la conversion du fer ; mais cependant si l'on s'apperçoit que la matiere ne se liquifie point assez , en ce cas on peut jetter dessus un peu de scories , mais avec prudence & ménagement. Pour obtenir un acier pur & exempt de parties ferrugineuses , il faut fondre l'acier trois fois , & sur la fin de la troisieme fonte on jettera dessus une petite partie de fer crud brisé , mêlé avec du charbon , ensorte que la quantité du charbon excéde celle du fer : ce mélange déterminera toute la partie ferrugineuse à se convertir en acier.

11°. Pour faire le plus excellent acier dont on a besoin pour certains instrumens, il faut joindre & souder ensemble des barres d'acier , en les repliant huit fois l'une sur l'autre ; les forger deux ou trois fois , avec la précaution de les rouler sur du sable pulvérisé , de peur qu'elles ne se brûlent. Lorsqu'on étend l'acier il diminue de trois livres sur vingt ou vingt-cinq ; en le forgeant de nouveau , il en perd le double. Si l'on veut de l'acier qui fasse bien du feu avec le caillou, il ne faut pas l'étendre ſi ſouvent ſous le marteau.

Pour fabriquer un cent peſant d'acier, on conſomme trente tonnes de charbon.

12°. Il y a pluſieurs marques pour connoître ſi l'acier eſt d'une bonne qualité : 1°. s'il ſe ſoude bien. 2°. S'il s'étend ſous le marteau auſſi-bien que le meilleur fer forgé. 3°. Si lorſqu'on le forge il ne creve point. Ces trois ſignes réunis ſont la marque d'un excellent acier.

L'acier où l'on remarque de gros grains & qui eſt cependant exempt de parties ferugineuſes & de ſcories, eſt très-dur ; cela provient de ce qu'il n'a été que médiocrement chauffé. C'eſt encore un ſigne d'un très-bon acier, ſi en le mettant ſouvent au feu il ne ſe ramollit point, ou bien s'il eſt dur, ferme & nerveux.

Lorſqu'on rompt de l'acier de bonne qualité, il rend un ſon ſingulier, qui n'eſt connu que de ceux qui en ont l'uſage. Enfin un autre ſigne d'excellence, c'eſt lorſqu'il jette beaucoup de feu étant frappé contre une pierre à fuſil.

Pour éprouver l'acier il en faut faire des reſſorts, tels que ceux des armes à feu ; s'il y réuſſit, il ſera propre pour les reſſorts de carroſſes, les épées, les fleurets, & pour faire du fil d'acier. Si avec un ciſeau d'acier

on peut tailler fix ou fept limes de fuite,
fans être obligé de le *rafuier*, c'eft une
marque d'un acier de la meilleure efpece,
& qui eft propre à toutes fortes d'inftrumens.

Maniere de faire l'acier en quelques autres endroits de la Suéde.

La manufacture d'acier que l'on voit
à Quarnbaka eft établie depuis le tems de
Guftave Adolphe, Roi de Suéde. Il y a
deux fourneaux conftruits pour cet ufage;
ils font de telle grandeur qu'un homme
pourroit tenir dedans de toute fa hauteur :
le fond & les murs ne font point, comme
ailleurs, revêtus de lames de fer, mais
d'une pierre qui approche du talc. Les
foufflets font de même grandeur que ceux
des forges de fer; il y a deux marteaux très-
pefans. A chaque fois on jette dans le feu
dix grandes livres de fer, mefure de Suéde : le fer s'y cuit très bien & de la même
façon que dans les forges; mais il en faut
retirer très-fouvent les fcories, afin de faciliter la fonte de cette maffe. Lorfque le
fer eft en bonne fonte, on jette de tems
en tems deffus des cendres mêlés d'alun &
de vitriol : les ouvriers penfent que cette
compofition leur procure un meilleur acier.
Au refte ils ne s'embarraffent pas de fon-

dre peu ou beaucoup de fer à la fois. Après que le fer eſt fondu en maſſe, on le porte & on le diviſe ſous le marteau, & on alonge les fragmens en barres ; ces barres partagées enſuite en de moindres parties, ſont poſées en travers les unes au-deſſus des autres, en forme de grillage : on les chauffe, & on les étend de nouveau en barres. Cette manœuvre ſe réitere juſqu'à ce qu'on ait un acier de bonne qualité.

Le genre d'acier groſſier, que l'on connoît ſous le nom d'acier en barrils, parce qu'on a coutume de l'envoyer dans des barrils, eſt fait avec celui dont nous venons de parler : on ſe contente, après ſon premier recuit, de l'étendre en barres & de le tremper.

L'acier d'un genre plus fin & qui ſert pour les épées, eſt façonné quatre fois, c'eſt-à-dire qu'il eſt mis quatre fois en lames, après avoir été autant de fois mis en forme de grillage dans le feu, & reporté un pareil nombre de fois ſous le marteau.

Enfin le meilleur genre d'acier deſtiné pour les reſſorts, eſt façonné huit fois, & trempé autant de fois.

Il faut mettre des marques à l'acier toutes les fois qu'il paſſe par le feu, afin de connoître de quelle qualité il eſt. Outre ces marques, les habiles ouvriers connoiſ-

Q v

sent son degré de bonté aux grains que l'on
voit sur ses cassures ; car si on y apperçoit
des *stries* ou des taches obscures , c'est une
marque qu'il n'est pas assez recuit, ni assez
forgé ou mêlé. L'acier excellent est à la
cassure blanc comme de l'argent.

Chaque semaine on peut faire quatorze cens pesant d'acier en barril, douze cens
d'acier pour les épées , & huit cens de celui pour les ressorts. Le cent pesant revient
à huit grandes livres de Suéde , ou cent
soixante petites livres du même pays.

Pour faire un quintal du meilleur acier
qui sert pour les ressorts , il faut treize
grandes livres & demie de fer crud , &
vingt-six tonnes de charbon. Pour un cent
pesant d'acier moyen pour les épées , il faut
dix grandes livres de fer crud, & vingt-quatre tonnes de charbon. Enfin pour faire
de l'acier en barrils , il faut la même quantité de fer crud & neuf tonnes de charbon.

Maniere usitée en Suéde , pour avoir de l'acier en forgeant le fer.

On vient de voir la maniere de faire
l'acier en Suéde , telle qu'elle se pratique
dans les manufactures destinées à ce seul
travail ; on en va rapporter présentement
une autre , par laquelle on tire pareillement de l'acier en fabriquant le fer.

Lorsque la mine de fer est mise pour la
premiere fois en fusion dans les fourneaux
à fondre, destinés pour le fer forgé, on
voit quelquefois nâger dessus la liqueur,
quand elle est bien fluide, de petites masses ou morceaux d'acier qui ne vont point
dans les angles du foyer, & qui ne se
précipitent point au fond, mais ils nâgent
au milieu de la surface du métal fondu.
La superficie extérieure de ces morceaux
est d'une figure inégale & informe, & la
partie intérieure qui trempe dans le fluide,
est d'une forme ronde. Ces piéces flottan-
tes se distinguent du reste du fer par la
couleur : c'est du véritable acier qui nâge
sur le fer fluide, & qui ne s'y soude pas
aisément, à moins que la force du vent ne
l'y contraigne. Lorsqu'on le met immédiatement dans la sphere du vent, il se con-
fond avec le fer; mais s'il s'en trouve éloigné, il s'en tient séparé & bien distingué.
Ces morceaux donnent depuis six jusqu'à
dix & quinze livres d'acier. Les ouvriers
assûrent que cet acier est d'une très-bonne
qualité, & qu'il est très propre pour les
instrumens qui doivent être durs & tran-
chans ou *acérés*. Qu'on laisse cet acier con-
fondu dans la fonte, qu'il surnage ou qu'on
l'en retire, cela est indifférent pour le fer
forgé qui en provient; il n'y gagne ni n'y
perd.

On affûre que l'on peut tirer ainfi de
l'acier de toutes fortes de fer ; mais il y a
certains genres de fer qui en fourniffent
plus que d'autres, & les différens fers fourniffent de l'acier de differente qualité.

Maniere de faire l'acier avec une veine de fer de marais, dans la Dalekarlie.

Lorfque le fer tiré de ces marais eft façonné, il reffemble à de l'acier. Les Dale-
karliens difent que l'on fait un fort bon
acier avec ce fer, mais qu'il a le défaut de
s'amollir & de devenir fer fi on le remet
plufieurs fois au feu ; c'eft pourquoi on
n'en fabrique que des faulx, des haches,
& autres outils femblables.

Si l'on s'en rapporte au récit des ouvriers, ce fer ayant été tiré d'une mine
marécageufe, fe convertit en acier, de la
maniere fuivante. On tient ce fer au-deffus d'une flamme vive, jufqu'à ce qu'il
fonde & qu'il coule au fond du creufet.
Quand il eft bien liquide, on redouble le
feu, on retire enfuite les charbons, & on
le laiffe refroidir. Mais voici la véritable
maniere de convertir ce fer en acier.

La maffe qui a été tirée des forges dont
on vient de parler, eft brifée en petits morceaux ; on ne choifit que ceux de la cir-

conférence, & l'on rejette ceux du centre, comme donnant un fer trop tenace ; ces morceaux choisis, sont remis plusieurs fois au feu. En commençant, on ne doit pas donner un feu de fonte, cela empêcheroit, à ce qu'on dit, la conversion du fer en acier. Si cependant cela arrivoit, on arrête le vent pour que la fonte s'épaississe, & aussi-tôt on le remet en fonte, par le moyen des scories qu'on jette dessus, & l'on a la facilité de séparer alors l'acier d'avec le fer. Si le fer ne peut se fondre, & qu'il demeure toujours gras & épais, on le retourne pour qu'il reçoive la chaleur de tous côtés, ce qui rétablit l'opération.

Maniere de convertir le fer crud en acier dans le Dauphiné.

Dans le Dauphiné, auprès de la ville de d'Allevard & de la montagne de Vanche, il y a plusieurs mines dont on tire beaucoup de fer : le fer crud qui en sort, est porté dans un endroit appellé l'*Affinerie.* Le vent qui sort des soufflets est dirigé sur la masse de fer, & par ce moyen la veine se fond peu à peu. Le foyer ou creuset est environné de lames de fer ; il est plus profond que les autres. On n'agite point ici la fonte comme on le fait ailleurs,

mais on la laisse tranquille jusqu'à ce que
le creuset soit plein : alors on arrête le
vent, & l'on débouche le trou pour faire
couler la fonte, qui tombe dans les moules,
où elle se met en petites *masses*. On enleve
la surface de ces masses, qui est une croûte composée de scories, qui couvre & cache le fer, puis on les porte sous le marteau, & on les tire en *barres*. On porte ces
barres à un feu voisin, dans un endroit
nommé *la Chaufferie*. Dans celui-ci il n'est
pas besoin d'un si grand feu que dans l'autre. On pousse ces barres jusqu'au blanc,
puis on les roule dans le sable pour modé-
rer la chaleur ; enfin on les forge & on les
trempe pour les durcir, & elles sont converties en acier. Il est bon d'observer que
dans cette manufacture on trempe l'acier
après l'avoir poussé au rouge-blanc.

Maniere dont on convertit le fer crud en acier dans les forges de Salizbourg.

On choisit pour cela les meilleurs veines, qui sont de couleur brune & jaune.
D'abord on les calcine, ensuite on les
fond, & on en fait des masses jusqu'à quatre cens. Le fourneau pour ce travail est à
peu-près semblable à ceux de Saxe pour la
fonte du fer ; toute la différence consiste

en ce que le cône, par où le vent s'introduit dans le feu, est ici un peu plus oblique. Chaque masse est fondue séparément :
la liqueur qu'elle forme étant en fusion,
n'est point limpide, mais elle est un peu
épaisse. Dans la premiere fonte on la tient
en liqueur pendant douze heures. Pendant
ce tems on retire les crasses par une ouverture ménagée sur le devant du fourneau, comme aux forges de fer. On remue
la fonte, & on l'agite de tems en tems,
après quoi on retire la masse du feu, on la
coupe par morceaux avec le marteau, &
l'on plonge chaque morceau dans l'eau. On
les remet de nouveau dans le même feu, où
on les laisse encore pendant six heures ex-
posés à la plus violente chaleur, ayant soin
de retirer les scories ; puis on les refend &
on les trempe. Au moyen de ces opérations
& de ces trempes réitérées, l'acier acquiert
une très-grande dureté. Cependant il n'a
pas encore cette fois-ci acquis sa meilleure
qualité, c'est ce qui oblige de répéter ces
opérations une troisieme fois, en le remettant encore au feu pendant six heures,
puis en barres, que l'on trempe. Ces barres, plus épaisses que les précédentes, sont
mises en morceaux, & forgées en petites
barres quarrées, d'un demi doigt d'épaisseur. A chaque fois qu'on les trempe on a

foin qu'elles foient chaudes jufqu'au blanc, & afin que l'eau foit plus froide, on y jette du fel marin. Cet acier eft très-eftimé. On affemble les barres, qu'on lie enfemble en un paquet, jufqu'au poids de vingt-cinq livres. Cet acier s'appelle *Biffen*.

De quatre cens pefant de fer crud on peut tirer environ deux cens & demi d'acier ; le refte s'en va en fcories, craffes & fumées. On y emploie moitié de charbons durs & moitié de charbons mols ; à chaque recuite il s'en confomme fix facs. Trois hommes peuvent fabriquer quinze à feize cens pefant de cet acier en une femaine. La plus grande partie de l'acier qui paffe pour acier de Stirie, eft fait auffi en Carinthie, fuivant cette même méthode.

Maniere de tranfmuer le fer en acier, comme il fe pratique en Carinthie, dans le Tirol, & en Stirie.

Dans la Carinthie, le Tirol & la Stirie, il y a plufieurs forges de fer & d'acier. Les fourneaux pour l'acier font conftruits comme ceux de Saxe. Le cône ou la tuyere par où le vent paffe, entre affez avant & obliquement dans le creufet. A chaque fonte on met dans le creufet quatre cens & demi pefant de matiere, que l'on tient dans une fonte continuelle pendant trois ou quatre heures. Pendant ce tems, on l'agite continuellement avec des ringards, & à chaque renouvellement de matiere on jette par-deſſus de la pierre à fuſil calcinée & pulvériſée; par le moyen de cette poudre, les ſcories ſe détachent, dit-on, plus aiſément. Après que la matiere a été en fuſion pendant trois ou quatre heures, on retire les ſcories & les craſſes par une ouverture pratiquée par le devant à cette fin. On en laiſſe cependant une partie qui, ſuivant qu'on l'a obſervé, n'eſt autre choſe qu'une matiere ferrugineuſe, laquelle ne peut point ſe convertir en acier. On enleve cette matiere, qui eſt comme en lames, & on la forge en barres; c'eſt du fer forgé. Enſuite on retire l'acier du feu, on le porte ſous le marteau, on le partage en quatre parties, dont chacune eſt jettée dans l'eau froide & refondue de nouveau. La maniere de fondre ces parties eſt la même que celle qu'on vient de décrire. Ces opérations ſe répétent trois ou quatre fois, ſuivant la qualité de l'acier, & ſelon qu'il eſt plus ou moins traitable. Enfin quand on eſt aſſuré que le fer eſt converti en acier pur & de bonne qualité, on l'étend ſous le marteau en barres, de la longueur de trois pieds, & à chaque fois on le trempe dans une eau où l'on a fait diſſoudre de l'argille, puis on le met dans des tonneaux qui contiennent deux quintaux & demi.

De quatre cens & demi peſant on retire un demi - cent de pur fer, le reſte eſt en acier; ou, pour mieux dire, d'un millier peſant on retire trois cens livres de pur fer & de ſcories, & ſept cens livres d'acier. Pendant une ſemaine trois hommes peuvent faire un millier d'acier. Il eſt beaucoup meilleur ſi l'on fait uſage de charbons durs & mols mêlés en égale quantité. Si l'on étoit obligé de choiſir de l'un ou de l'autre, il faudroit préférer les durs. Le marteau eſt du poids de deux cens livres: la partie ferrugineuſe que l'on retire de deſſus l'acier pendant qu'il eſt en fonte, ſe recuit une ſeconde fois & ſe forge enſuite. Les ſoufflets ſont de cuir, ceux de bois ne ſont pas eſtimés ſi bons. Le meilleur acier vient de Carinthie; il y en a pluſieurs manufactures.

On ſe ſert d'une méthode à peu près pareille à celle-ci dans les provinces de Champagne, dans le Nivernois, la Franche-Comté, le Dauphiné, le Limoſin, le Périgord & la Normandie.

Conversion immédiate du fer crud en acier, comme elle se fait à Fordenberg.

La méthode dont on se fert à Fordenberg differe des précédentes, en ce que la veine de fer eft convertie immédiatement en acier, quoiqu'il refte une partie de pur fer mêlée avec une partie d'acier. Cette converfion fe fait à Fordenberg en Stirie & en quelques autres lieux, tels qu'en Rouffillon & dans le pays de Foix. Après avoir fondu la mine de fer dans un fourneau on lui laiffe prendre la forme du creufet, ce qui lui donne celle d'un pain rond par le deffous & plat par-deffus : on l'appelle un *maffet*. Ce maffet étant retiré du feu, on le coupe en cinq ou fix parties, dont chacune eft remife une feconde fois au feu, puis alongée en barres. Un côté de ces barres eft fouvent de pur fer, & l'au-tre d'acier. Quelquefois il n'y en a qu'un quart, qu'un cinquieme, &c, qui foit changé en acier, le refte eft de fer ; c'eft ce qui fait croire qu'il fe trouve des veines de fer plus propres que d'autres à fe con-vertir en acier.

CHAPITRE XV.

De la maniere de convertir le fer en acier artificiel ou factice.

Des différentes especes d'acier.

L'Acier est une espece de fer raffiné & purifié par le feu, qui le rend plus blanc, plus solide, & d'un grain plus menu & plus fin que le fer ordinaire. Il est le plus dur de tous les métaux, quand il est préparé & trempé à propos. Il vient de l'acier d'Allemagne, de Hongrie, de Suede, d'Italie, de Piémont, d'Espagne, &c. Il s'en fabrique aussi quantité en France, comme en Dauphiné, en Auvergne, en Champagne, & ailleurs. Le meilleur de tous se nomme *Acier de Carme*, du nom de la ville de Kernent en Allemagne, où il se travaille. On l'appelle aussi *acier à la double marque*, & on ne l'emploie que pour les ouvrages les plus délicats, comme rasoirs, lancettes, & autres instrumens de Chirurgie, filieres pour les tireurs d'or, burins pour les Graveurs, &c.

L'*acier à la rose* tire son nom, ou d'une espece de rose, couleur d'œil de perdrix,

qui paroît au milieu quand on le caſſe, ou
de la marque que l'on met ſur les barrils
dans leſquels on l'envoie. Il eſt également
beau, & ſert aux mêmes uſages que celui
de carme. L'acier de rebut, qui eſt extrêmement mol, ſe nomme *acier à la ſimple
marque*. Ces ſortes d'acier, ainſi que tous
ceux qui viennent d'Allemagne, ſont par
petites barres quarrées, de quatre, cinq ou
ſix lignes de large, & depuis un pied juſqu'à deux pieds & demi de long.

L'acier de Piémont eſt de deux ſortes,
le naturel & l'artificiel ; l'un & l'autre ſe
vendent en carreaux, mais le premier eſt
le meilleur.

L'acier de grain, de motte ou de Mont-
dragon, vient d'Eſpagne : il eſt en groſſes
maſſes en forme de grands pains plats, qui
ont quelquefois dix-huit pouces de diametre, & depuis deux juſqu'à cinq pouces
d'épaiſſeur. Il eſt bon pour les gros ouvrages, & particulierement pour les outils
qui ſervent à couper le fer à froid.

Enfin *le petit acier* ou *acier commun*,
qu'on nomme autrement Soret, Clamecy,
Limoſin, &c. du nom des villes ou provinces de France où il ſe fabrique, eſt
le moindre de tous, & celui qui ſe donne à plus bas prix. Il ſe débite par carreaux ou billes, mais plus petites & plus

plates que celles de l'acier de Piémont.
La marque du lieu de sa fabrique doit être
au bout de la bille, du côté qui paroît le
plus applati. La bonté de toutes ces différentes especes d'acier consiste à avoir le
grain net, menu, serré, d'un blanc argentin & brillant, sans pailles, surchauffures,
veines noires & fourrures de fer.

Pour convertir le fer forgé en acier artificiel.

Prenez des lames ou barres de fer applaties, & mettez-les dans un creuset assez
grand pour pouvoir les contenir. Il faut
les y stratifier avec une poudre composée
de deux parties de suie de cheminée, une
partie de charbon pilé, une partie de cendres de bois neuf, & trois quarts de partie ou environ de sel marin, c'est-à-dire
que pour un quintal de fer on met environ sept livres de suie, trois livres & demie de charbon pilé, trois livres & demie
de cendres, & deux livres & demie ou
trois livres au plus de sel marin. Cette composition ne doit s'employer que pour le
fer de la meilleure espece. On pourroit
même augmenter la dose des ingrédiens
quand on aura du fer de cette nature, l'o-
pération n'en sera que plus prompte, &
l'acier pourroit y gagner par rapport à sa

qualité. Au contraire, si le fer est mauvais, le plus sûr est d'en diminuer la dose, & alors on se servira de la poudre suivante.

Joignez à deux parties de cendres une partie de suie, une partie de charbon pilé, & trois quarts de partie de sel marin ; mais cette composition agira beaucoup plus lentement, & obligera de continuer le feu bien plus long-tems.

Il faut observer, 1°. de laisser quelque vuide dans le creuset, parce que la matiere se dilate d'abord, & qu'elle pourroit écarter & entr'ouvrir les parois du vaisseau si elle ne trouvoit pas du vuide pour s'étendre. 2°. De bien fermer le creuset & de lutter exactement les jointures de son couvercle, parce que le feu ne doit point agir immédiatement sur le fer ni sur la composition qui l'environne. 3°. De placer les creusets dans le fourneau, de maniere qu'on puisse de tems en tems regarder s'il ne se fait point quelque fente ou crevasse, ce qui brûleroit les matieres & empêcheroit l'effet de cette composition. C'est pourquoi si l'on s'apperçoit qu'il se fait quelque crevasse aux creusets, il faut la boucher au plutôt avec du lut ou du sable gras détrempé dans de l'eau. Si l'ouverture étoit trop grande, il faudroit plutôt éteindre le feu & retirer le creuset, autrement on per-

droit son tems, & l'on brûleroit vainement
du charbon, les matieres se consomme-
roient mal-à-propos, & une partie du fer
se gâteroit.

Au reste, le prix des poudres qui entrent dans cette composition ne doit point
engager à les épargner, car il ne s'en con-
somme pas davantage pour cela ; & après
avoir retiré l'acier du creuset, on y retrouve
les mêmes poudres presque en aussi grande
quantité que quand on les y a mises, &
qui sont encore en état d'agir sur de nouveau fer, pourvû qu'on ait eu soin de la
conserver en luttant bien le couvercle.

A l'égard de la durée du feu, il n'est
gueres possible de la déterminer : elle dépend de la figure & de la capacité du
fourneau dont on se sert, de la qualité &
de l'épaisseur des barres de fer qu'on y
renferme, ainsi que de la dose & quantité
des poudres qu'on y emploie. Il y a des
fourneaux qui demandent un feu continuel
pendant quinze jours, & d'autres à qui
deux ou trois jours suffisent. Voici la marque à laquelle on peut reconnoître si le fer
est totalement converti en acier. Le fourneau & le creuset étant refroidis, il faut
prendre toutes les barres l'une après l'autre, & les tenant par un bout, frapper de
l'autre avec force contre une carne de
l'enclume ;

l'enclume ; si la barre se casse aisément, c'est de l'acier ; si elle résiste, la transmutation n'est pas encore faite, il faut la remettre au feu.

Pour transmuer le fer en fin acier.

Mêlez ensemble une livre de suie nette, douze onces de cendres de chêne, quatre onces d'aulx broyés ; faites bouillir le tout dans douze livres d'eau réduites au tiers. Passez cette lessive, & mettez-y tremper votre fer après l'avoir réduit en lames minces ; ensuite vous le stratifierez avec le ciment suivant. Joignez à trois livres de charbon de bois neuf, une livre * de chaux vive, autant de suie séchée & mise en poudre, & quatre onces de sel décrépité ; lutez bien les vaisseaux ou creusets dans lesquels vous aurez arrangé votre fer, lit par lit, avec ce ciment ; donnez un fort feu de reverbere pendant trois fois vingt-quatre heures, & laissez refroidir le tout avant que d'ouvrir les creusets.

Autre maniere de transmuer le fer en acier.

Faites brûler ensemble parties égales de

* *M. de Reaumur trouve cette dose de chaux trop forte, & voudroit qu'on n'y en mît qu'un huitieme de partie, sa trop grande quantité étant plus capable d'adoucir le fer que de le durcir.*

Tome I.   R

bois de hêtre & de faulx, tirez-en les charbons avant qu'ils foient confommés, & éteignez-les dans de l'eau ou de l'urine : pulvérifez enfuite ces charbons, & paffez la poudre par un fas très-délié. Brûlez de même quantité de groffes cornes de bœuf, mettez-les en poudre, & les tamifez comme ci-deffus. Saffez auffi de la fuie de cheminée, de la cendre de farment de vigne, & de la cendre de favates brûlées, ayant foin de bien tamifer chaque drogue à part.

Mêlez enfemble les poudres ci-deffus, en fuivant cette proportion pour les dofes de chacune, douze livres de poudre de charbon, dix livres de cornes, trois livres de vieilles favates, trois livres de farment & trois livres de fuie. Pour faire cent livres d'acier, vous prendrez cent vingt livres de fer d'Efpagne bien doux, & qui ne foit point pailleux ; vous y ajoûterez les poudres ci-deffus, dofées comme on vient de dire, & arrangées lit par lit, & vous laifferez le tout au feu l'efpace de quarante-huit heures ; après l'opération vous trouverez cent livres de bon acier.

Pour faire l'acier artificiel.

Faites fécher au four dix livres de cornes, pilez-les enfuite ; joignez-y trois livres de fuie de cheminée, autant d'alun, autant de charbon de chêne pulvérifé ; brûlez une douzaine de brins de farment avec autant de tartre qu'ils en pourront calciner. Mêlez trois livres de cette matie- re avec les drogues ci-deffus, & faites-en une poudre dont vous ftratifierez vos la- mes de fer en la maniere fuivante. Ayez un grand vaiffeau de fer ou un pot de terre de creufet, mettez-y d'abord un lit de cen- dres communes, puis une couche de votre poudre, & par-deffus un lit de vos lames ou barres de fer, continuant de mettre ainfi alternativement un lit de poudre & un lit de morceaux de fer, jufqu'à ce que le pot foit rempli, & obfervant que le dernier lit doit être de votre compofition, & re- couvert de cendres communes. Luttez bien votre pot avec un bon couvercle, de façon qu'il n'y entre point d'air, ce qui fe- roit manquer l'opération, & mettez le tout dans un fourneau fait exprès, pendant trois jours, fur un feu de reverbere ; après ce tems, vous laifferez refroidir le four- neau, & vous retirerez votre fer qui fe trouvera changé en acier.

Pour changer le fer en acier.

Prenez un boiffeau de charbons de hêtre pulvérifé & paffé au tamis, un quart de boiffeau de charbon d'aulne auffi pulvérifé

& tamifé , un demi-quart de boiffeau de
cendres de farment & de fuie de cheminée,
tous deux pulvérifés & mis par parties égales. Ayant bien mêlé toutes ces poudres,
mettez-les dans un creufet lit fur lit avec
les barres de fer que vous voulez changer
en acier ; luttez bien le creufet , & donnez
un feu violent pendant deux fois ving-
quatre heures. Il ne faut point de bois flot-
té pour faire les cendres & les charbons
ci-deffus , mais du bois neuf.

Pour rendre l'acier blanc , il faut ajouter
aux poudres ci-deffus un quart de boiffeau
de cendres de bois de genievre. Pour le
rendre violet , il faut faire un bouillitoire
avec parties égales de cendres de farment ,
cendres de favates , fuie de cheminée &
gouffes d'ail pilées , le tout mis dans une
fuffifante quantité d'eau , & y tremper vos
barres de fer à froid avant que de les cou-
cher dans le ciment.

On fe fervira d'un fourneau à vent , large par le bas & qui aille en retréciffant
par le haut , afin de rendre le feu plus violent. Il doit avoir fon cendrier & plufieurs
portes pour faire paffer le vent : fa grandeur fera proportionnée à la quantité de
fer qu'on defire y renfermer , & à la grandeur des creufets qui doivent y entrer.

Le lit fur lit doit être de deux ou trois

bons doigts d'épaisseur de poudre à chaque lit ; les barres de fer se rangent en croix
les unes sur les autres , sans se toucher que
par les deux bouts. Il faut de plus que les
creusets soient si bien bouchés & luttés que
l'air n'y puisse entrer en aucune façon , autrement l'opération ne réussiroit point ,
quelque violent d'ailleurs que fût le feu ,
& vos poudres se brûleroient en vain , &
ne pourroient plus servir. On prendra garde aussi qu'elles ne s'éventent point avant
que de les mettre en œuvre. Ces poudres ,
comme on a déja dit , pourront servir plusieurs fois , en augmentant cependant un
peu la dose à chaque fois pour réparer ce
qui peut s'en perdre ou s'en consommer
dans l'opération.

Maniere de faire de l'acier.

Il faut avoir un grand fourneau avec
une bonne grille de fer , sur laquelle on
stratifie des lames de fer de l'épaisseur d'un
écu , avec des cornes ou des ongles d'animaux ; on donne dessous la grille un feu
très-violent , afin que les cornes ou les ongles en s'enflammant calcinent le fer ; pour
lors étant bien rougi , avant qu'il soit en
fusion on retire promptement toutes ces
lames qu'on jette toutes rouges dans un
grand baquet plein d'eau froide. Plus le

vaiſſeau ſera capable de contenir une grande de quantité d'eau froide, plus l'acier deviendra dur & excellent ; car la bonté & la dureté de l'acier ne dépendent que de la façon de le tremper.

Pour convertir le fer en acier de Damas.

Il faut d'abord lui ôter ſon aigreur ordinaire, & après l'avoir mis en limaille le faire rougir dans un creuſet, & l'éteindre pluſieurs fois dans de l'huile d'olive où l'on aura auparavant éteint à diverſes repriſes du plomb fondu. Il eſt néceſſaire de couvrir auſſi-tôt le vaiſſeau à chaque fois, de crainte que l'huile ne s'enflamme.

Transmutation du fer en acier.

Il faut avoir une grande caiſſe de bonne matiere de fer de cuiraſſes, ou de fer de fonte, ou encore mieux de bonne terre de creuſet. On pratiquera un trou au milieu de la caiſſe pour paſſer une éprouvette de la groſſeur au moins des carreaux de fer qu'on veut convertir en acier ; on garnira bien de terre l'entrée de ce trou, afin que la caiſſe ou le pot ne prenne point d'air. Avant que de mettre votre fer dans cette caiſſe, il faut faire rougir trois fois les carreaux, & les tremper à chaque fois dans l'eau ſuivante.

Prenez du nitre, de la soude, du sel
commun & de la cendre gravelée, de chacun une livre, une demi-livre de vitriol
commun & un quarteron de sel armoniac.
Après avoir bien pilé le tout, mêlez - le
dans huit ou dix pots de bonne eau de
chaux, avec quinze ou vingt têtes d'ail pilées dans un mortier, que vous laisserez
infuser dans cette eau du soir au matin.

Vos carreaux ayant été rougis au feu &
éteints par trois fois dans cette eau, il faut
les stratifier dans la caisse avec la composition ci-après.

Prenez de la chaux vive, du charbon
& de la suie, deux livres de chacun, que
vous réduirez en poudre, douze corni-
chons ou petites cornes de pieds de bœuf,
& autant de vieilles savates coupées bien
menues : mêlez le tout, y ajoûtant une
livre de sel commun, autant de tartre &
autant de soude. Voici la façon d'arranger
le tout dans la caisse. Mettez au fond un lit
de cette composition & un lit de carreaux
par-dessus, laissant entre-deux un bon travers de doigt. Arrosez ces deux lits d'un
peu de votre eau, & continuez de faire
un lit de poudres & un autre de fer, jusqu'à ce que la caisse soit pleine, observant que le dernier lit doit être de votre
composition. Couvrez ensuite la caisse que

R iiij

vous lutterez exactement , & gardez-la jusqu'à ce que le lut soit bien sec.

Alors il faut avoir un fourneau fait comme un fourneau de reverbere , où l'on a pratiqué un trou vis-à-vis celui de la caisse pour passer l'éprouvette ; le cendrier doit être proportionné à la grandeur de la caisse , qui sera soutenue par de fortes barres de fer , ensorte qu'il y ait trois ou quatre doigts de vuide entre le fourneau & la caisse pour mettre le charbon. La caisse étant placée , remplissez tout le fourneau de charbons , & ayant mis du feu par-dessous , laissez-les allumer peu-à-peu : quand ils seront bien allumés par-dessus, vous ferez un grand feu égal par-tout pendant vingt-quatre heures. Environ au bout de vingt heures vous tirerez adroitement l'éprouvette du feu par le trou du fourneau , que vous reboucherez tout de suite , & vous la regarderez dans l'obscurité : si elle est rouge comme pour battre sur l'enclume , alors votre fer est cuit. Vous pouvez donner cependant encore , si vous le jugez à propos , deux ou trois heures de feu , après quoi votre acier étant refroidi , vous le tirerez de la caisse.

Pour rendre l'acier encore plus beau , après que vous l'aurez retiré de la caisse , faites-le rougir , & trempez-le aussi - tôt dans de l'eau de chaux, mêlée avec de l'urine où vous aurez fait diffoudre une once de fel armoniac, & vous verrez un changement extraordinaire.

X. *Des différentes nuances que le feu donne à l'acier.*

Perfonne n'ignore que l'acier prend au feu des couleurs différentes, felon qu'on le chauffe plus ou moins fur un feu doux : mais la fuite de ces différentes couleurs eft un objet de curiofité que nous ne pouvons paffer fous filence dans un ouvrage tel que celui-ci. Les voici telles que M. Swendeborg les a expérimentées.

Si on met une lame d'acier bien polie fur les charbons, & qu'on la chauffe par dégrés, 1°. la blancheur de l'acier augmentera ; 2°. elle fe changera en un jaune léger, comme un nuage ; 3°. ce jaune augmente & devient couleur d'or ; 4°. la couleur d'or difparoît peu-à-peu, & le pourpre prend la place ; 5°. le pourpre fe cache comme d'un nuage, & fe change en violet ; 6°. la couleur violette fe change en un bleu élevé ; 7°. le bleu fe diffipe & s'éclaircit ; 8°. enfin, à toutes ces couleurs fuccéde celle qu'on appelle *couleur d'eau*.

Pour que ces couleurs paroiffent vives & belles, il faut que l'acier foit très-poli &

R v

graiffé d'huile ou de fuif. Ces couleurs fe conservent toujours fur l'acier, & ne peuvent être emportées que par la lime ou des frottemens équivalens, ou par un feu plus fort ; elles garantiffent même en quelque façon le fer de la rouille, ou pour mieux dire elles le rendent moins fufceptibles de fe rouiller.

Pour mettre l'acier en couleur d'eau.

Pour donc mettre l'acier en couleur d'eau, qui eft celle qu'on lui donne ordinairement, il faut le polir d'abord avec les limes douces, puis avec le bruniffoir ; & l'ayant frotté d'huile ou de fuif, le chauffer dans des cendres très-fines, paffées au tamis. Après avoir pris au feu différentes couleurs, comme on vient de l'expliquer, il paroîtra enfin de couleur d'eau ; pour la lui conferver, il faut le retirer alors promptement du feu, de peur qu'il ne la perde.

Pour fondre l'acier & le rendre coulant.

Il faut battre de l'acier & le rendre auffi mince que du fer blanc, après cela le tremper comme à l'ordinaire ; enfuite le piler dans un mortier jufqu'à ce qu'il foit réduit en poudre. Mettez cette poudre d'acier dans un creufet avec de la corne de pied de cheval & de la rapure de corne de cerf;

remplissez le creuset avec de la fiente de
cheval séche ; donnez-lui un feu très - violent , & quand la matiere sera blanche à
force de feu , vous y mettrez un peu de
soufre & un peu de tutie , ayant soin de
remuer pour les faire fondre. Quand le
métal sera fondu , vous y jetterez du sel
armoniac , avec un peu de savon & de
borax pour le rendre coulant ; alors vous
le jetterez dans des moules de sable fin ou
de cendres , qu'on aura soin de bien faire
sécher & d'échauffer avant que d'y couler
la matiere : il faut que le moule soit dans
le fourneau. Si vous vouliez réparer vos
ouvrages ensuite , il faudroit les éteindre
dans du sang de bœuf ou de boue , mêlé
avec de l'huile d'olive ; cela ramollit le
métal.

Pour amollir l'acier & l'endurcir ensuite.

Faites une petite fosse en longueur dans
une barre de fer , & jettez - y du plomb
fondu , puis faites - le évaporer à un feu
violent , comme pour les coupelles ; réitérez la même chose quatre ou cinq fois , &
le fer se ramollira.

Vous pourrez le rendurcir ensuite en
l'éteignant dans de l'eau de forge , & même on en pourra faire des lancettes & des
rasoirs , dont le tranchant pourra couper

d'autre fer fans s'éclater ni s'égrener.

L'expérience a appris que pour bien tremper un harnois contre les coups d'arquebuse, il faut l'adoucir d'abord avec des huiles, des gommes, de la cire, & autres matieres grasses & incératives, & ensuite le rendurcir en l'éteignant plusieurs fois dans des eaux qui le resserrent.

Autrement. Prenez la quantité qu'il vous plaira de gousses d'ail ; ôtez-en la grosse écorce, puis faites-les bouillir dans de l'huile de noix jusqu'à la consistance d'onguent ; enduisez les lames d'acier avec cet onguent dessus & dessous, ensorte qu'elles en soient entierement couvertes de l'épaisseur d'un écu : mettez cet acier ainsi enduit dans la forge sur les charbons ardens, & il deviendra doux. Pour le durcir ensuite, il faut lui donner une chaude à rouge de cerise, & l'éteindre dans de l'eau très-froide.

Ou bien. Il faut faire une lessive de cendres de bois de chêne mêlées avec de la chaux vive, & l'ayant coulé l'espace de deux heures on y jettera l'acier, & on l'y laissera pendant quatorze jours ; au bout de ce tems on le retirera, & il se trouvera si amolli qu'on pourra graver aisément dessus. Si vous souhaitez qu'il reprenne sa dureté ordinaire, trempez-le en eau froide après l'avoir fait rougir au feu.

On amollit encore l'acier en le mettant tremper pendant vingt-quatre heures dans une forte lessive faite avec parties égales de chaux vive & de cendres gravelées, que l'on aura coulée neuf ou dix fois sur de nouvelle poudre de chaux vive & de cendres gravelées, renouvellée à chaque fois.

Pour adoucir l'acier.

Pétrissez une masse d'argile ou terre à potier, & amollissez-la avec de l'eau : faites-y un enfoncement pour y placer le morceau de fer ou d'acier qu'il est question d'amollir, autour duquel vous appliquerez l'épaisseur d'un doigt d'excrémens humains. Votre morceau d'acier étant placé dans l'argile, recouvrez-le de la même terre, & entourez de charbons ardens toute la masse pour la faire rougir. Laissez-la refroidir ensuite, & retirez votre acier qui se trouvera presque aussi mol que du plomb.

On peut aussi amollir l'acier en le faisant rougir cinq ou six fois au feu, & en l'éteignant à chaque fois dans une liqueur composée d'urine, de fiel de bœuf & de suc d'orties, en égale quantité.

Pour endurcir une lime ou autres outils.

Brûlez de vieux souliers, mettez-les en

poudre , & ajoûtez-y autant de sel : il faut
mettre de cette mixtion dessus & dessous
les limes , & les mettre dans quelque boîte
de fer , laquelle étant bien close vous les
mettrez au feu jusqu'à ce qu'elle devienne
toute rouge. Jettez - la ensuite dans une
grande quantité d'eau froide , & vous aurez des limes excellentes & aussi dures qu'il
est possible. On peut aussi les oindre de
sang de bouc ou d'huile de lin.

On endurcit encore l'acier en le faisant
rougir au feu cinq ou six fois , & le plongeant à chaque fois dans une eau composée de quatre onces de trognons de choux ,
douze onces de racines de raves , & seize
onces de vers de terre , que vous aurez
fait sécher à demi ; broyez ensemble , &
distillez à l'alambic.

Maniere de tremper les outils de fer & d'acier.

La trempe se fait de différentes manieres ; la plus ordinaire est de faire rougir le
fer ou l'acier après l'avoir façonné & limé ,
& de le jetter tout rouge dans l'eau. Ensuite si cette trempe est trop forte , & si
elle rend les outils & les ressorts trop cassans , on les fait chauffer une seconde fois
jusqu'à ce qu'ils ayent pris une couleur
bleue ou rougeâtre. Si c'est pour couper

du bois , on leur donne la couleur bleue ;
fi c'eft pour travailler le fer , on leur fait
prendre la couleur rougeâtre , & on les
trempe une feconde fois , fans attendre
qu'ils ayent pris la couleur bleue.

La feconde maniere eft de faire rougir
les inftrumens qu'on a ajuftés , & après
les avoir plongés tout rouges dans l'auge
de la forge ou dans de l'eau nette (ce qui
vaut beaucoup mieux),on les retire promptement , fans attendre qu'ils foient entierement refroidis ; & quand ils font reve-
nus bleus ou rougeâtres , on les replonge
dans l'eau , & on les y laiffe jufqu'à ce
qu'ils foient tout-à-fait refroidis.

La troifieme méthode eft de faire un peu
chauffer l'eau dans laquelle on trempe les
outils. Cette maniere eft très - bonne , &
convient particulierement aux refforts de
montres & de pendules , qui feroient fur-
pris , & cafferoient fouvent dans la trempe
à l'eau froide.

La quatrieme eft de faire revenir & recuire tout doucement les inftrumens , fans
les tremper une feconde fois. Cette méthode eft la meilleure , parce que les parties de fer ou de l'acier , qui fe font étendues & allongées en rougiffant au feu , &
qui par conféquent font devenues plus
douces & plus liantes , confervent cette

qualité en se rapprochant peu-à-peu ; elles sont moins dures, moins cassantes & moins sujettes à *se grener*. L'expérience prouve que les outils que l'on a rougis doucement dans un feu de charbons de bois mêlés avec de la braise de boulanger, & qu'on a fait revenir peu-à-peu sur cette braise, après les avoir trempés dans de l'eau tiéde, ayant soin de les retirer un peu avant qu'ils eussent pris la-véritable couleur, & les laissant refroidir sans les tremper une seconde fois, l'expérience (dis-je) prouve que ces outils étoient incomparablement meilleurs pour couper le bois & le fer que ceux qu'on avoit trempés deux fois, suivant la méthode ordinaire, quoique les uns & les autres fussent fabriqués du même acier.

La meilleure maniere pour faire revenir les outils après qu'ils ont été trempés, seroit de se servir d'une barre de fer rougie au feu, parce qu'on pourroit la porter au jour sans qu'elle fît de fumée qui noircisse ou qui embarrasse : d'ailleurs on pourroit les retirer & les avancer plus facilement, leur donner une chaleur égale, & les faire revenir précisément au point que l'on souhaite, sans être obligé de recommencer.

La trempe faite dans l'huile ou dans la

graisse est la meilleure de toutes ; les outils qui y ont été trempés sont plus doux ,
les ressorts ont autant de force & sont bien
moins cassans que ceux que l'on trempe
dans l'eau ou dans l'urine : les ressorts
trempés dans l'eau ont souvent *des cracs*
ou des cassures , ce qui n'arrive point
lorsqu'ils l'ont été dans l'huile. A l'égard
de la trempe que l'on fait dans l'urine , elle
n'est jamais bonne , parce que les sels dont
l'urine est impregnée aigrissent le fer &
l'acier , font grener les outils & les ressorts, & les rendent cassans. Les eaux sales
& chargées de parties salines sont dans
le même cas, & ne different de l'urine que
du plus ou du moins. C'est pourquoi les
ouvriers en fer doivent être attentifs à ne
se servir que d'eau bien nette dans leur
auge , & faire ensorte qu'il ne s'y mêle
point de charbon de terre , parce qu'il
contient beaucoup de sels. Ils doivent aussi,
par la même raison , s'abstenir d'uriner
dans leur charbon ; car plus le charbon est
doux , plus l'ouvrage est liant & facile à
employer : c'est pour cela qu'on doit préférer le charbon de bois au charbon de
terre , soit pour la forge , soit pour la recuite.

On objectera peut-être que les sels &
les drogues fortes rendent le fer plus dur

& le changent même en acier, mais il est
aisé d'y répondre ; car si le fer ou l'acier
en deviennent plus durs, ils en deviennent
aussi plus cassans & plus grenés, & il n'y
auroit tout au plus que sa superficie qui
pourroit se durcir & se changer en acier.
D'ailleurs on a vû ci-devant que pour convertir le fer en acier il faut toujours joindre aux sels & aux acides des adoucissans,
comme de la suie de cheminée, des cuirs,
&c, afin d'en émousser & d'en adoucir les
pointes par les graisses que ces matieres
contiennent. Pour donner une idée de la
maniere de tremper l'acier, nous allons
rapporter la méthode que l'on suit dans
la fabrique & la trempe des limes & des
aiguilles.

Maniere de fabriquer & de tremper les limes.

La lime doit être forgée du meilleur
acier. Après l'avoir fabriqué de la forme
& de la grosseur dont on la veut, on la
frotte de graisse pour la rendre plus douce
sous le ciseau, & on la taille suivant le
grain convenable à l'usage auquel elle est
destinée ; ayant été taillée, on la trempe
d'une maniere qui lui est propre, & que
nous allons expliquer en peu de mots.

Après que les limes ont été taillées, &
qu'on les a frottées de vinaigre & de sel

pour en ôter la graiſſe qu'on avoit miſe
deſſus pour les tailler, on les couvre d'une
compoſition faite avec de la ſuie de cheminée bien ſéche & bien dure, battue &
détrempée avec de l'urine ou du vinaigre,
à quoi l'on ajoûte du ſel commun, enſorte
que le tout ſoit réduit en conſiſtance de
moutarde. Les limes étant couvertes de
cette eſpece de pâte, on en renferme pluſieurs enſemble en un paquet dans de la
terre glaiſe, & on les met au feu, d'où on
les retire quand elles ont pris une couleur
de ceriſe; ce que l'on connoît par le moyen
d'une petite verge du même acier, que
l'on nomme *éprouvette*. Les ayant retirées,
on les jette dans de l'eau de fontaine ou de
puits, toute la plus froide que l'on peut
trouver. C'eſt ce que l'on appelle *tremper
en paquet*.

Maniere de fabriquer, de tremper & de polir les aiguilles.

L'acier d'Allemagne ou de Hongrie eſt
eſtimé le meilleur pour la fabrique des
aiguilles. La premiere façon qu'on lui donne eſt de le faire paſſer par un feu de charbon de terre, & enſuite ſous le marteau,
pour le rendre, de quarré qu'il étoit, en
forme de cylindre ou de lingot. Après cette préparation on le tire par un gros trou

de filiere, ce qui s'appelle le *dégroffir*; enfuite on le remet au feu, d'où étant retiré on le fait paffer de nouveau par un fecond trou de filiere plus petit que le premier, & ainfi fucceffivement de trou en trou, toujours de plus en plus petit, jufqu'à ce qu'il foit parvenu au point de fineffe qu'on s'eft propofé de lui donner par rapport à l'efpece d'aiguilles que l'on veut faire, obfervant de le mettre au feu chaque fois qu'on le veut faire paffer par un nouveau trou de filiere, & de le graiffer avec un morceau de lard pour le rendre plus maniable & plus facile à travailler.

L'acier ayant été de cette façon réduit en maniere de menu fil d'archal, eft coupé par petits morceaux, de longueur proportionnée aux aiguilles qu'on veut faire ; puis ces morceaux font applatis par un des bouts fur une enclume, pour commencer à former la tête de l'aiguille, ce qui s'appelle *palmer l'aiguille* : enfuite ces morceaux ainfi coupés & palmés, font mis dans le feu pour les amollir davantage, d'où on les retire pour les percer des deux côtés du plat fur une enclume, par le moyen d'un petit poinçon d'acier bien trempé : c'eft ce qui s'appelle *percer l'aiguille*.

Après que les aiguilles ont été percées, on les fait paffer les unes après les autres

fur un bloc de plomb , pour faire fortir
avec un autre poinçon les petits morceaux
d'acier qui font reftés dans les têtes , & qui
en bouchent les trous ; ce qui fe nomme
troquer l'aiguille ; puis on en abbat les quar-
res , c'eft-à-dire on lime la tête pour l'arrondir ; cela s'appelle *évuider l'aiguille :*
enfuite on fait avec la lime ce qu'on nomme *la canelle* ou *la railette de l'aiguille* ,
qui eft cette petite cavité , ou canelure qui
fe voit de chaque côté du plat de la tête.

La canelle étant faite , on forme la pointe avec la lime ; ce qui fe nomme *pointer
l'aiguille* ; après quoi l'ouvrier les marque
toutes de fon poinçon , puis il les dreffe
avec la lime ; ce qui s'appelle *dreffer les
aiguilles de lime.*

Les aiguilles ayant été dreffées avec la
lime , on les fait rougir fur un long fer
plat & étroit , recourbé par le bout , dans
un feu de charbon de bois ; au fortir de
ce feu on les jette dans un baffin d'eau
froide pour les durcir ; c'eft ce qu'on appelle *tremper les aiguilles* , ou leur donner
la trempe.

La bonté de la trempe des aiguilles dépend beaucoup de la capacité de l'ouvrier ,
qui doit connoître par expérience le dégré
de chaleur qu'il eft néceffaire de leur donner : le trop de chaleur les brûle , le trop
peu ne les trempe point.

Aussi-tôt que les aiguilles ont reçu leur trempe, on les met dans une poële de fer sur un feu plus ou moins vif, suivant la grosseur des aiguilles, ayant soin de les remuer de tems en tems. On leur donne cette façon, pour leur faire prendre du corps ; c'est ce que les ouvriers appellent *donner le revenu aux aiguilles*, ou les *faire revenir*. C'est encore dans cette façon que l'expérience de l'artisan est de conséquence ; car s'il fait trop chauffer les aiguilles, elles se détrempent & deviennent molles ; d'un autre côté, s'il ne les fait pas assez chauffer, elles deviennent séches & cassantes.

Après avoir fait revenir les aiguilles, on les redresse les unes après les autres avec le marteau ; la fraîcheur de l'eau dans laquelle elles ont été jettées pour les tremper, en ayant fait déjetter ou tortuer la plus grande partie : cette façon s'appelle *dresser les aiguilles de marteau*.

Lorsque les aiguilles ont été dressées de marteau, on les dérouille ; ce qui s'appelle *polir les aiguilles*. Pour faire *ce poliment*, on prend douze ou quinze milliers d'aiguilles, plus ou moins, selon les différentes grosseurs, que l'on range de longueur, bout à bout, par petits tas, les unes contre les autres, sur un morceau de treillis neuf, sur

lequel on a semé de l'émeri en poudre.
Les aiguilles étant rangées de cette maniere, on jette par-dessus de la poudre d'é-
meri, que l'on arrose avec de l'huile d'o-
live; ensuite on forme un rouleau du tout,
que l'on serre bien fort par les deux bouts &
tout autour avec de la menue corde neuve.

Ce rouleau est mis sur une table de bois
épaisse, quarrée, longue, qui s'appelle
le polissoir; on met par-dessus une forte
planche que l'on charge de pierres, & que
deux hommes font aller & venir alternativement à force de bras pendant un jour &
demi ou deux jours. De cette façon le rouleau étant continuellement agité par la
pesanteur & par le mouvement de la planche dont il est chargé, les aiguilles qu'il
renferme se frottent les unes avec les autres avec l'huile & l'émeri, & elles se dé-
rouillent & se polissent insensiblement.

En Allemagne le poliment des aiguilles ne se fait point à force de bras, on se
sert pour cela de moulins à eau : on prétend que c'est la meilleure maniere, & celle
qui coûte le moins.

Les aiguilles suffisamment polies sont
retirées de dedans le treillis pour les nettoyer du cambouis ou courroi qui s'y trouve attaché; ce qui se fait par le moyen de
l'eau de riviere ou de fontaine qu'on fait

chauffer, & dans laquelle on a fait diffoudre du favon ; cette façon s'appelle *leffiver les aiguilles.*

Les aiguilles étant bien lavées & leffivées, on les reffuie dans du fon chaud un peu mouillé. On met le tout dans une boîte ronde, fufpendue en l'air par une corde que l'on agite jufqu'à ce que le fon foit fec & les aiguilles reffuyées. On nomme cela *vanner les aiguilles.*

Après avoir fuffifamment vanné les aiguilles dans deux ou trois fons différens, on les tire de la boîte, on les fépare du fon, & on les met dans des écuelles de bois pour *les trier*, c'eft à-dire pour féparer les bonnes d'avec celles dont les pointes ou les têtes ont été caffées, foit en les poliffant, foit en les vannant.

Ce *triage* étant fait, toutes les têtes font mifes d'un même côté ; ce qui s'appelle *détourner les aiguilles* : enfin on en adoucit les pointes par le moyen d'une pierre d'émeri, que l'on fait tourner avec un rouet, & c'eft par cette derniere façon, appellée *l'affinage des aiguilles*, qu'on en acheve la fabrique.

Enfin après l'affinage, on les met par deux cens cinquante dans de petits morceaux de papier bleu que l'on plie proprement, & dont on fait des paquets d'un millier.

millier. De ces petits paquets on en forme de plus gros, qui contiennent jufqu'à
cinquante milliers d'aiguilles de différentes groffeurs & qualités ; le tout diftingué
par *numéro*. Celles du numéro premier
font les plus groffes, & elles vont toujours en diminuant de groffeur & de longueur jufqu'au numéro 22 qui marque
les plus fines. Chaque paquet ainfi af-
forti porte le nom & la marque du fabriquant, & l'on y écrit fur la derniere
enveloppe les différens numéros qui y
font contenus. *Dictionn. du Commerce.*

La plus grande partie des aiguilles de
France fe tire de Rouen & d'Evreux :
car on n'en fabrique plus guere à Paris
que de celles des premiers numéros
qui fervent aux tapiffiers, &c. L'Allemagne en fournit auffi une fort grande
quantité, & l'on en tire beaucoup d'Aix-
la-Chapelle.

Pour faire de bon acier.

Pulvérifez égale quantité de charbon
de hêtre & de chaux vive : faites-en un
mêlange dont vous mettrez un lit d'environ un pouce au fond d'un pot de fer ;
formez par-deffus un autre lit de petites
billes de fer, que vous y arrangerez de
façon qu'elles ne fe touchent point : re-

couvrez ce lit avec de la poudre suivante.

Il faut pulvériser quatre onces de sel alkali, une once de sel armoniac, une dragme d'alun, & autant de sel commun; mêlez ensemble ces matieres, & mettez-en l'épaisseur d'un demi-doigt par-dessus vos billes de fer. Recommencez un nouveau lit de votre premiere mixtion, ensuite un lit de fer & un autre de vos sels: continuez ainsi de suite jusqu'à ce que le pot soit plein, observant de finir par un lit de votre premier mêlange. Exposez votre pot ainsi rempli à un feu de réverbere, ou mettez-le dans un four de verrier pendant deux fois vingt-quatre heures: retirez le pot, & vous aurez de fort bon acier.

Pour tremper l'acier.

Prenez de la racine de pommier, des raiforts, & des vers de terre qui ont la tête noirâtre; distillez chaque drogue en particulier au bain-marie ou au feu de sable, & conservez chaque liqueur dans des fioles séparées. Lorsque vous voudrez tremper votre fer ou acier, il faut mettre ensemble parties égales de ces trois liqueurs, & y tremper le fer après l'avoir fait rougir au feu; on le fait recuire enfuite à l'ordinaire. Cette trempe eft excellente: on ne fait diftiller les eaux ci-deffus que pour pouvoir les conferver plus long-tems, car le fuc exprimé de chaque matiere produiroit le même effet.

Autre. Faites chauffer votre fer ou acier, de forte qu'on le puiffe manier fans fe brûler, frottez-le alors légére-ment de tous les côtés avec un morceau de talc, puis mettez-le au feu pour le tremper fi dur que vous voudrez, car il ne fera point du tout caffant.

Autre. Oignez par-tout votre fer avec du favon gras, ou autre favon diffous dans de l'eau, & qui foit épais comme de l'onguent. Faites-le rougir au feu en-fuite, & trempez-le dans de l'eau froide & nette, qui n'ait pas encore fervi à cet ufage, & vous aurez une trempe excel-lente.

Bonne trempe pour les armes.

Pilez dans un mortier parties égales de brionne, de titimale, de pourpier, & de raifort, jufqu'à ce que vous ayiez une livre de fuc. Ajoutez-y une livre d'urine d'enfant roux, un gros de fel gemme, autant de fel ammoniac, un gros de foude, & un gros de falpêtre. Mettez le tout enfemble dans un vaiffeau

de verre, & l'ayant bien bouché, enter-
rez-le à la cave dans du fable, & laiffez
la matiere en digeftion pendant trois fe-
maines. Vous la diftillerez enfuite par
un feu gradué, & vous conferverez cette
liqueur pour y tremper vos armes.

Autre. Trempez votre fer dans un mêlange compofé de fuc d'orties, d'urine
d'enfant, de fort vinaigre, de fiel de
bœuf, & d'un peu de fel marin.

Autre. Après avoir fait rougir votre
fer, il faut l'éteindre dans une liqueur
compofée de parties égales de fuc d'orties, de pilofelle, & de branche urfine,
ou dans les eaux diftillées de ces mêmes
plantes.

On peut encore éteindre le fer, lorfqu'il eft bien rouge, dans la graiffe de
bouc, ou dans la moëlle de cheval, ou
bien dans une décoction de feuilles & de
racines de bugloffe.

Autrement. Faites chauffer l'outil que
vous voulez tremper, & lorfqu'il fera
d'un rouge couleur de cerife, retirez-
le promptement du feu, frottez-le avec
du fuif de chandelle, & trempez-le auffi-
tôt dans de fort vinaigre, dans lequel
vous aurez fait infufer de la fuie de cheminée, & vous aurez une trempe très-
dure.

Pour empêcher le fer de se fondre en le trempant.

Faites fondre du suif, & versez-le doucement dans de l'eau froide jusqu'à qu'il se fige & qu'il nage sur l'eau de l'épaisseur d'un doigt; & quand votre fer ou acier sera bien chaud, trempez-le d'abord dans ce suif & ensuite dans de l'eau froide, & n'appréhendez pas que jamais il se fonde ou qu'il s'y forme des gersures. C'est de cette maniere que l'on trempe les cottes de maille.

Pour garantir le fer de la rouille.

Faites fondre dans un pot de terre vernissé quatre livres de panne de porc coupée menue, & séparée des peaux & de la chair, en y ajoutant quelques cuillerées d'eau commune. La graisse étant fondue, vous la passerez dans un linge, puis vous la remettrez dans le même pot avec deux onces de camphre écrasé, & vous la laisserez bouillir doucement jusqu'à ce que le camphre soit entiérement dissous. Retirez alors votre composition de dessus le feu; & tandis qu'elle est encore chaude, mêlez-y du *plumbago* ou mine de plomb commune dont on frotte les ouvrages en fer, autant qu'il en faut pour lui en donner la couleur; vous enduirez votre fer ou votre acier avec cette graisse, le plus chaudement qu'il est possible, & quand l'ouvrage sera refroidi, vous l'essuierez avec un linge, & vous aurez un fer exempt de rouille. *Hist. de l'Académ.* 1699.

Ou bien, faites chauffer votre fer ou acier de maniere qu'on ne le puisse manier sans se brûler, & frottez-le de cire blanche vierge. Après cela, remette-le au feu pour emboire la cire, & essuyez-le ensuite avec un morceau de serge.

Autre. Pour préserver le fer de la rouille, on prend de la limaille de plomb fort menue que l'on met dans une fiole, & par-dessus suffisante quantité d'huile d'olive, ou mieux encore d'huile d'aspic : bouchez bien la fiole, & laissez le tout s'infuser pendant neuf ou dix jours. Il faut nettoyer le fer en le grattant & le ratissant bien, puis on le frotte avec cette huile, & il n'est plus sujet à se rouiller : la graisse de pieds de bœuf bien bouillis a la même propriété.

Ou bien, prenez quatre onces de plomb limé très-fin, une once d'huile d'olive, autant d'urine, & une once & demie de vieux suif de cochon mâle. Mettez le tout dans un pot de terre sur un petit feu, & laissez - le s'épaissir jufqu'à confiftance d'onguent. Vous en frotterez vos armes & elles ne rouille-ront jamais.

On préferve encore les armes de la rouille, telles que les canons de fufil & les épées, en les frottant de moëlle de cerf, ou de poudre d'alun détrempé dans de fort vinaigre ; par ce moyen elles fe confervent toujours luifantes.

Pour empêcher qu'une épée ne fe rouille, il n'y a qu'à mettre du blanc de cerufe en poudre dans le fourreau.

Pour dérouiller promptement le fer.

Il n'eft befoin pour cela que de trem-per un linge dans de l'huile de tartre ti-rée par défaillance ; & d'en frotter enfuite le fer. On tire cette huile du tartre, en le faifant d'abord rougir, & calciner au feu : lorfqu'il eft devenu blanc on le re-tire du feu, & après qu'il eft refroidi, on le met dans une veffie de porc que l'on ferme bien, & on le laiffe pendant une nuit dans l'eau, ou à la cave dans quelque endroit humide. Mettez enfuite la veffie fous la preffe, & vous en tire-rez cette huile qui a la propriété d'enle-ver la rouille du fer, & de donner de l'é-clat aux armes.

Voici une autre maniere de faire cette

huile de tartre. Prenez des morceaux de tartre de Montpellier, enveloppez-les féparément dans du papier brouillard, & expofez-les à un feu modéré l'efpace de deux ou trois heures. Alors vous retirerez vos morceaux du feu, & les ayant mis dans un vaiffeau de grès, vous ferez tiédir une pinte d'eau, & la jetterez par-deffus ; le tartre fe diffoudra : après cela, vous filtrerez cette diffolution, & la remettrez fur le feu dans un pot de terre pour en faire évaporer l'eau jufqu'à ficcité. Alors ayant enfermé votre tartre dans une bouteille de verre ou de grès bien bouchée, vous le mettrez à la cave ; & lorfqu'il fera redevenu liquide, vous vous fervirez de cette huile comme on vient de le dire.

Pour empêcher un canon de fufil de crever.

Démontez le canon de votre fufil, lavez le-bien avec de l'eau, & quand il fera fec, rempliffez-le de fuif jufqu'à la bouche ; & après avoir bien fermé le trou du baffinet avec un petit cloud, mettez ce canon dans un four après en avoir tiré le pain, hauffant un peu la bouche du canon, de crainte que le fuif ne fe renverfe en fondant. Laiffez-y votre canon quelque tems, & lorfque vous le retirerez du four, vous n'y trouverez plus rien, tout le ſuif ſera conſumé, & vous aurez un canon de fuſil à l'épreuve.

Pour faire porter loin un piſtolet.

Mettez une bonne charge de poudre dans votre piſtolet, & au lieu de papier mettez ſur la poudre une balle de camphre un peu groſſe, que vous y ferez entrer de force & que vous battrez beaucoup ; ayez enſuite une peau de veſſie de cochon fort déliée, trempée dans de l'huile de pétrolle, dans laquelle vous envelopperez votre balle ; vous mettrez par-deſſus encore un peu de camphre, que vous ne batterez guerre, & vous en verrez l'effet.

Pour empêcher un fuſil de tirer droit.

On prétend qu'en frottant le bout du fuſil avec un oignon coupé en deux, cela l'empêche de tirer droit, & que cela détourne la direction de la balle ; mais je ne conſeillerai à perſonne de s'y expoſer.

Pour ſe rendre dur aux coups de fuſil.

Voici un ſecret plus ſur pour s'ex‑‑‑‑er ſans danger aux coups de f‑‑‑, mais il faut être maître d‑‑‑‑‑me & la charger ſoi-même. Il faut avoir pour cet effet une

balle de fuſil qui ſoit de moindre calibre
que le canon : on met d'abord dans le
fuſil très-peu de poudre, enſuite cette
balle de moindre calibre, puis une char-
ordinaire de poudre par deſſus & même
davantage, ſi l'on veut : on peut tirer
alors avec un aſſez grand bruit, mais ſans
aucun effet, la balle étant retardée par
l'action de la poudre qui la couvre, elle
va tomber preſque aux pieds de celui qui
tire. *Hiſt. de l'Acadēm.* 1706.

Pour faire un colletin à l'épreuve de la balle.

Il faut prendre une peau de bœuf ou de
bufle, nouvellement écorché, en couper
le poil, la tailler & la coudre ; puis l'ayant
mis tremper dans le vinaigre pendant
vingt-quatre heures, on la retirera pour
la mettre ſécher à l'ombre, & non pas au
feu, ni même au ſoleil. Il faut réitérer juſqu'à cinq ou ſix fois cette infuſion dans le
vinaigre, la faiſant ſécher à chaque fois,
& ſe ſervir toujours de nouveau vinaigre à chaque infuſion. La peau deviendra
d'une dureté à l'épreuve du mouſquet,
& on lui donnera enſuite la couleur
qu'on voudra.

Pour faire une toile qui résiste à l'épée.

Prenez de la toile neuve bien forte, l'ayant mise en double, frottez-la avec de la colle de poisson dissoute dans de l'eau, & faites-la sécher sur une planche. Ayez ensuite deux onces de cire jaune, autant de poix-résine & autant de mastic; mêlez-y une once de térébentine, & faites fondre le tout dans un pot de terre vernissé sur un feu doux, remuant bien avec une spatule de bois pour incorporer ensemble ces matieres. Versez de cette composition toute chaude sur la toile jusqu'à ce qu'elle en soit bien imbibée par-tout. Laissez sécher cette toile ainsi préparée, & l'on en pourra garnir des vestes, pour se rendre invulnérable aux coups d'épée.

Pour fondre une lame d'épée dans le fourreau.

Jettez de l'arsenic au fond du fourreau; faites-y couler ensuite quelques gouttes de jus de citron, & remettez la lame dans le fourreau : vous verrez votre lame d'épée se calciner en moins d'une demi-heure, sans que le fourreau en soit en aucune façon endommagé.

S vj

CHAPITRE XVI.

Addition à la maniere de faire le fer-blanc, contenant un détail plus exact sur cet Art, conform'ment à ce qui se pratique dans la nouvelle manufacture de fer-blanc établie dans le Nivernois.

On a déjà vu, dans le chapitre XIII, quelques procédés sur la maniere de fabriquer le fer blanc ; mais le grand *Dictionnaire de l'Encyclopédie* ayant paru depuis l'impression de ce qui précede, nous n'avons point fait difficulté d'y puiser de nouveaux détails sur les arts, lorsqu'ils se sont trouvés avoir rapport aux sujets que nous traitons dans cet ouvrage : c'est pourquoi nous allons donner dans ce chapitre le mémoire que Messieurs les Editeurs de l'*Encyclopédie* y ont inféré à l'article *fer-blanc* ; & nous le ferons avec d'autant plus de liberté que tout ce qu'on y trouve n'étant qu'un récit & une description abrégée de ce qui se pratique dans cette manufacture ; chacun peut se mettre à portée de donner les mêmes détails en s'en instruisant par lui-même & en suivant les mêmes opérations.

Maniere de forger le fer pour la fabrique de fer-blanc.

Il s'est établi depuis quelques années une manufacture de fer-blanc, à une lieue de Nevers ; on y porte le fer en petits barreaux : le meilleur est celui qui s'étend facilement, qui est doux & ductile, & qui se forge bien à froid ; il ne faut pas cependant qu'il ait ces qualités avec excès. On le chauffe d'abord & on l'applatit un peu, sous le gros marteau ; &, dès le premier voyage, on le coupe en petits morceaux qu'on appelle *sémelles*, dont chacune peut fournir deux feuilles de fer-blanc. On chauffe ces morceaux dans une espece de forge jusqu'à étinceler violemment, & on les applatit grossiérement. On les rechauffe une troisieme fois, & on les étend sous le même gros marteau, jusqu'à doubler à peu près leur dimension : puis on les plie en deux suivant leur longueur. On les trempe ensuite dans une eau trouble qui contient une terre sableuse, pour empecher les plis de se souder. Il feroit peut-être à propos d'y ajouter du charbon en poudre, pour empêcher les sémelles de se brûler.

Maniere de former les trousses du fer réduit en feuilles.

Lorsqu'on a une assez grande quantité de ces feuilles pliées en deux, on les transporte à la forge, on les y range verticalement à côté les unes des autres, sur deux barres de fer qui les y tiennent élevées, & l'on en forme une file plus ou moins grande, selon leur épaisseur : cette file s'appelle une *trousse*. Un levier de fer qu'on leve ou qu'on abaisse quand il en est tems, sert à tenir la trousse serrée. On met ensuite par dessous & par dessus du plus gros charbon, & l'on chauffe la trousse. Quand on s'apperçoit qu'elle est bien rouge, un ouvrier prend un paquet d'une quarantaine de ces feuilles doubles, & le porte sous le marteau. Ce second marteau est plus gros que le premier, il pese sept cens livres, & n'est point acéré. Là, ce paquet est battu jusqu'à ce que les feuilles aient acquis à peu près la dimension qu'elles doivent avoir. Sur quoi il est bon d'observer que les feuilles extérieures du paquet, c'est-à-dire, celles qui touchent immédiatement à l'enclume & au marteau ne s'étendent pas autant que celles qui sont renfermées dans l'épaisseur du paquet ; la chaleur que celles-ci conſervent plus long-tems , les oblige de céder davantage & plus facilement aux coups que l'on donne pour les éten-dre.

Maniere de manœuvrer les feüilles ſous le marteau.

Après cette premiere façon, on entre-larde, parmi ces feuilles que l'on bat , quelques-unes de celles qui, dans le tra-vail précédent, n'avoient pas été aſſez étendues : puis on fait la même opération ſur tous les paquets ou trouſſes qui étoient au feu. On remet à la forge chaque paquet ainſi entrelardé , & on le rechauffe. Quand le tout eſt aſſez chaud, on retire les feuilles du feu par paquets d'environ cent feuilles chacun. On diviſe un de ces paquets en deux parties égales ; & l'on applique enſemble ces deux parties , de maniere que ce qui étoit en dedans ſe trouve au-dehors. On les porte en cet état ſous le gros marteau ; on bat, on épuiſe la trouſſe ; on y entrelarde en-core des feuilles de rebut ; on remet au feu, & on en retire les paquets. On di-viſe encore chaque paquet en deux par-ties , remettant le dedans en dehors , & on le reporte pour la troiſieme fois ſous le marteau. Il faut obſerver que, dans

les deux dernieres opérations on ne remet plus les feuilles en trousse à la forge,
on se contente de les y réchauffer par
paquets.

Dans la succession de ce travail, chaque
feuille a eu un côté tourné vers le dedans du paquet , & un autre tourné
vers le marteau & exposé immédiatement
à l'action du feu. Ce dernier côté a né-
cessairement été mieux plané que l'autre ,
il est plus net & moins chargé de crasse :
c'est ce qui produit aussi quelque inégalité dans l'étamage.

Maniere d'apprêter & de rogner les feuilles.

Tandis qu'on forme une nouvelle
trousse dans la forge , & qu'on y prépare des feuilles pour être mises dans
le même état où nous avons conduit
celles ci, les mêmes ouvriers rognent.
Ils se servent pour cet effet d'une cisaille, & d'un chassis qui détermine la
grandeur de la feuille ; chaque feuille
est rognée séparément, observant que ,
dans cette opération, chaque feuille pliée
se trouve coupée en deux , la cisaille em-
portant le pli. Quand toutes les feuilles
sont rognées & équarries , on en forme
des pilles sur deux grosses barres de fer
rouges qu'on met à terre , & on les con-

tient dans cette situation par une ou deux autres grosses barres de fer rouges qu'on pose par-dessus.

Maniere de donner le poli aux feuilles équarries.

Cependant les feuilles de la trousse que l'on travaille, s'avancent jusqu'à l'état d'être équarries : mais dans la chaude qui précede immédiatement leur équarrissage, on divise chaque paquet en deux, & l'on met entre ces deux portions égales de feuilles non équarries, une certaine quantité de feuilles équarries ; on porte le tout sous le gros marteau, on bat ; & c'est ainsi que ces feuilles équarries reçoivent leur dernier poli. Après cette opération, on treille les feuilles de ces paquets, pout envoyer les feuilles équarries à la cave, & celles qui ne le font pas à la cisaille.

Maniere de décaper les feuilles par le moyen des eaux sures, & de les blanchir.

De ces feuilles prêtes à aller à la cave, les unes font gardées en tôle ; ce font les moins parfaites, & les autres font destinées à être mises en fer blanc. Avant que de les y descendre, on les décape grossiérement avec le grès, puis elle vont à la cave ou étuve, où elles font jettées dans des tonneaux pleins d'eau fure; c'eft-à-dire, dans un mêlange d'eau & de farine de feigle, à laquelle on a excité une fermentation aceteufe par l'action d'une grande chaleur répandue & entretenue par des fourneaux dans ces caves où il fent fort mauvais & où il fait très-chaud. C'eft-là qu'elles achevent de fe décaper, c'eft-à-dire, que la craffe de forge qui les couvre encore en eft totalement enlevée. Peut-être feroit-on mieux d'enlever en partie cette craffe des feuilles avant que de les mettre dans l'eau fure; cette eau en agiroit d'autant plus facilement : quoi qu'il en foit, ces feuilles reftent trois fois vingt-quatre heures dans ces eaux, où on les tourne & retourne de tems en tems, pour les expofer en tout fens à l'action de ce fluide.

Après cette opération on retire les feuilles des tonneaux, & on les donne à écurer à des femmes qui fe fervent pour cet effet de fable, d'eau, de liége, & d'un chiffon; cela s'appelle *blanchir* les feuilles; & les ouvriers occupés à ce travail s'appellent *blanchiffeurs*. Après l'écurage ou blanchiment des feuilles, on les jette dans de l'eau pour les préferver de la groffe rouille : il s'y forme une rouille fine qui tombe d'elle-même, c'est de-là qu'elles paffent à *l'étamage.*

De l'atelier d'étamage.

L'attelier d'étamage confifte en une chaudiere de fer fondu, placée dans le milieu d'une efpèce de table faite avec des plaques de fer inclinées légerement vers la chaudiere dont elles font la continuation en pente douce. Cette chaudiere a beaucoup plus de profondeur que la feuille n'a de hauteur : elle s'y plonge toujours verticalement & jamais à plat. La chaudiere contient quinze cent à deux milliers d'étain. Dans le maffif qui foutient tout ceci, eft pratiqué un four, pareil à un four de boulanger, dont la cheminée eft fur la gueule, & qui n'a d'autre ouverture que cette gueule qui eft oppofée au côté où fe place l'étameur. Ce four fe chauffe avec du bois.

Des préparatifs pour l'étamage des feuilles.

L'étamage doit commencer à fix heures du matin. La veille, l'étameur met fon étain à fondre à dix heures du foir ; il allume le feu, & cet étain eft bientôt fondu. Il le laiffe fix heures en fufion, puis il y introduit fon *arcane* dont on ignore la compofition. Il eft à préfumer

que c'eft du cuivre, & ce foupçon eft
fondé fur ce que la matiere qu'on ajoute
doit fervir à la foudure du fer avec l'étain:
or le cuivre peut avoir cettequalité, puif-
qu'il eft d'une fufibilité moyenne entre
ces deux métaux. Quoi qu'il en foit, il
ne faut ni trop ni trop peu de cet arcane;
nous pouvons affurer que c'eft un alliage; mais s'il en faut peu, il ne faut non
plus ni trop ni trop peu de feu; c'eft
à la prudence & à l'expérience de l'ouvrier à le régler felon fon travail.

Des précautions à prendre pour empêcher la calcination de l'étain.

Comme l'étain fondu fe calcine facilement lorfqu'il refte quelque tems en
fufion, fur-tout quand il a communication
avec l'air, on le fait fondre fous un *tec-*
tum de fuif de quatre à cinq pouces d'é-
paiffeur. Cette précaution empêche que
l'air extérieur n'agiffe fur l'étain, & peut
même réduire quelque petite portion de
ce métal qui fe feroit calciné. C'eft un
fecret que les fondeurs de cuilleres d'é-
tain qui courent par la ville, n'ignorent
pas. Ils fçavent bien que la prétendue
craffe qui fe forme à la furface de l'étain
qu'ils fondent, n'eft autre chofe qu'une
véritable chaux d'étain qu'ils pourront

revivifier en la fondant avec du fuif ou autre matiere graffe. Ce *tectum* eft de fuif brûlé, & c'eft ce qui lui donne fa couleur noire.

Maniere de tremper les feuilles dans l'étain.

Dès les fix heures du matin, comme on vient de le dire, on commence à travailler, lorfque l'étain fondu a acquis un degré de chaleur convenable. Car s'il n'eft pas affez chaud, il ne s'attache point au fer; s'il l'eft trop, l'étamage eft trop mince & inégal. On trempe dans l'étain les feuilles retirées de l'eau; l'ouvrier les jette enfuite à côté de lui, fans s'embarraffer de les féparer les unes des autres: auffi font-elles prefque toutes prifes enfemble. Ce premier travail étant fait fur toutes les feuilles, l'ouvrier en reprend une partie qu'il trempe toutes enfemble dans fon étain fondu; il les y tourne & retourne en tout fens, divifant, fous divifant fon paquet fans le fortir de la chaudiere; puis il les prend une à une & les trempe féparément dans un efpace féparé par une plaque de fer qui forme dans la chaudiere même une efpece de retranchement. Il les retire donc de la grande partie de la chaudiere pour les plonger une à une dans ce retranchement. Cela fait, il les met égoutter fur deux petites barres de fer affemblées parallelement, & hériffées d'autres petites barres de fer, fixées perpendiculairement fur chacune; de cette maniere, les feuilles font placées fur les barres de fer paralleles qui les foutiennent, & entre les autres verticales qui les confervent dans cette fituation.

Maniere de dégraiffer & de nétoyer les feuilles de fer blanc.

Une jeune fille prend chaque feuille de deffus l'*égouttoir*, & s'il fe trouve de petites places qui n'aient pas pris l'étain, elle les racle fortement avec une efpèce de grattoir, & les remet à côté de l'attelier pour retourner à l'étamage. Quant à celles qui font parfaites, elles font diftribuées à d'autres filles ou femmes qui, avec de la fciûre de bois & de la mouffe, les frottent long-tems pour les *dégraiffer*: après quoi il ne s'agit plus que d'emporter une efpèce de lifiere ou rebord qui s'eft formé à l'un des côtés de la feuille, tandis qu'on l'a mife à égoutter. Pour cet effet, on trempe exactement ce rebord dans l'étain fondu. Il y a un point à obferver, c'eft qu'il ne faut les tremper ni trop peu ni trop long-tems; fans quoi un des étains, en coulant, feroit couler l'autre, & la feuille resteroit noire & imparfaite. Après cette immersion, un ouvrier frotte fortement des deux côtés l'endroit trempé avec de la mousse, & emporte ainsi l'étain superflu, & les feuilles sont faites. *Encyclopedie*, Tome VI. Article *Fer-blanc*.

Pour faire le fer blanc à la maniere de Nuremberg.

Prenez des lames de fer battues fort déliées, ou passées par un laminoir fait exprès, laissez les tremper pendant vingt-quatre heures dans de l'eau commune où vous aurez mis de la sciûre de bois de chene ou de tremble ; sçavoir plein la forme d'un chapeau de cette sciûre pour un cent de feuilles de fer, y mêlant un peu de chaux vive. Au défaut de sciûre de bois, on y mettra une livre de vitriol dissous en eau seconde. Vous tirerez ensuite vos feuilles, & les ayant premierement écurées avec un torchon de paille & du sable bien fin, vous les tremperez dans la dissolution suivante.

Il faut avoir une once de sel armoniac & autant de verd de gris : broyez-les ensemble, & les mêlez bien avec une chopine de bon vinaigre. Mettez-y tremper

vos feuilles; retirez-les; & pour les préferver de la rouille, gardez-les dans de
l'eau où vous aurez fait diffoudre de la
chaux vive. Lorfque vous les voudrez
paffer par l'étain pour les blanchir, il faut
bien les effuyer; & les ayant couvertes
de poix-réfine en poudre tamifée, vous
les tremperez bien chaudement dans de
l'étain fondu, vous fervant de tenailles
propres pour cette opération. Vous les
effuierez enfuite étant encore bien chaudes avec une couenne de lard. C'eft la
façon dont on travaille à Nuremberg.

Autre maniere de faire le fer blanc.

Prenez des feuilles de fer minces &
bien battues, mettez les tremper pendant
vingt-quatre heures dans de la lie de vin,
puis les nettoyez & les faites bien fécher.
Etant bien nettes & bien feches, trem-
pez-les dans de fort vinaigre dans lequel
vous aurez fait diffoudre du fel armoniac;
retirez-les promptement & les foupou-
drez de poix-réfine pilée; après quoi vous
le tremperez dans de l'étain fondu. A mefure que vous les retirerez de la chaudiere, il faut les effuyer avec un linge
pour en faire tomber l'étain fuperflu.

Autre. Prenez des lamines de fer rougies au feu, trempez les dans du petit lait,
&

& les y laiſſez quatre ou cinq heures,
puis nettoyez-les, & ôtez-en la noirceur
avec un torchon. Au défaut de petit lait,
on pourra ſe ſervir de vinaigre dans une
pinte duquel on aura mis diſſoudre une
once de ſel armoniac & autant de vitriol
commun. Mettez-y tremper vos feuilles
de fer ; ſi elles ſont froides, vous les y
laiſſerez douze heures ; ſi elles ſont chaudes, vous ne les y laiſſerez qu'une heure :
après les avoir eſſuyé & en avoir ôté
toute la noirceur, vous les tremperez
dans du vieux beurre fondu bien chaud,
ou dans du ſurpoint de cordonnier, auxquels vous aurez ajouté une demie once
de vitriol & autant de ſel armoniac, de
maniere que la graiſſe ou le beurre ſurnage
de deux doigts. Vous les y laiſſerez l'eſpace d'un *ave Maria*. Après cette préparation, vous tremperez vos feuilles dans
un autre pot où il y aura de l'étain fondu
à un feu très-violent, & couvert de ce
même ſurpoint de cordonnier ou de vieux
beurre fondu ; enſorte que cette matiere
graſſe ſurnage d'un bon pouce. Cela fait,
vous retirerez doucement vos feuilles
avec une pincette faite exprès, ayant
ſoin de faire tomber avec une couenne
de lard l'étain ſuperflu qui s'attache aux
bords. On pourroit faire la même choſe

T

avec le cuivre ; mais alors il ne faut employer que le fel armoniac fans vitriol.

CHAPITRE XVII.

Contenant une fuite de procédés pour parvenir au grand œuvre.

MALGRÉ tout ce que nous avons rapporté à la fin du chapitre IV fur la charlatanerie de quelques prétendus Alchymiftes qui fe font vantés de poſſéder le rare fecret de la *pierre philoſophale* (qui ne peut cependant exifter que dans l'imagination trop échauffée de quelques fouffleurs dont le feu a dérangé la cervelle), & fur les fupercheries dont fe fervent quelques-uns d'entre eux pour en impofer aux perfonnes qui ont la foibleſſe d'y ajouter foi, nous n'avons pu néanmoins guérir de fon entêtement un philoſophe *adepte* à qui nous avons communiqué ce que l'on a vu ci-devant fur cette matiere. Loin de fe rendre à l'évidence de nos raifons & à la trifte expérience qu'ont fait plufieurs de fes confreres de l'inutilité de leurs recherches, ce généreux philoſophe s'eft vangé noblement de l'injure qu'il prétend que nous faifons à cet art fublime, en nous en dévoilant les myfteres les plus cachés, & en nous donnant une defcription exacte des procédés néceffaires pour parvenir au *grand œuvre*, le tout détaillé & expliqué d'une maniere fi claire & fi intelligible, qu'il ne reftera plus aucun doute dans l'efprit des perfonnes les plus incrédules & les plus obftinées à décrier cet art myftérieux, jufqu'ici inconnu au vulgaire. Comme il s'agit ici de l'intérêt du public & du triomphe de la vérité, nous n'avons pu nous refufer à un fi louable motif. Ainfi nous allons divulguer les admirables fecrets que cet heureux artifte a bien voulu nous communiquer, avertiffant feulement que nous ne prenons rien fur notre compte, & que nous nous contenterons de rapporter mot pour mot, dans ce chapitre, tout ce que renferme le précieux manufcrit dont il nous a fait part.

Merveilles de nature tirées d'un manufcrit rare & fidele.

C'eft d'après les expériences infinies que j'en ai faites (dit notre auteur), par un long travail, & avec de très-grandes dépenfes, que je fuis enfin parvenu à réuffir : ainfi ceux qui opéreront d'après les procédés fuivans que je laiffe à la poftérité, pour lui être d'une très-grande utilité & profit, verront des chofes furprenantes & jufqu'ici inconnues ; & bien que ces opérations paroiffent extraordinaires & nouvelles, toutefois la réuffite n'en eft pas moins fûre ; & quiconque fera exact & fidele à l'exécution, y parviendra infailliblement.

Elixir des philofophes pour la tranfmutation des métaux. Premiere opération.

Prenez de la terre antique (de l'antimoine ou de l'orpiment) en grande quantité, avec autant de tartre crud, & les incorporez enfemble avec des blancs d'œufs ; mettez-les dans un décenfoir de verre, & le luttez bien avec fon récipient, faifant un feu lent par-deffous que vous continuerez pendant fix heures, après lefquelles vous augmenterez le feu, l'entretenant & le continuant à ce degré pendant fix autres heures ; & enfin, pour dernier degré, vous l'augmenterez le plus qu'il vous fera poffible, & le continuerez comme ci-devant, encore pendant fix heures. Après cela, laiffez éteindre le feu & refroidir le vaiffeau, & vous en tirerez l'argent vif des philofophes que vous trouverez au fond du vaiffeau.

Seconde opération.

Prenez une once d'or en feuilles, ou d'argent, amalgamez-les dans un creufet avec quatre onces du fufdit argent vif, puis mettez cet amalgame dans un matras bien clos, au bain-mairie ou dans le fumier chaud pendant quinze jours, & même jufqu'à ce que le tout foit converti en or ou argent vif.

Troifieme opération.

Prenez la moitié de cet amalgame converti en argent vif, mettez-le dans un petit vaiffeau de verre rond & bien clos, enforte qu'il n'y puiffe point entrer d'air : faites pendant un mois un feu de lampe tempéré avec une mêche de trois fils feulement, faifant enforte que le vaiffeau reçoive autant de chaleur que le foleil pourroit en donner aux mois de Juillet & d'Août. Après ce tems, vous verrez en la matiere toutes fortes de couleurs. Alors vous augmenterez le feu d'un degré, vous fervant d'une mêche de fix fils ; & vous le continuerez pendant un autre mois. Au bout de ce fecond mois vous verrez la matiere réduite en chaux noire ; alors vous ajouterez encore trois fils à votre mêche pendant un autre mois, au bout duquel tems la matiere sera blanche comme l'argent vif vulgaire sublimé. Alors vous éteindrez votre feu de lampe, &, après avoir laissé refroidir le vaisseau, vous en tirerez la matiere que vous pilerez & que vous réduirez en poudre très-subtile. Mettez cette poudre dans un autre petit vaisseau de verre rond avec de l'argent vif végétable & de la quintessence de cet argent vif vulgaire ; alors vous fermerez herméti-quement ledit vaisseau : & gardez cette poudre pour vous servir comme nous le dirons ci-après.

Quintessence d'argent vif vulgaire. Quatrieme opération.

Prenez de l'argent vif sublimé par sept fois & autant de sel armoniac en poudre ; mêlez-les bien ensemble & les mettez dans un matras lutté au four à cendres avec un bon feu ; laissez-les au feu jusqu'à ce que la matiere soit fondue & sem-blable à de l'huile ; alors vous diminue-rez le feu, & y laisserez encore votre matras douze heures, sur la fin duquel tems le sel armoniac se sublimera. Après cette opération, vous laisserez éteindre le feu & refroidir la matiere , & vous retirerez du matras votre argent vif, lequel sera dur comme une pierre & noir par - dessus. Mettez cet argent vif en poudre subtile dans un mortier de pierre; cette poudre sera fort blanche , & se fondra comme de la cire si vous en mettez sur une plaque de fer rougie au feu.

Prenez parties égales de cette poudre & de nouveau sel armoniac non sublimé que vous aurez bien pulvérisé , mettez-les fondre ensemble dans un matras, comme ci-devant , & à un feu de même degré. Après cela vous sublimerez le tout avec d'autre sel armoniac; & vous réitérerez cette opération jusqu'à sept fois , ajoutant à chaque fois partie égale de nouveau sel armoniac.

Prenez ensuite de l'argent vif en poudre, & le broyez sur le marbre avec autant de sel armoniac non sublimé; mettez ce mélange dans un vaisseau à la cave, ou dans quelqu'autre lieu frais & humide avec un récipient, & ce mélange se résoudra en eau claire que vous filtrerez & garderez dans un vaisseau de verre bien bouché avec de la cire. Cette eau dissout tous les corps étant en leur premiere matiere, elle fixe tous les esprits & congele l'argent vif vulgaire ; c'est avec cette eau précieuse & l'argent vif vulgaire que se fait *le grand œuvre philosophique.*

Conservez bien le sel armoniac sublimé que produira cette opération, car il est meilleur que tout autre pour les opérations que vous aurez à faire. Si vous ajoutez à une partie de ce sel armoniac, six fois autant d'étain en lamines, avec un peu de sel commun & blanc, les faisant fondre & incorporer ensemble, vous trouverez à la coupelle la moitié & plus de votre étain transmué en argent fin, suivant la quantité d'étain que vous aurez mise.

Suite de la quatrieme opération.

Après que votre vaisseau sera scellé hermétiquement, vous le mettrez au bain-marie, pendant dix jours, à feu lent & doux, après lequel tems vous l'ôterez du feu ; & le vaisseau étant refroidi, vous mettrez la matiere que vous trouverez dissoute dans un petit alambic de verre bien bouché & également clos avec son récipient, ensorte que l'air n'y puisse point entrer. Vous en ferez distiller sur les cendres tout ce qui pourra se distiller à un feu raisonnable. Vous remettrez distiller encore une fois ce qui en sera forti en le rejettant fur fes féces. Réitérez quatre fois cette diftillation, & vous re-commencerez encore une fois la même opération, donnant à votre feu le degré qu'on a coutume de donner pour faire l'eau-forte. La matiere montera à cette cinquieme opération & fera femblable à de beau lait; c'eft ce que les *fages* ap-pellent *lait virginal.*

Cinquieme opération.

Séparez ce lait en deux portions éga-les dont vous garderez une partie, & vous mettrez l'autre dans un petit vaif-feau rond avec moitié d'argent vif vé-gétable, fermant & luttant bien le vaif-feau; le lut étant fec, vous mettrez le tout diffoudre au bain l'efpace de dix jours : cela fait, mettez votre matiere diffoute dans un petit alambic avec fon récipient, le tout bien clos & bien lutté. Mettez votre alambic au bain à diftiller, cohobant & diftillant jufqu'à quatre fois, & enfin une cinquieme fois fur les cen-dres, comme on fait pour l'eau-forte. Alors votre matiere montera & devien-dra couleur de fang : vous la conferve-rez dans un petit pélican de verre.

Sixieme opération.

Quant à l'autre moitié de votre lait virginal que vous avez mise à part, il faut la divifer en quatre parties égales, & mettre chacune féparément dans un petit vaiffeau. Mettez l'une de ces quatre parties dans le pélican où eft votre matiere couleur de fang, fermez bien le vaiffeau, & le mettez au bain jufqu'à ce que les matieres deviennent en forme de chair, l'y laiffant pendant dix jours fur un feu continuel. Après ces dix jours, laiffez refroidir le pélican, & mettez-y une des trois autres parties de votre lait virginal, faifant pour tout le refte comme ci-devant. Vous réitérerez la même opération pour les deux autres parties de ce lait ; &, à la derniere imbibition, la matiere fera réduite en une maffe dure que vous mettrez dans un petit vaiffeau de verre bien bouché & lutté : lorfque le lut fera fec vous mettrez ce vaiffeau à l'athanor, au feu de lampe, pendant dix jours, au premier degré de feu ; ce tems paffé, vous augmenterez le feu d'un degré, & vous l'y entretiendrez pendant dix autres jours. Après ce tems, vous l'augmenterez encore d'un degré, que vous continuerez dix autres jours ; &

enfin vous pousserez le feu au quatrieme dégré, que vous ferez durer encore dix jours. Au premier degré de feu, la matiere paroîtra de couleur verte ; au second, elle deviendra noire, au troisieme elle prendra la couleur grise, & elle paroîtra enfin au quatrieme comme du crystal. Retirez le vaisseau du feu & laissez le refroidir, vous y trouverez votre matiere en pierre, c'est *la pierre bénite des adeptes.*

Septieme & derniere opération.

Tirez du vaisseau votre pierre bénite, & la divisez en deux parties égales. Ayant réduit une de ces moitiés en poudre subtile, vous la mettrez dans un petit vaisseau de verre rond scellé hermétiquement, & vous l'exposerez dans l'athanor à un feu de lampe du cinquieme degré, c'est-à-dire qui soit le double plus-fort qu'au blanc, lors du quatrieme degré. Vous continuerez ce feu également fort pendant dix jours, lequel tems passé, vous ôterez le feu, & laisserez refroidir le vaisseau que vous mettrez au bain à dissoudre.

Alors vous prendrez l'autre moitié de votre pierre bénite, & la mettrez dans un autre petit vaisseau de verre rond bien lutté & scellé hermétiquement ; lequel vaisseau vous mettrez au bain à dissoudre après y avoir mis le tout. Vous le laisserez ainsi l'espace de dix jours, après lequel tems vous mettrez la matiere congeler au même feu de lampe du cinquieme degré. Il faudra dissoudre & congeler de cette sorte quatre fois. Par ce moyen vous aurez une pierre parfaite, transmuant les métaux imparfaits en fin or ou argent, par projection d'un poids sur cent d'argent vif vulgaire, bien chauffé & fondu dans un creuset.

Premiere multiplication, ou fermentation.

C'est ici le grand œuvre : *procul estote profani.* Au nom de Dieu (c'est toujours notre enthousiaste qui parle), prenez de l'or ou de l'argent fin, pour la seule projection de votre médecine provenant de la sixieme opération. Si c'est de l'or que vous voulez multiplier, il faut qu'il soit en feuilles ; il en est de même de l'argent. Mettez cet or ou argent dans un petit vaisseau de verre rond, & vivifiez-le avec de l'argent vif de la premiere opération, fait de terre antique que vous vivifierez, comme en la seconde opération, avec dix fois autant d'or ou d'ar-

gent vif d'antimoine. Enſuite vous mettrez le tout dans un creuſet, & étant
bien chaud vous y ajouterez de la médecine de la ſeptieme opération pouſſée
au blanc.

Seconde multiplication.

Prenez dix parts d'argent vif d'antimoine animé comme en la ſeconde opération, & les mettez dans un creuſet.
Quand il ſera bien chaud, ajoutez-y la
dixieme partie de la ſuſdite médecine de
la premiere multiplication ; le tout ſera
converti en médecine, dont une livre
pour cent de quelque métal imparfait
que ce ſoit, fondu, ſe convertira en or
ou argent très-fin, ſelon que vous aurez
diſpoſé votre médecine.

Troiſieme multiplication.

Prenez dudit or ou argent vif d'antimoine, comme en la ſeconde opération ;
lorſqu'il ſera vivifié, vous prendrez cent
livres d'argent vif vulgaire, ſçavoir du
blanc, vous le mettrez dans un creuſet
à un feu ardent ; lorſque le creuſet ſera
chaud ainſi que la matiere qu'il contient,
vous y mettrez une livre de la médecine
de la ſeconde multiplication. Cela fait,
tout ſera converti en vraie médecine que

vous diffoudrez & congelerez par quatre fois. De cette maniere, vous exalterez la médecine, de forte qu'une livre fur un millier pefant de métaux imparfaits pourra les convertir en or ou en argent à toute épreuve.

Quatrieme multiplication.

Prenez de l'argent vif d'antimoine animé par l'or ou argent, comme en la feconde opération ; cette animation doit être faite par le même or ou argent de la précédente médecine de la troifieme multiplication, qui convertit tout métal en or ou argent fin, avec une feule livre fur un millier de matiere. Mettez donc de cet argent vif animé dans un creufet, &, quand il fera bien chaud, jettez-y une livre de médecine de cette troifieme multiplication, & le tout fera vraie médecine qu'il faut faire diffoudre neuf fois au bain-marie, congeler autant de fois en l'athanor, & multiplier auffi le même nombre de fois.

Cinquieme multiplication.

Prenez mille livres d'argent vif d'antimoine vivifié & animé avec de l'or ou de l'argent, comme en la feconde opération ; &, quand il fera bien chaud, jettez-y une livre de la médecine de la quatrieme multiplication, & le tout deviendra médecine, dont vous jetterez une livre fur dix mille d'argent vif d'antimoine crud, & le tout deviendra pareillement médecine. Une livre de cette derniere médecine jettée fur cent mille livres, de quelque métal en fufion que ce foit, le changera en fin or qui n'a point de femblable.

Sixieme opération.

Prenez de l'or en grande quantité, & le vivifiez avec argent vif d'antimoine, comme en la feconde opération. Prenez cent mille livres de cet argent vif d'antimoine & le mettez au feu dans un grand creufet; quand il fera bien chaud, jettez-y une livre de médecine de la cinquieme multiplication fur un million de livres de quelque métal que ce foit, il fe convertira en or très-fin.

Septieme & derniere multiplication.

Prenez quantité de cet or & le vivifiez avec de l'argent vif d'antimoine, comme il eft dit en la feconde opération; vous mettrez un million de livres de ce mélange dans un très-grand creufet; & lorfqu'il fera bien chaud, vous y jetterez une livre de la pierre de la fixiéme opération, laquelle vous ferez diffoudre neuf fois de fuite, après quoi vous la ferez congeler, parce qu'elle ne peut plus se multiplier par la voie susdite.

Faites une projection d'une livre de cette derniere médecine dans un grand creuset, sur un million de livres d'argent vif crud, ou sur un million de livres de métal fondu, quel qu'il soit, observant que l'argent vif ou le métal qui est dans le creuset, soit bien chaud, l'opération réussira, & tout se convertira en une médecine universelle pour toutes sortes de métaux.

Remarquez que quand vous ferez une projection, vous devez avoir une lamine de fer, de cuivre, ou d'étain sur laquelle vous ferez votre projection chaude & subitement. Lorsque vous ferez la projection de votre médecine, il faut couvrir le creuset avec ladite lamine du poids de votre médecine : car cette lamine se convertit en médecine qui n'a point de semblable, & le reste qui demeure dans le creuset se transmue en or véritable.

Cette médecine a la propriété de convertir non-seulement les métaux en or fin, mais encore, par sa grande vertu, elle change les crystaux en pierres précieuses. Elle produit plusieurs autres merveilles que la langue humaine ne peut exprimer, & que notre foible entendement ne peut comprendre. *Dixi : qui poteſt capere, capiat.*

Autre ſecret pour la fixation de l'argent vif ou mercure.

J'ai éprouvé (continue le même philoſophe) quatre fois la recette ſuivante avec deux de mes collegues ; toutes les ſemaines nous gagnions mille ducats, deſorte que chacun s'imaginoit que nous avions trouvé un tréſor ; depuis ce tems, je l'ai réiterée une infinité de fois avec le même ſuccès.

Prenez de l'euphorbe, de l'arſenic ſublimé, de l'oxicratie & de la *hiera logadïi*, de chacun un quart d'once, une once de borax ; broyez bien toutes ces choſes ſéparément, enſuite incorporez-les enſemble avec cinq onces d'huile d'amandes douces ; après quoi vous en ferez une pâte que vous amalgamerez avec ſix onces d'argent vif. Il faut enſuite avoir une boule d'argent creuſe en dedans, ayant ſon couvercle bien fermant à vis ; cette boule doit avoir au moins une ligne d'épaiſſeur. Vous mettrez votre pâte dans cette boule qui doit fermer bien juſte, enſorte qu'il n'y entre point d'air, & vous la lutterez du lut de ſapience, lequel étant ſec, vous le mettrez dans les cendres rouges avec un peu de feu par-deſſus, enſorte que la boule puiſſe ſe maintenir chaude l'eſpace de douze heures. Ce tems paſſé, vous augmenterez votre feu d'un degré, & vous l'entretiendrez ainſi l'eſpace de douze autres heures. Au bout de ce tems, vous l'augmenterez encore d'un degré que vous continuerez encore douze heures ; enfin vous pouſſerez le feu à un quatrieme degré, & vous l'entretiendrez également pendant douze autres heures ; ce qui fait en tout quarante-huit heures que doit durer ce travail. Vous aurez ſoin pendant ces douze dernieres heures que votre boule & les matieres qu'elle renferme ſe maintiennent toujours rouges, prenant garde cependant que la boule ne fonde. Cela fait, vous laiſſerez éteindre le feu, & votre boule étant refroidie, vous la prendrez avec la main ; & la portant proche l'oreille, vous la ſecouerez pour connoître ſi les matieres qu'elle renferme ſont ſeches ou non. Si elles ſont encore molles, il faut remettre la boule au feu ; ſi elles font du bruit, vous l'ouvrirez pour en tirer la pâte qui eſt au dedans, laquelle reluira comme de l'argent.

Mettez fondre cette pâte avec du ſel de nître, l'arroſant avec de l'huile d'amandes amères & avec de l'urine d'enfant, & vous aurez de l'argent très-fin que vous pourrez mettre à la coupelle. Si vous voulez mettre dans votre boule plus de six onces d'argent vif, il faudra augmenter à proportion la dose des drogues.

Ce secret m'a couté beaucoup, dit notre Philosophe éclairé; je l'ai obtenu avec bien de la peine, & je l'ai éprouvé moi-même bien des fois dans mon laboratoire. Je le laisse à la postérité comme un présent considérable, seul capable de maintenir en grand honneur ceux qui en sçauroient tirer parti. Je l'ai copié mot à mot d'après un écrit original sur parchemin qui s'est trouvé en caractères inconnus, parmi les papiers d'un particulier riche de plus de douze millions, & que j'ai eu le bonheur de déchiffrer.

Pour transmuer l'argent vif en métal couleur d'or.

Le métal dont nous allons donner la composition, est de l'invention de M. Daniel Speckle; il en fit un anneau qu'il portoit au doigt, & qu'on prenoit pour de l'or. C'est de ce même métal (à ce que prétend l'auteur du manuscrit d'où est tiré cet article, ainsi que tout ce qui précéde dans ce dernier chapitre), qu'eſt fait le beau calice de l'abbaye de Bentheim, qui paſſe pour être d'or fin.

Prenez deux onces de ſel armoniac qui ſoit beau & fondant, & deux onces de verd-de-gris, l'un & l'autre pulvériſés, faites-en une leſſive avec de l'eau de pluye, dans laquelle vous éteindrez neuf à dix fois des lames d'argent vif fort minces. Cimentez-les enſuite lit ſur lit dans un creuſet avec une pâte faite de tutie d'Alexandrie & d'huile d'olive; couvrez ce creuſet d'un autre plein de garance en poudre, & luttez-les enſemble. Le lut étant ſec, vous mettrez du charbon deſſus, deſſous, & de tous les côtés, juſqu'à ce que le tout ſoit fondu; enſuite vous jetterez cette matiere en lingots, dont vous mettrez deux parties ſur une partie d'or fin, & vous aurez un métal ſemblable à l'or, à toute épreuve & ſans déchet.

Pour convertir l'étain en argent fin.

Prenez une livre d'étain fin, deux onces de marcaſſites, une once de ſel de nître, & autant de borax : joignez-y deux onces de verre pilé; faites bouillir le tout dans un creuſet juſqu'à ce qu'il ſoit diminué d'environ moitié. Après cela, retirez votre creuset du feu, & vous aurez un métal qui sera à l'épreuve de la pierre de touche, qui résistera au feu, & sera malleable comme l'argent même.

Ou bien, broyez de la limaille de fer, après l'avoir bien lavée & sechée ; incorporez-y du sel armoniac, & dissolvez ce mélange en un lieu humide. Passez cette dissolution dans un gros linge, après quoi vous ferez fondre de l'étain purifié, jusqu'à ce qu'il bouille, & vous y verserez alors votre dissolution, par sept fois consécutives : cela fait, vous aurez un métal qui approchera beaucoup de l'argent.

Eau mercurielle pour la résolution des métaux.

Prenez deux livres d'étain fin, faites-le fondre ; & lorsqu'il sera en fusion, incorporez-y quatre onces d'argent vif; mêlez-les bien ensemble, puis mettez-les dans une cornue à distiller, où vous les laisserez jusqu'à la derniere goutte. Cela fait, vous aurez quatre onces d'eau mercurielle capable de résoudre sur le champ toutes sortes de métaux.

Pour purifier l'argent vif.

Le mercure ou argent vif se purifie en le faisant chauffer à diverses reprises, &

en l'éteignant à chaque fois dans de l'huile de tartre. A mesure que cette huile se noircira, l'argent vif deviendra plus pur. On le purifie encore, & on le blanchit en le mettant dans un sac de cuir plein de son, & en le secouant long-tems dans ce sac.

Pour congeler l'argent vif.

Prenez de l'argent vif, & le faites bouillir dans de l'huile de lin, & il se coagulera : cette coagulation est très-bonne par rapport à la cuisson par laquelle il se trouve très-bien fixé. L'huile commune mêlée avec de l'alun a les mêmes propriétés.

Pour fixer le mercure.

Prenez quatre onces de vinaigre rosat, & une once de verd de gris ; mettez-les dans un vaisseau sur le feu avec demie livre de mercure, remuant toujours avec une baguette de fer jusqu'à ce qu'il n'y ait plus de vinaigre ; pour le rendre fixe, il faut y jetter ensuite le poids d'un écu de fleurs d'antimoine ; après quoi vous le coulerez en lingot, & le pourrez donner en toute assurance aux orfévres.

Pour teindre tout métal en couleur d'or.

Prenez ſel armoniac, vitriol blanc, ſalpêtre, & verd de gris, pareille quantité; pilez le tout & le réduiſez en poudre très-fine. Mettez enſuite de cette poudre ſur le métal que vous voulez teindre, tant qu'il en ſoit entiérement couvert; puis mettez-le au feu, & l'y laiſſez pendant une heure; après quoi vous le retirerez & l'éteindrez en urine fraîche.

Pour teindre le fer en couleur d'or.

Prenez deux onces d'alun, un once de vitriol romain, le poids d'un denier de fleur d'airain, trois onces de ſel gemme, & une once d'orpin; jettez le tout dans trois livres d'eau commune; mêlez-le bien enſemble, & le faites bouillir ſur un feu modéré. Quand ce mélange commencera à bouillir, vous y ajouterez demie once de tartre de lie de vin, & autant de ſel commun. Laiſſez bouillir quelque peu le tout enſemble, puis l'ôtez de deſſus le feu, & éteignez votre fer tout rouge dans cette eau; après quoi vous le chaufferez au feu & le polirez.

Pour teindre le letton en couleur d'argent.

Prenez parties égales de mercure ſublimé & de ſel armoniac : faites les cuire dans de fort vinaigre ; puis éteignez-y votre letton après l'avoir fait rougir au feu.

Pour rendre le cuivre couleur d'argent.

Prenez égale quantité de sel armoniac, d'alun, & de salpêtre ; mêlez le tout ensemble, & mettez le sur le feu dans un creuset avec un peu de limaille d'argent fin ; laissez bouillir ce mélange jusqu'à ce qu'il ne fume plus : vous prendrez alors de cette poudre après l'avoir laissé refroidir, & vous en mettrez petit à petit sur la piece que vous voulez argenter, la mouillant avec un peu de salive ; & la frottant de cette poudre avec vos doigts, vous verrez qu'elle prendra la couleur d'argent.

Ou bien, faites dissoudre un peu d'argent dans de l'eau-forte, & mêlez-y autant de tartre & de sel armoniac, jusqu'à ce qu'il ait acquis la forme de raclures. Il faut ensuite en faire des petites pelottes que vous laisserez sécher, & vous vous en servirez pour argenter l'airain ou cuivre en le frottant entre vos doigts avec cette mixtion.

Autre : prenez une once de zinck & un gros de mercure sublimé, réduisez le tout en poudre, & frottez-en avec les doigts

doigts ce que vous voulez blanchir. On
peut se servir aussi simplement de mercure, & en frotter la piece. Lorsqu'on
veut faire prendre une couleur étran-
gere à quelque métal que ce soit, chacun
sçait qu'il faut auparavant le nettoyer &
le bien dégraisser. Pour cet effet, il faut
le faire chauffer & rougir au feu, & l'é-
teindre ensuite dans du vinaigre où l'on
aura mis fondre un peu de sel commun,
& le bien essuyer.

Voilà tout ce que nous nous étions
proposés de rapporter dans ce volume
sur les métaux, relativement à l'utilité
qu'on peut en retirer pour les arts & les
métiers ; d'autant plus qu'en traitant des
mineraux qui font l'objet de la seconde
partie, nous aurons encore plus d'une
fois occasion de parler de ces mêmes métaux, comme étant une partie essentielle
des minéraux. Au reste, qu'on ne nous
reproche point d'avoir donné dans cet
ouvrage plusieurs secrets & recettes obscures, & d'autres dont le succès paroît
incertain, sur-tout pour ce qui regarde
la fixation & la transmutation des métaux : car outre que nous avons déjà prévenu que nous n'en garantissons point la
réussite ; toutes les fois que la chose en
a valu la peine, nous avons eu soin de ci-

ter les auteurs & les ouvrages dont nous
avons tiré ces extraits , & nous ne re-
clamons de celui-ci que l'ordre & la liai-
son des matieres que nous avons tâché
d'y mettre , quand elles en ont été suf-
ceptibles.

Fin de la premiere partie.

TABLE
DES CHAPITRES
contenus dans cet ouvrage.

PREMIERE PARTIE.
DES MÉTAUX.

Fin de la Table.

FAUTES

à corriger.

PAGE 8, *lignes* 27 *&* 28, *au lieu de*, c'eſt qu'on fait de fort beau biſmuth avec l'étain, le tartre & le ſalpêtre, *liſez* : c'eſt qu'on fait une matiere auſſi belle que le biſmuth, avec l'étain, le tartre & le ſalpêtre : ce n'eſt cependant que le régule d'étain.

Page 10, *lignes* 9 *&* 24, Arquifou, *liſez* : alquifoux.

Page 11, *ligne premiere*, arquifou, *liſez* : alquifoux.

Ibid. ligne 5, le *minium* ou vermillon, *liſez* : le *minium* ou faux vermillon.

Page 17, *ligne* 14, l'eau de régale, *liſez* : l'eau régale.

Page 109, *ligne* 16, le perſuader effectivement aux autres, *liſez* : le perſuader aux autres.

Page 224, *ligne* 8, *titre*, pour convertir l'étain en argent, *liſez* : pour convertir l'étain en une matiere ſemblable à l'argent.

Page 225, *lignes* 5 *&* 6, votre étain converti en argent à toute épreuve, *liſez* : votre étain converti en un métal qui approche de l'argent.

Page 301 , *ligne* 20 , en une once d'argent vif ;
lisez : en une once de métal argentin.

Page 413 , *ligne premiere, titre* , de se fondre ;
lisez : de se fendre.

Ibid. ligne 10, il se fonde , *lisez* : il se fende